개념연산

중 **1** 1 B
2022 개정 교육과정

👁 눈으로
✋ 손으로 개념이 발견되는 디딤돌 개념연산
🖐 머리로

디딤돌수학 개념연산 중학 1-1B

펴낸날 [초판 1쇄] 2023년 10월 3일 [초판 2쇄] 2024년 2월 1일

펴낸이 이기열

펴낸곳 (주)디딤돌 교육

주소 (03972) 서울특별시 마포구 월드컵북로 122 청원선와이즈타워

대표전화 02-3142-9000

구입문의 02-322-8451

내용문의 02-336-7918

팩시밀리 02-335-6038

홈페이지 www.didimdol.co.kr

등록번호 제10-718호

1 눈으로 이해되는 개념

디딤돌수학 개념연산은 보는 즐거움이 있습니다.
핵심 개념과 연산 속 개념, 수학적 개념이
이미지로 빠르고 쉽게 이해되고, 오래 기억됩니다.

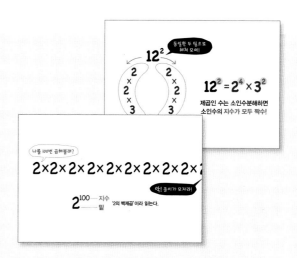

● **핵심 개념의 이미지화**
핵심 개념이 이미지로 빠르고 쉽게
이해됩니다.

● **연산 개념의 이미지화**
연산 속에 숨어있던 개념들을 이미지로
드러내 보여줍니다.

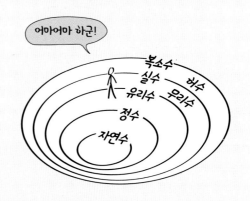

● **수학 개념의 이미지화**
개념의 수학적 의미가 간단한 이미지로
쉽게 이해됩니다.

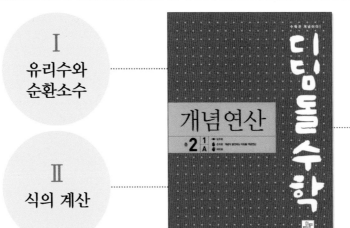

Ⅰ 유리수와 순환소수

Ⅱ 식의 계산

Ⅲ 부등식

개념연산 중2 1 A

디딤돌수학

2 손으로 익히는 개념

디딤돌수학 개념연산은 문제를 푸는 즐거움이 있습니다.
학생들에게 가장 필요한 개념을 충분한 문항과 촘촘한 단계별 구성으로
자연스럽게 이해하고 적용할 수 있게 합니다.

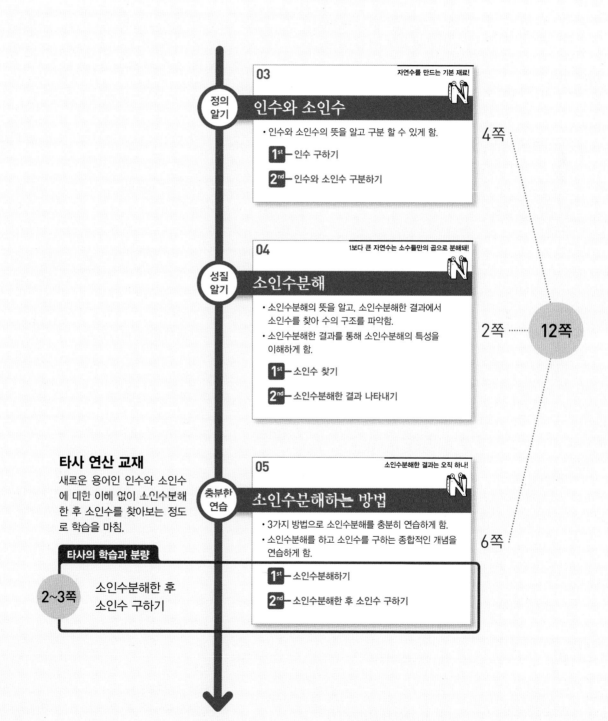

정의 알기

03   자연수를 만드는 기본 재료!

인수와 소인수

- 인수와 소인수의 뜻을 알고 구분 할 수 있게 함.

  1st ― 인수 구하기

  2nd ― 인수와 소인수 구분하기

4쪽

성질 알기

04   1보다 큰 자연수는 소수들만의 곱으로 분해돼!

소인수분해

- 소인수분해의 뜻을 알고, 소인수분해한 결과에서 소인수를 찾아 수의 구조를 파악함.
- 소인수분해한 결과를 통해 소인수분해의 특성을 이해하게 함.

  1st ― 소인수 찾기

  2nd ― 소인수분해한 결과 나타내기

2쪽 ⋯⋯ **12쪽**

타사 연산 교재

새로운 용어인 인수와 소인수에 대한 이해 없이 소인수분해한 후 소인수를 찾아보는 정도로 학습을 마침.

타사의 학습과 분량

2~3쪽   소인수분해한 후 소인수 구하기

충분한 연습

05   소인수분해한 결과는 오직 하나!

소인수분해하는 방법

- 3가지 방법으로 소인수분해를 충분히 연습하게 함.
- 소인수분해를 하고 소인수를 구하는 종합적인 개념을 연습하게 함.

  1st ― 소인수분해하기

  2nd ― 소인수분해한 후 소인수 구하기

6쪽

3 머리로 발견하는 개념

디딤돌수학 개념연산은 개념을 발견하는 즐거움이 있습니다.
생각을 자극하는 질문들과 추론을 통해 개념을 발견하고
개념을 연결하여 통합적 사고를 할 수 있게 합니다.

우와!
이것은 연산인가 수학인가!

● **내가 발견한 개념**
문제를 풀다보면 실전 개념이
저절로 발견됩니다.

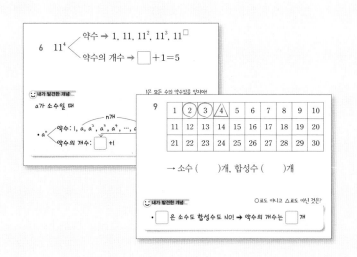

● **개념의 연결**
나열된 개념들을 서로 연결하여
통합적 사고를 할 수 있게 합니다.

▼ 초등·중등·고등간의 개념연결

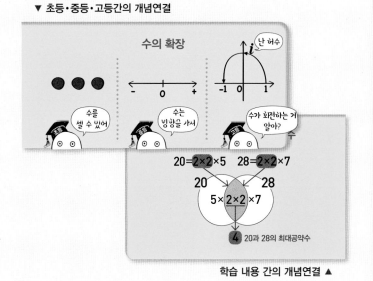

학습 내용 간의 개념연결 ▲

1 1/B 학습 계획표

Ⅲ 문자와 식

수학은 개념이다!

디딤돌 수학

개념 연산

중 **1** | 1 B

- 👁 눈으로
- ✋ 손으로 개념이 발견되는 디딤돌 개념연산
- 🧠 머리로

디딤돌

이미지로 이해하고 문제를 풀다 보면
개념이 저절로 발견되는 디딤돌수학 개념연산

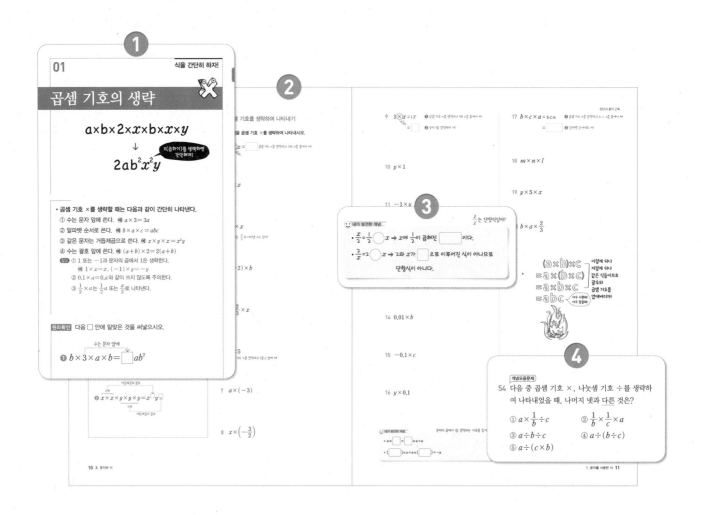

① 이미지로 개념 이해

핵심이 되는 개념을 이미지로
먼저 이해한 후 개념과 정의를
읽어보면 딱딱한 설명도 이해가 쏙!
원리확인 문제로 개념을
바로 적용하면 개념이 쏙!

② 단계별·충분한 문항

문제를 풀기만 하면
저절로 실력이 높아지도록
구성된 단계별 문항!
문제를 풀기만 하면
개념이 자신의 것이 되도록
구성된 충분한 문항!

③ 내가 발견한 개념

문제 속에 숨겨져 있는
실전 개념들을 발견해 보자!
숨겨진 보물을 찾듯이
실전 개념들을 내가 발견하면
흥미와 재미는 덤! 실력은 쏙!

④ 개념모음문제

문제를 통해 이해한 개념들은
개념모음문제로 한 번에 정리!
개념을 활용하는 응용력도 쏙!

발견된 개념들을 연결하여
통합적 사고를 할 수 있는 디딤돌수학 개념연산

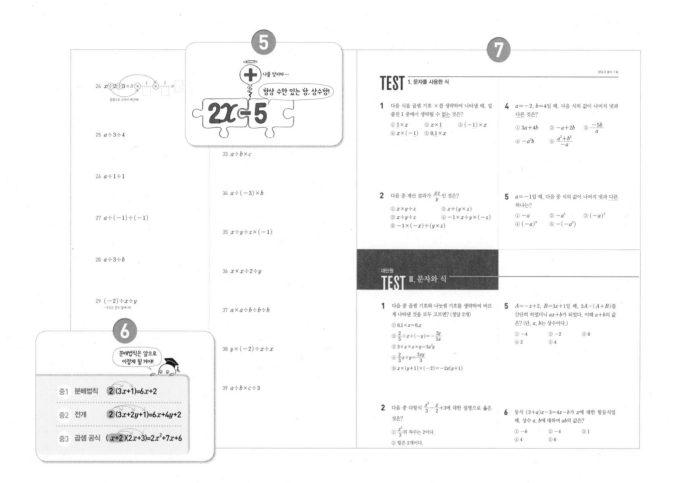

그림으로 보는 개념

연산 속에 숨어있던 개념을
이미지로 확인해 보자.
개념은 쉽게 확인되고
개념의 의미는 더 또렷이 저장!

개념 간의 연계

개념의 단원 안에서의 연계와
다른 단원과의 연계,
초·중·고 간의 연계를 통해
통합적 사고를 얻게 되면
공부하는 재미가 쏠깃!

개념을 확인하는 TEST

중단원별로 개념의 이해를
확인하는 TEST
대단원별로 개념과 실력을
확인하는 대단원 TEST

Ⅲ 문자와 식

Ⅳ 좌표평면과 그래프

대수의 시작!

문자와 식

숫자에서 문자로!

문자를 사용한 식

지금까지는 수끼리의 덧셈, 뺄셈, 곱셈, 나눗셈을 했어.

이제부터는 수를 대신해 문자를 사용한 덧셈, 뺄셈, 곱셈, 나눗셈을 해보고 법칙도 발견해 보자.

말로 표현하는 것보다 문자로 표현하면 더 간단하고 이해하기 쉬워지지. 그래서 언어가 통하지 않는

여러 나라 사람들도 모두 이해할 수 있어. 이제 진짜 수학을 할 수 있게 된 거야.

설레지 않니? ^^

예를 들어, 세 수 중 두 수는 곱하고 하나는 뺄 때,

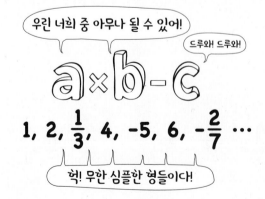

01 곱셈 기호의 생략

곱셈 기호를 생략하여 식을 간단히 하는 방법을 알아볼 거야. 이 규칙에 맞게 곱셈 기호를 생략해야만 다른 사람들도 곱셈 기호가 생략되었음을 알고, 원래 의미를 알 수 있어.

식을 간단히 하자!

$$a \times b \times 2 \times x \times b \times x \times y$$
$$\downarrow$$
$$2ab^2x^2y$$

×(곱하기)를 생략하면 간단해져!

02 나눗셈 기호의 생략

$3 \div 4$를 계산할 때 우리는 자연스럽게 나눗셈을 곱셈으로 고쳐서 $3 \div 4 = 3 \times \dfrac{1}{4} = \dfrac{3}{4}$과 같이 계산해.

이러한 방법을 문자에도 똑같이 적용하면 마찬가지로 $\div$ 기호를 생략하여 분수 꼴로 나타낼 수 있어.

식을 간단히 하자!

$$a \div 3 = \frac{a}{3}$$

간단한 나눗셈은 바로 분자, 분모로 보내!

$$a \div 3 \div x \div x$$
$$= a \times \frac{1}{3} \times \frac{1}{x} \times \frac{1}{x}$$
$$= \frac{a}{3x^2}$$

역수

03 문자의 사용

초등학교에서는 식을 나타낼 때 모르는 것은
□, △, ○ 등을 이용하여

(정사각형의 둘레의 길이)$= 4 \times \square$

(어떤 수보다 3 작은 수)$= \square - 3$

으로 나타냈어. 이제는 □ 대신에 알파벳 x, y, $\cdots$ 등을 사용하여, $4 \times x$, $y - 3$과 같이 나타낼 수 있어.

문자를 사용하면 간단해!

개수	가격(원)
1	500×1
2	500×2
3	500×3
⋮	⋮

n개는 500n원

04 식의 값

초등학교 때 여러 가지 기호 □, ○, △ 등에 자연수를 '대입'했듯이, 문자에 수를 '대입'할 수 있어. 달라진 것은 □, ○, △ 대신에 문자 x, y, $\cdots$ 를 사용한다는 것 뿐이야. 수를 대입하여 계산한 결과를 '식의 값'이라 해.

문자에 수를 대입하면 식의 값을 구할 수 있어!

$$a = 2 \text{일 때,} \quad 3a \neq 32$$
$$= 3 \times a$$
$$= 3 \times 2$$
$$= 6$$

곱셈 기호를 꼭 살려서 대입해!

식의 값!

식을 간단히 하자!

곱셈 기호의 생략

$$a \times b \times 2 \times x \times b \times x \times y$$

$$\downarrow$$

$$2ab^2x^2y$$

×(곱하기)를 생략하면 간단해져!

• 곱셈 기호 ×를 생략할 때는 다음과 같이 간단히 나타낸다.

① 수는 문자 앞에 쓴다. 예 $a \times 3 = 3a$

② 알파벳 순서로 쓴다. 예 $b \times a \times c = abc$

③ 같은 문자는 거듭제곱으로 쓴다. 예 $x \times y \times x = x^2y$

④ 수는 괄호 앞에 쓴다. 예 $(a+b) \times 2 = 2(a+b)$

참고 ① 1 또는 −1과 문자의 곱에서 1은 생략한다.
　　예 $1 \times x = x$, $(-1) \times y = -y$

② $0.1 \times a = 0.a$와 같이 쓰지 않도록 주의한다.

③ $\frac{1}{2} \times a$는 $\frac{1}{2}a$ 또는 $\frac{a}{2}$로 나타낸다.

원리확인 다음 □ 안에 알맞은 것을 써넣으시오.

수는 문자 앞에
❶ $b \times 3 \times a \times b = \boxed{}ab^2$

알파벳 순서로
❷ $y \times x \times z = x\boxed{}z$

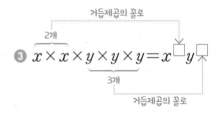

거듭제곱의 꼴로
2개
❸ $\underbrace{x \times x}_{} \times \underbrace{y \times y \times y}_{3개} = x^{\boxed{}}y^{\boxed{}}$
거듭제곱의 꼴로

• 다음 식을 곱셈 기호 ×를 생략하여 나타내시오.

1　$3 \times x = \boxed{}$　곱셈 기호 ×를 생략하고 3과 x를 붙여서 써!

2　$7 \times x$

3　$\dfrac{1}{3} \times x$
　　$\frac{1}{3}x$는 $\frac{x}{3}$로 나타낼 수도 있어!

4　$(-2) \times b$

5　$-\dfrac{2}{3} \times x$

6　$y \times 5$
　　곱셈 기호 ×를 생략하고 5를 y 앞에 써!

7　$a \times (-3)$

8　$x \times \left(-\dfrac{3}{2}\right)$

9 $1 \times x = 1x$ ❶ 곱셈 기호 ×를 생략하고 1과 x를 붙여서 써!

      = ☐   ❷ 숫자 1을 생략해서 써!

10 $y \times 1$

11 $-1 \times y$

12 $a \times (-1)$

13 $0.1 \times a$
여기에 있는 1은 생략하면 안돼!

14 $0.01 \times b$

15 $-0.1 \times c$

16 $y \times 0.1$

17 $b \times c \times a = bca$ ❶ 곱셈 기호 ×를 생략하고 b, c, a를 붙여서 써!

      = ☐   ❷ 알파벳 순서대로 써!

1. 문자를 사용한 식

18 $m \times n \times l$

19 $y \times 5 \times x$

20 $b \times a \times \dfrac{2}{3}$

21 $q \times 0.3 \times p$

22 $c \times (-2) \times a \times b \times 3$
수끼리의 곱은 곱셈 기호를 생각하지 않고
계산을 해서 간단히 나타내!

23 $z \times (-2) \times x \times y \times 1$

24 $2 \times x \times x = 2xx$ ❶ 곱셈 기호 ×를 생략하고 2, x, x를 붙여서 써!

$= \boxed{}$ ❷ 같은 문자가 여러 번 곱해졌을 때는 거듭제곱의 꼴로 나타내!

25 $(-2) \times a \times a \times a$

26 $y \times y \times \dfrac{2}{3} \times y \times y$

27 $p \times p \times \dfrac{1}{3} \times p \times p$

28 $a \times a \times (-1) \times a \times b \times b$

29 $x \times y \times y \times 0.1 \times y$

30 $q \times q \times (-0.3) \times p \times p$

31 $a \times c \times b \times b \times c \times 5$

32 $2 \times (x+3) = \boxed{} (x+3)$

곱셈 기호 ×를 생략하고 2와 $(x+3)$을 붙여서 써!

33 $7 \times (2x-1)$

34 $(a-b) \times 3$

수는 괄호 앞에 써!

35 $-2 \times (a+b)$

36 $(x-3) \times (-2)$

37 $-1 \times (a+b)$

1과 괄호의 곱에서도 1은 생략해!

38 $x \times (y+z) \times 5$

문자보다 숫자 먼저, 문자는 알파벳 순서대로 써!

2nd — 덧셈, 뺄셈 기호에 주의하여 곱셈 기호를 생략하기

● 다음 식을 곱셈 기호 ×를 생략하여 나타내시오.

39 $5 \times a + b \times 2 =$ 5a + b2   ❶ 곱셈 기호 ×를 생략해서 써!

$= \boxed{} + \boxed{}$ ❷ 수를 문자 앞에 써!

↑
+, −는 생략할 수 없어!

40 $p \times 3 - 7 \times q$

41 $9 \times x - 1 \times y$

42 $a \times 5 - b \times 0.1$

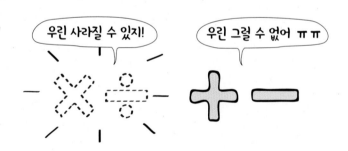

우린 사라질 수 있지!   우린 그럴 수 없어 ㅠㅠ

43 $(-1) \times a + y \times 5 \times x$

44 $(-3) \times (x+y) + 5 \times z$

45 $3 + 5 \times x \times x$

46 $a \times a + b \times b$

47 $x \times x - \dfrac{1}{3} \times x$

$\dfrac{1}{3}x = \dfrac{x}{3}$

48 $b \times 2 + 3 \times a \times a \times y$

49 $3 \times (b-c) + x \times (-1) \times x$

개념모음문제
50 다음 중 곱셈 기호 ×를 생략하여 바르게 나타낸 것을 모두 고르면? (정답 2개)

① $x \times (-1) \times (x+y) = x(-x+y)$
② $-0.1 \times a \times b \times a = -0.a^2 b$
③ $2 \times a \times a \times (-0.1) = -0.2a^2$
④ $3 \times x - y \times 2 = 6(x-y)$
⑤ $(x+2) \times \left(-\dfrac{1}{2}\right) \times a = -\dfrac{1}{2}a(x+2)$

02

식을 간단히 하자!

나눗셈 기호의 생략

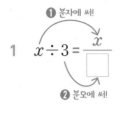

① 분수의 꼴로 나타내기

$$a \div 3 = \frac{a}{3}$$

간단한 나눗셈은 바로 분자, 분모로 보내!

② 곱셈으로 바꾸어 생략하기

$$\boxed{a \div 3 \div x \div x}$$

$$= a \times \frac{1}{3} \times \frac{1}{x} \times \frac{1}{x}$$ ← 역수

$$= \frac{a}{3x^2}$$

- **방법1**: 나눗셈 기호 ÷를 생략하고 분수의 꼴로 나타낸다.

  ⑩ $a \div b = \dfrac{a}{b}$ (단, $b \neq 0$)

- **방법2**: 나눗셈을 역수의 곱셈으로 바꾸어 곱셈 기호 ×를 생략한다.

  ⑩ $a \div b = a \times \dfrac{1}{b} = \dfrac{a}{b}$ (단, $b \neq 0$)

  참고 1 또는 −1로 나누는 경우는 1을 생략한다.
  특히 음수로 나누는 경우 음의 부호 −는 분수 앞에 쓴다.

  ⑩ $a \div 1 = a$, $a \div (-1) = -a$

  $a \div (-b) = \dfrac{a}{-b} = -\dfrac{a}{b}$ (단, $b \neq 0$)

원리확인 다음 □ 안에 알맞은 것을 써넣으시오.

❶ $y \div 5 = \dfrac{\square}{\square}$

❷ $x \div y \div z = x \times \dfrac{1}{\square} \times \dfrac{1}{\square} = \dfrac{x}{\square}$

역수

1st — 분수의 꼴로 나타내기

● 다음 식을 나눗셈 기호 ÷를 생략하여 나타내시오.

1 $x \div 3 = \dfrac{x}{\square}$
  ❶ 분자에 써!
  ❷ 분모에 써!

2 $a \div 2$

3 $3 \div x$

4 $3 \div 4x$

5 $4 \div 2x$
  분수 꼴에서 약분할 수 있는 경우는 약분해!

😊 내가 발견한 개념　　　먼저 계산한 식은 괄호가 있는 것으로 생각해!

- $a \div bc = a \div (b \times c) = \boxed{}$　(○)

- $a \div bc = a \div b \times c = \boxed{}$　(×)

6 $(-3) \div a = \dfrac{-3}{\square} = -\boxed{}$
  − 부호는 분수 앞에 써!

7 $3 \div x + 2 \div y$

　　　↑
　　+, −는 생략할 수 없어!

8 $3 \div (x+1) = \dfrac{3}{\boxed{}}$

9 $5 \div (x+2)$

10 $5 \div (a+b)$

11 $(-2) \div (a+b)$

　− 부호는 분수 앞에 써!

12 $a \div (b+c)$

13 $(x+1) \div 3$

14 $(2x-1) \div 5$

15 $(2x-1) \div (-2)$

2ⁿᵈ ─ 곱셈으로 바꾸어 생략하기

● 다음 식을 나눗셈 기호 ÷를 생략하여 나타내시오.

16 $b \div 4 = b \times \dfrac{1}{\boxed{}} = \dfrac{1}{4}\boxed{} = \dfrac{\boxed{}}{4}$

곱셈으로 고쳐서 계산해!

17 $b \div (-4)$

분모에 있는 −는 분수 앞으로 꺼내 써!

18 $2 \div x$

19 $3 \div x$

20 $(-3) \div x$

분자에 있는 −는 분수 앞으로 꺼내 써!

21 $2x \div y$

22 $a \div 1$

23 $a \div (-1)$

24 $x \div 2 \div 3 = x \times \dfrac{1}{\boxed{}} \times \dfrac{1}{\boxed{}} = \boxed{}$

곱셈으로 고쳐서 계산해!

25 $a \div 3 \div 4$

26 $a \div 1 \div 1$

27 $a \div (-1) \div (-1)$

28 $a \div 3 \div b$

29 $(-2) \div x \div y$

−부호는 분수 앞에 써!

30 $a \div b \div c$

31 $a \div c \div b$

● 다음 식을 곱셈 기호 ×, 나눗셈 기호 ÷를 생략하여 나타내시오.

32 $3 \times x \div y$

나눗셈을 역수의 곱셈으로 고친 후 계산해!

33 $a \div b \times c$

34 $a \div (-3) \times b$

35 $x \div y \div z \times (-1)$

36 $x \times x \div 2 \div y$

37 $a \times a \div b \div b \div b$

38 $y \times (-2) \div x \div x$

39 $a \div b \times c \div 3$

40 $3 \times (x \div y)$

괄호 안을 먼저 간단히 해!

41 $3 \div (x \times y)$

42 $a \div (c \times b)$

43 $x \div \left(y \times \dfrac{1}{z} \right)$

44 $x \div (3 \div y)$

45 $(-1) \div (a \div b)$

46 $y \times 2 \div (x \times x \times x)$

47 $(-1) \times m \div (b \times c \times a)$

4th 덧셈, 뺄셈 기호에 주의하여 곱셈, 나눗셈 기호를 생략하기

● 다음 식을 곱셈 기호 ×, 나눗셈 기호 ÷를 생략하여 나타내시오.

48 $5 \div x + 3 \div y$

+, −는 생략할 수 없어!

49 $0.1 \times a - 6 \div b$

50 $p \div (-2) + 3 \times b \times a$

51 $-1 \times y \times y + (4a + b) \div 9$

52 $(n-1) \div m + m \times l \div n$

53 $a \times \left(-\dfrac{1}{3} \right) \times b - x \div y \div y$

개념모음문제

54 다음 중 곱셈 기호 ×, 나눗셈 기호 ÷를 생략하여 나타내었을 때, 나머지 넷과 다른 것은?

① $a \times \dfrac{1}{b} \div c$ 　　② $\dfrac{1}{b} \times \dfrac{1}{c} \times a$

③ $a \div b \div c$ 　　④ $a \div (b \div c)$

⑤ $a \div (c \times b)$

문자를 사용하면 간단해!

문자의 사용

개수	가격(원)
1	500×1
2	500×2
3	500×3
⋮	⋮

n개는 500n원

• 문자를 사용하여 식 세우는 방법

(i) 문제의 뜻을 파악하여 수량 사이의 규칙을 알아본다.

(ii) 문자를 사용하여 (i)의 규칙에 맞도록 식을 세운다.

• 문자식에서 자주 쓰이는 수량 사이의 관계

① $(속력)=\dfrac{(거리)}{(시간)}$, $(시간)=\dfrac{(거리)}{(속력)}$, $(거리)=(속력)\times(시간)$

② $(소금물의 농도)=\dfrac{(소금의 양)}{(소금물의 양)}\times 100\,(\%)$,

$(소금의 양)=\dfrac{(소금물의 농도)}{100}\times(소금물의 양)$

원리확인 한 개에 800원인 과자의 가격을 문자를 사용한 식으로 나타내면 다음과 같다. □ 안에 알맞은 것을 써넣으시오.

❶ 1개의 값 ➡ 800 × □ (원)

❷ 2개의 값 ➡ 800 × □ (원)

❸ 3개의 값 ➡ 800 × □ (원)

❹ 4개의 값 ➡ 800 × □ (원)

⋮

❺ x개의 값 ➡ 800 × □ (원)

1ˢᵗ ― 다양한 상황을 문자로 나타내기

● 다음을 문자를 사용한 식으로 나타내시오.

1 한 권에 1000원인 공책 x권의 가격

2 한 송이에 p원인 장미 7송이의 가격

3 한 개에 200원인 사탕 a개와 한 개에 300원인 초콜릿 b개의 가격

4 700원짜리 과자를 a봉지 사고 10000원을 내었을 때의 거스름돈
  (거스름 돈)=(지불한 금액)-(물건의 가격)

5 12자루에 x원인 연필 한 자루의 가격

6 1개에 150 g인 공 x개의 무게

7 양 x마리와 오리 y마리의 다리의 수
  양의 다리의 수는 4이고, 오리의 다리의 수는 2야!

8 십의 자리의 숫자가 5, 일의 자리의 숫자가 x인 두 자리 자연수
  십의 자리의 숫자가 x, 일의 자리의 숫자가 y인 두 자리 자연수는 xy가 아니야!

9 백의 자리의 숫자가 7, 십의 자리의 숫자가 p, 일의 자리의 숫자가 q인 세 자리 자연수

10 소수 첫째 자리의 숫자가 a, 소수 둘째 자리의 숫자가 b인 수

11 연속한 세 자연수 중에서 가장 작은 수가 x일 때 가장 큰 수

12 연속한 세 홀수 중에서 가장 큰 수가 a일 때 가장 작은 수

13 현재 a살인 민주의 5년 뒤의 나이

14 현재 14살인 수현이보다 y살 많은 아빠의 나이

15 중간고사와 기말고사의 수학 점수가 각각 a점, b점일 때, 두 시험에서 수학 점수의 평균

(평균)$=\dfrac{\text{(자료 전체의 합)}}{\text{(자료의 개수)}}$

16 미진이의 키가 x cm, 혜진이의 키가 y cm, 수현이의 키가 z cm일 때, 세 명의 키의 평균

17 시속 60 km로 달리는 기차가 a시간 동안 이동한 거리

(거리)$=$(속력)$\times$(시간)

18 10 km의 거리를 시속 x km로 걸어갈 때 걸리는 시간

(시간)$=\dfrac{\text{(거리)}}{\text{(속력)}}$

19 모형 자동차가 y시간 동안 동일한 속력으로 5 km를 달렸을 때 모형 자동차의 속력

(속력)$=\dfrac{\text{(거리)}}{\text{(시간)}}$

20 소금이 x g 녹아 있는 소금물 500 g의 농도

(소금물의 농도)$=\dfrac{\text{(소금의 양)}}{\text{(소금물의 양)}}\times100(\%)$

21 소금이 10 g 녹아 있는 소금물 b g의 농도

22 농도가 $a\,\%$인 소금물 300 g에 녹아 있는 소금의 양

(소금의 양)$=\dfrac{\text{(소금물의 농도)}}{100}\times$(소금물의 양)

숫자를 문자로 바꾸면 핵심만 간단히, 짧고 쉽게 말할 수 있군. 흠...모두가 알아 들을 수 있는 언어야!

2n!!

'무한의 세계'가 열린 거야!

문자에 수를 대입하면 식의 값을 구할 수 있어!

식의 값

$$a=2 \text{ 일 때, } 3a \neq 32$$

곱셈 기호를 꼭 살려서 대입해!

$$=3 \times a$$
$$=3 \times 2$$
$$=6 \text{ 식의 값!}$$

• **대입**: 문자를 사용한 식에서 문자에 어떤 수를 바꾸어 넣는 것

• **식의 값**: 식의 문자에 어떤 수를 대입하여 구한 값

① 문자에 수를 대입할 때는 생략된 곱셈 기호 ×, 나눗셈 기호 ÷ 를 다시 쓴다.

② 문자에 음수를 대입할 때는 괄호 ( )를 사용한다.

원리확인 다음은 식의 값을 구하는 과정이다. □ 안에 알맞은 수를 써 넣으시오.

① $x=3$ 일 때, $5x = 5 \times \boxed{} = \boxed{}$

    대입 ↓ / ↑ 생략된 기호

② $x=\dfrac{3}{2}$ 일 때, $4x+1 = 4 \times \boxed{} + 1 = \boxed{}$

③ $x=2$ 일 때, $3x^2 = 3 \times \boxed{}^2 = \boxed{}$

④ $x=-2$ 일 때, $3x = 3 \times (\boxed{}) = \boxed{}$

    괄호를 사용해!

1st — 미지수가 1개일 때 식의 값 구하기

● $x=6$ 일 때, 다음 식의 값을 구하시오.

❷ x 대신에 6을 써!

1   $3x = 3 \times \boxed{} = \boxed{}$ ❸ 계산한 식의 값을 써!

    ❶ 곱셈 기호 ×를 다시 써!

2   $-2x$

3   $\dfrac{1}{2}x + 7$

4   $-x + 5$

5   $-3x + 10$

6   x^2

7   $-x^2 + x$

● $a=-2$일 때, 다음 식의 값을 구하시오.

8 $3a = 3 \times ($ ☐ $) = $ ☐

문자에 음수를 대입할 때는 괄호를 이용해!

9 $4a$

10 $-2a$

11 $-a$

$-a$가 항상 음수인 것은 아니야!

12 a^2

거듭제곱이 포함된 식의 값은 부호에 주의해!

13 $(-a)^3$

14 $-a^2+5$

● $p=\dfrac{2}{3}$일 때, 다음 식의 값을 구하시오.

15 $3p$

16 $p^2 = ($ ☐ $)^2 = \dfrac{2}{3} \times$ ☐ $ = $ ☐

거듭제곱에 분수를 대입할 때는 괄호를 이용해!

17 p^3

18 p^4

19 $-p^2$

20 $(-p)^2$

21 $p^2 - \dfrac{1}{3}p$

개념모음문제

22 $x=2$, $y=\dfrac{1}{3}$일 때, $2x-3xy$의 값은?

① $-\dfrac{1}{3}$ ② 0 ③ $\dfrac{1}{3}$

④ 1 ⑤ 2

● $x=4$일 때, 다음 식의 값을 구하시오.

23 $\dfrac{5}{x} = \dfrac{5}{\boxed{}}$ $x{=}4$를 분모에 직접 대입해!

24 $\dfrac{7}{x}$

25 $-\dfrac{3}{x}$

26 $\dfrac{2}{x}$

수끼리 계산한 결과는 기약분수로 나타내야 해!

27 $\dfrac{4}{x}$

28 $\dfrac{8}{x}$

29 $\dfrac{7}{2x}$

● $a=\dfrac{1}{3}$일 때, 다음 식의 값을 구하시오.

30 $\dfrac{1}{a} = 1 \div a = 1 \div \dfrac{1}{\boxed{}} = 1 \times \boxed{} = \boxed{}$

나눗셈 기호를 다시 써서 대입해!

31 $\dfrac{2}{a}$

32 $-\dfrac{4}{a}$

분수 앞의 $-$ 기호는 분자로 보내!

● $b=\dfrac{2}{3}$일 때, 다음 식의 값을 구하시오.

33 $\dfrac{1}{b} = 1 \div b = 1 \div \dfrac{2}{\boxed{}} = 1 \times \boxed{} = \boxed{}$

34 $\dfrac{2}{b}$

35 $-\dfrac{5}{b}$

2ⁿᵈ ― 미지수가 2개일 때 식의 값 구하기

• $x=2$, $y=-1$일 때, 다음 식의 값을 구하시오.

36 $3xy = 3 \times \boxed{} \times (\boxed{}) = \boxed{}$

x와 y를 차례로 대입해!

37 $-5xy$

38 $x-4y$

39 $3x-2y$

40 $5xy^2$

41 $\dfrac{y}{x}$

42 $\dfrac{4}{x}+\dfrac{5}{y}$

• $a=-\dfrac{1}{2}$, $b=\dfrac{1}{3}$일 때, 다음 식의 값을 구하시오.

43 $6ab$

44 $6a-9b$

45 a^2b

46 $\dfrac{b}{a}$

47 $2a+\dfrac{1}{b}$

48 $\dfrac{3}{a}-\dfrac{2}{b}$

개념모음문제

49 $x=3$, $y=-\dfrac{2}{3}$일 때, $\dfrac{3}{x}+\dfrac{4}{y}$의 값은?

① -5 ② -3 ③ -1

④ 1 ⑤ 3

● 다음 도형의 넓이 S를 문자를 사용한 식으로 나타내고, 넓이 S의 값을 구하시오.

50

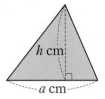

→ $S=\dfrac{1}{2} \times \boxed{} \times \boxed{} = \boxed{}$ (cm²)

→ $a=5$, $h=4$일 때, S의 값: ⋯⋯⋯⋯⋯

51

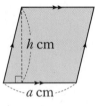

→ $S=$ ⋯⋯⋯⋯⋯⋯⋯⋯

→ $a=4$, $h=7$일 때, S의 값: ⋯⋯⋯⋯⋯

52

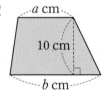

→ $S=$ ⋯⋯⋯⋯⋯⋯⋯⋯

→ $a=3$, $b=5$일 때, S의 값: ⋯⋯⋯⋯⋯

53 화씨온도 $x\,°\mathrm{F}$는 섭씨온도 $\dfrac{5}{9}(x-32)\,°\mathrm{C}$이다. 화씨온도가 $77\,°\mathrm{F}$일 때, 섭씨온도는 몇 $°\mathrm{C}$인지 구하시오.

54 키가 $x\,\mathrm{cm}$인 사람의 표준 체중은 $0.9(x-100)\,\mathrm{kg}$이라 한다. 수미의 키가 $150\,\mathrm{cm}$일 때, 수미의 표준 체중을 구하시오.

55 지면에서 초속 $40\,\mathrm{m}$로 똑바로 쏘아 올린 물체의 t초 후의 높이는 $(40t-4t^2)\,\mathrm{m}$라 한다. 쏘아 올린 지 3초 후 이 물체의 높이를 구하시오.

56 귀뚜라미는 기온이 $x\,°\mathrm{C}$일 때, 1분에 $\left(\dfrac{36}{5}x-32\right)$번 운다 한다. 기온이 $20\,°\mathrm{C}$일 때, 귀뚜라미가 1분 동안 우는 횟수를 구하시오.

TEST 1. 문자를 사용한 식

1 다음 식을 곱셈 기호 ×를 생략하여 나타낼 때, 밑줄친 1 중에서 생략될 수 <u>없는</u> 것은?

① $\underline{1} \times x$　　② $x \times \underline{1}$　　③ $(-\underline{1}) \times x$
④ $x \times (-\underline{1})$　⑤ $0.\underline{1} \times x$

2 다음 중 계산 결과가 $\dfrac{xz}{y}$인 것은?

① $x \times y \div z$　　　　② $x \div (y \times z)$
③ $x \div y \div z$　　　　④ $-1 \times x \div y \times (-z)$
⑤ $-1 \times (-x) \div (y \times z)$

3 다음 중 <u>틀린</u> 것은?

① 한 자루에 200원인 연필 x자루의 값은 $200x$원이다.
② 시속 80 km로 x시간을 달린 거리는 $80x$ km이다.
③ 가로의 길이가 x cm, 세로의 길이가 y cm인 직사각형의 둘레의 길이는 $2(x+y)$ cm이다.
④ 십의 자리의 숫자가 x, 일의 자리의 숫자가 y인 두 자리 자연수는 xy이다.
⑤ x의 3배에서 1을 뺀 수는 $(3x-1)$이다.

4 $a=-2$, $b=4$일 때, 다음 식의 값이 나머지 넷과 <u>다른</u> 것은?

① $3a+4b$　　② $-a+2b$　　③ $\dfrac{-5b}{a}$
④ $-a^2b$　　⑤ $\dfrac{a^2+b^2}{-a}$

5 $a=-1$일 때, 다음 중 식의 값이 나머지 넷과 <u>다른</u> 하나는?

① $-a$　　　② $-a^2$　　③ $(-a)^2$
④ $(-a)^3$　⑤ $-(-a^2)$

6 오른쪽 그림과 같은 도형의 넓이를 x, y를 사용한 식으로 나타내고, 그 식을 이용하여 $x=6$, $y=8$일 때의 도형의 넓이를 바르게 구한 것은?

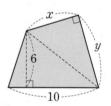

	식	식의 값
①	$\dfrac{1}{2}xy+30$	54
②	$\dfrac{1}{2}xy+60$	54
③	$xy+30$	78
④	$xy+60$	78
⑤	$2xy+60$	54

2

수 넣으면 값 나온다!
일차식과
그 계산

이제부터 우리가 일차식 너희들을 대신 한다!

$ax+b$

$3x-5$

$-2x+3$

$\dfrac{-5x+1}{3}$

$x+1$

$-0.4x+9$

$-2x-2y+5$

$\dfrac{1}{2}x+7$

난 0만 아니면 돼

문자식을 분해해 보자!

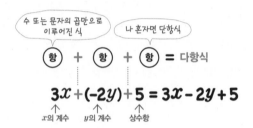

수 또는 문자의 곱만으로 이루어진 식

나 혼자면 단항식

항 + 항 + 항 = 다항식

$3x+(-2y)+5=3x-2y+5$

x의 계수 y의 계수   상수항

01 단항식과 다항식

이 단원에서 사용할 용어들을 공부해. 용어를 공부하는 건 지루하고 어려울 수 있지만 용어의 뜻을 모르면 문제를 파악하지도 못하게 되니까 한 번에 제대로 하도록 해.

천리길은 한걸음부터, 다항식은 일차식부터!

가장 큰 차수만 봐!

차수가 1이므로

x^1+1 ⟶ 일차식

가장 큰 차수가 2이므로

x^2+x^1+1 ⟶ 이차식

02 차수와 일차식

이 부분도 용어 설명이라 볼 수 있어. '차수'는 항과 식 모두에서 쓰이니까 두 가지 경우의 뜻을 정확히 구분하도록 해.

수끼리 모아 간단한 식으로!

① (단항식)×(수)

$6x\times2=6\times2\times x$

수끼리 계산!

$=12x$

② (단항식)÷(수)

역수

$6x\div2=6x\times\dfrac{1}{2}$

$=6\times\dfrac{1}{2}\times x$

수끼리 계산!

$=3x$

03 단항식과 수의 곱셈·나눗셈

일차인 단항식과 숫자의 곱과 나눗셈을 연습해. 숫자끼리 계산한 것에 문자를 그대로 붙여주면 되니까 어렵지 않아.

분배법칙으로 식을 간단히!

① (일차식)×(수)

$$(2x+1)\times 3 = 2x\times 3 + 1\times 3$$

분배법칙

$$= 6x+3$$

② (일차식)÷(수)

$$(6x+3)\div 3 = (6x+3)\times \frac{1}{3}$$

분배법칙

$$= 2x+1$$

---

04 일차식과 수의 곱셈·나눗셈

이번에는 일차식과 숫자의 곱과 나눗셈을 연습해. 분배법칙을 이용해서 괄호 안의 모든 항들에 똑같이 곱해주는 것이 중요해. 첫 번째 항에만 곱하는 실수를 하면 안돼.

같은 종류끼리 모아서 간단히!

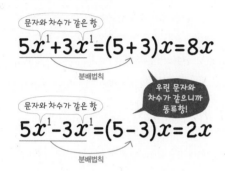

문자와 차수가 같은 항

$$5x^1 + 3x^1 = (5+3)x = 8x$$

분배법칙

우린 문자와 차수가 같으니까 동류항!

문자와 차수가 같은 항

$$5x^1 - 3x^1 = (5-3)x = 2x$$

분배법칙

---

05 동류항

곱셈, 나눗셈과 다르게 덧셈과 뺄셈은 동류항끼리만 할 수 있어. 동류항이 아닌 것끼리는 덧셈과 뺄셈을 하지 못하니까 계산을 할 때, 서로 동류항인지 잘 확인해야 해.

같은 종류끼리 모아서 간단히! 더 간단히!

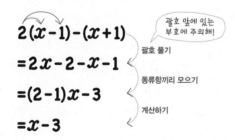

$$2(x-1)-(x+1)$$

괄호 앞에 있는 부호에 주의해!

괄호 풀기

$$= 2x-2-x-1$$

동류항끼리 모으기

$$= (2-1)x-3$$

계산하기

$$= x-3$$

06~07 일차식의 덧셈·뺄셈

일차식의 덧셈과 뺄셈에도 동류항의 계산을 그대로 사용하면 돼. 다만 항의 수가 늘어나고 조금 계산이 길어진 것 뿐이야.

조건을 알면 간단해!

① 문자에 일차식 대입하기

$$A=2x+1$$
$$B=x+2$$

대입 괄호를 꼭 사용해야해!

$$A-B=(2x+1)-(x+2)$$
$$=2x-x+1-2$$
$$=x-1$$

② □ 안의 식 구하기

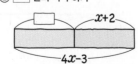

$$\boxed{} + (x+2) = 4x-3$$

$$\rightarrow \boxed{} = 4x-3-(x+2)$$

---

08 조건을 만족하는 식

수학에서는 괄호가 그룹을 만드는 기호야. 즉 괄호는 안에 있는 것을 하나의 것으로 취급하게 하지. 그래서 우리가 문자에 식을 대입할 때는 꼭 괄호를 이용해야 해.

문자식을 분해해 보자!

단항식과 다항식

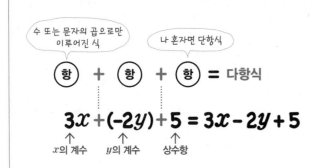

수 또는 문자의 곱으로만 이루어진 식

나 혼자면 단항식

항 + 항 + 항 = 다항식

$$3x + (-2y) + 5 = 3x - 2y + 5$$

x의 계수 y의 계수   상수항

- **항**: 수 또는 문자의 곱으로만 이루어진 식
  - 참고 $x-y-2$의 항을 x, y, 2로 생각하지 않도록 주의한다.
- **상수항**: 수로만 이루어진 항
- **계수**: 문자에 곱해진 수
  - 예 x의 계수는 1이고, $-x$의 계수는 -1이다.
- **다항식**: 한 개의 항 또는 여러 개의 항의 합으로 이루어진 식
- **단항식**: 다항식 중에서 한 개의 항으로만 이루어진 식
  - 참고 ① $\dfrac{1}{x}$과 같이 분모에 문자가 포함된 식은 다항식이 아니다.
  - ② 단항식은 다항식에 포함된다.

원리확인 다음은 다항식 $2x-3y+1$에 대한 설명이다. □ 안에 알맞은 수를 써넣으시오.

❶ 항은 모두 □개이다.

❷ 상수항은 □이다.

❸ x의 계수는 □이다.

❹ y의 계수는 □이다.

문자에 대하여 우리 관계를 결정하는 건 나야, 계수!

1st ─ 다항식의 항 구하기

● 다음 □ 안에 알맞은 것을 쓰고 다항식의 항을 쓰시오.

1 $2x^2 - x + 5 = 2x^2 + (\boxed{}) + 5$

→ 항: $2x^2$, $\boxed{}$, 5

모든 항을 덧셈 기호 +로 연결하여 표현하면 항을 찾기 편해!

2 $2x - 3y - 7 = 2x + (\boxed{}) + (\boxed{})$

→ 항:

3 $3x - 9y - 1 = 3x + (\boxed{}) + (\boxed{})$

→ 항:

4 $-2x - 3y - 7 = -2x + (\boxed{}) + (\boxed{})$

→ 항:

5 $-x - 3y + 2 = \boxed{} + (\boxed{}) + 2$

→ 항:

6 $x^3 + 3x^2 - \dfrac{1}{2}x - \dfrac{1}{3}$

$= x^3 + 3x^2 + (\boxed{}) + (\boxed{})$

→ 항:

2nd ― 문자의 계수 구하기

● 다음 다항식에서 각 문자의 계수를 구하시오.

7 $(5x) + (4y)$

4y이므로 y에 곱해진 수는 4야!

5x이므로 x에 곱해진 수는 5야!

→ x의 계수:

　y의 계수:

8 $2x + 3y$

→ x의 계수:

　y의 계수:

9 $\underset{x = 1 \times x}{x} + 2y$

→ x의 계수:

　y의 계수:

10 $3x - 2y$

계수가 음수일 때는 부호를 바뜨리면 안돼!

→ x의 계수:

　y의 계수:

11 $4x - 5$

→ x의 계수:

　y의 계수:

y항이 없으면 y의 계수가 0이야!

12 $5x^2 - x$

→ x^2의 계수:

　x의 계수:

13 $-1.7x + 0.4y - 1.2$

→ x의 계수:

　y의 계수:

14 $2x + \dfrac{1}{5}y + 3$

→ x의 계수:

　y의 계수:

15 $4x + \dfrac{y}{3} + 3$

$\dfrac{y}{3} = \dfrac{1}{3}y$

→ x의 계수:

　y의 계수:

16 $\dfrac{x}{2} + \dfrac{2y}{3} + 1$

→ x의 계수:

　y의 계수:

17 $\dfrac{5x - 7y + 1}{2}$　$\dfrac{\square + \bigcirc + \triangle}{2} = \dfrac{\square}{2} + \dfrac{\bigcirc}{2} + \dfrac{\triangle}{2}$임을 이용해!

→ x의 계수:

　y의 계수:

😊 내가 발견한 개념　　　　숨겨진 계수를 찾아봐!

• $x = \boxed{} \times x$ 이므로 계수는 $\boxed{}$

• $-x = \boxed{} \times x$ 이므로 계수는 $\boxed{}$

• $\dfrac{x}{2} = \dfrac{1}{\boxed{}} \times x$ 이므로 계수는 $\dfrac{1}{\boxed{}}$

3rd — 상수항 찾기

● 다음 다항식에서 상수항을 구하시오.

18 $2x\boxed{+5}$

문자 없이 수만 있는 항을 상수항이라 해!
+가 붙은 항은 부호를 생략해도 OK!

19 $2x-5$

나를 잊지마…

항상 수만 있는 항, 상수항!

20 $-5x+7$

21 $-3x+\dfrac{1}{2}$

22 $1-3x$

23 $-2-3x$

24 $2x+3y+5$

25 $0.3x-0.1$

26 $\dfrac{x}{3}+\dfrac{y}{5}+\dfrac{1}{4}$

27 $\dfrac{x+1}{2}$

28 $\dfrac{7x-5}{2}$

개념모음문제

29 다항식 $2x-\dfrac{5}{2}y+1$에 대하여 다음을 구하시오.

(1) 모든 항

(2) x, y 각각의 계수

(3) 상수항

4th — 단항식과 다항식 판별하기

● 다음 중 단항식인 것은 '단'을, 단항식이 아닌 다항식인 것은 '다'를 ( ) 안에 써넣으시오.

30 $3x$ ( )

항의 개수가 1이면 단항식!
항의 개수가 2, 3, 4, …이면 단항식이 아닌 다항식!

31 $-6y$ ( )

32 $\dfrac{x}{2}$ ( )

☺ **내가 발견한 개념** $\dfrac{2}{x}$는 단항식일까?

• $\dfrac{x}{2} = \dfrac{1}{2} \bigcirc x \Rightarrow x$에 $\dfrac{1}{2}$이 곱해진 □ 이다.

• $\dfrac{2}{x} = 2 \bigcirc x \Rightarrow 2$와 x가 □ 으로 이루어진 식이 아니므로 단항식이 아니다.

33 $x+1$ ( )

34 $2x+3$ ( )

35 x^2+2 ( )

36 $4x^3-3x+2$ ( )

37 $-\dfrac{1}{3}x+y-6$ ( )

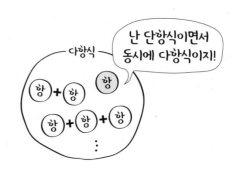

난 단항식이면서 동시에 다항식이지!

개념모음문제

38 다음 중 다항식 $3x^2-\dfrac{x}{2}-y+5$에 대한 설명으로 옳은 것은?

① 단항식이다.

② 항은 $3x^2$, $\dfrac{x}{2}$, y, 5이다.

③ 상수항은 5이다.

④ y의 계수는 1이다.

⑤ x의 계수는 3과 $-\dfrac{1}{2}$이다.

천리길은 한걸음부터, 다항식은 일차식부터!

차수와 일차식

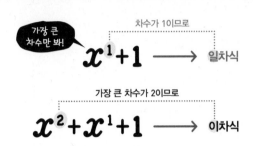

차수가 1이므로 → 일차식

가장 큰 차수만 봐! x^1+1 → 일차식

가장 큰 차수가 2이므로

x^2+x^1+1 → 이차식

- **항의 차수**: 어떤 항에서 문자가 곱해진 개수

  참고 상수항은 문자가 하나도 곱해져 있지 않으므로 차수는 0이다.

- **다항식의 차수**: 다항식에서 차수가 가장 큰 항의 차수

  예 다항식 $3x^2+4x+7$은 차수가 가장 높은 항이 $3x^2$이고, 그 차수는 2이므로 이 다항식의 차수는 2이다.

- **일차식**: 차수가 1인 다항식

  예 $2x+1$, $\frac{1}{2}x-3$은 모두 일차식이다.

원리확인 다음 중 일차식인 것은 ○를, 아닌 것은 ×를 ( ) 안에 써넣으시오.

❶ $2x+7$ (   )

❷ $3x+5$ (   )

❸ x^2+2x+5 (   )

❹ $2x^2-3x+1$ (   )

1st — 단항식의 차수 구하기

● 다음 단항식의 차수를 구하시오.

1 $5x^2 =$ ☐ × ☐ × ☐ → 차수 : ☐

   문자가 2개 곱해져 있어!

2 $-6x^3$

3 $3y^4$

4 $-x^5$

5 $0.2a^6$

6 $\dfrac{x}{4}$

7 5

   $5 = 0 \times x + 5$이므로 차수는 0이야!

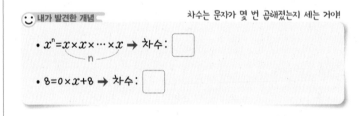

내가 발견한 개념   차수는 문자가 몇 번 곱해졌는지 세는 거야!

- $x^n = \underbrace{x \times x \times \cdots \times x}_{n}$ → 차수 : ☐

- $8 = 0 \times x + 8$ → 차수 : ☐

2nd — 단항식이 아닌 다항식의 차수 구하기

● 다음 ☐ 안에 각 항의 차수를 써넣고, 다항식의 차수를 구하시오.

8 $6x$ -4

   ☐차 ☐차

   → 다항식의 차수:

   가장 큰 차수를 써!

9 $-2x$ $+1$

   ☐차 ☐차

   → 다항식의 차수:

10 $0.1x$ -3

☐차 ☐차

→ 다항식의 차수:

11 $3x^2$ $+5$

☐차 ☐차

→ 다항식의 차수:

12 $5x^2$ $-2x$ -7

☐차 ☐차 ☐차

→ 다항식의 차수:

13 $\dfrac{2}{3}x^3$ $-\dfrac{x}{2}$ $+\dfrac{5}{6}$

☐차 ☐차 ☐차

→ 다항식의 차수:

그림으로 그려볼까?

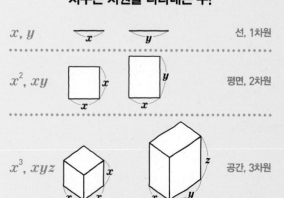

차수는 차원을 나타내는 수!

| x, y | | | 선, 1차원 |

| x^2, xy | | | 평면, 2차원 |

| x^3, xyz | | | 공간, 3차원 |

3rd — 일차식 판별하기

● 다음 식이 일차식인 것은 ○를, 일차식이 아닌 것은 ×를 ( ) 안에 써넣으시오.

14 10   (   )

식에서 차수가 가장 큰 항이 일차인지 확인하면 돼!

15 $2x+1$ (   )

16 $-2x$ (   )

17 $\dfrac{x}{2}+7$ (   )

18 $2x^2+7x-1$ (   )

19 $-\dfrac{3}{x}$ (   )

다항식이 아니므로 일차식이 아니야!

개념모음문제

20 다음 조건을 모두 만족시키는 다항식은?

> (개) 항은 2개이다.
> (내) 다항식의 차수는 1이다.
> (대) x의 계수는 $-\dfrac{1}{2}$이다.
> (래) 상수항은 7이다.

① $-\dfrac{1}{2}x+1$ ② $-\dfrac{1}{2}x+7$

③ $x-\dfrac{1}{2}$ ④ $x+7$

⑤ $-\dfrac{1}{2}x^2+7$

03

단항식과 수의 곱셈·나눗셈

① (단항식)×(수)

$$6x \times 2 = 6 \times 2 \times x$$

↓ 수끼리 계산!

$$= 12x$$

② (단항식)÷(수)

역수

$$6x \div 2 = 6x \times \frac{1}{2}$$

$$= 6 \times \frac{1}{2} \times x$$

↓ 수끼리 계산!

$$= 3x$$

• (수)×(단항식), (단항식)×(수)

수끼리 곱하여 문자 앞에 쓴다.

참고 부호를 먼저 결정한 후, 수의 절댓값끼리의 곱에 그 부호를 붙여 문자 앞에 쓰면 된다.

• (단항식)÷(수)

나누는 수의 역수를 곱하거나 분수 꼴로 고쳐서 계산한다.

원리확인 다음은 단항식과 수의 곱셈, 나눗셈을 계산하는 과정이다. ☐ 안에 알맞은 것을 써넣으시오.

❶ $2x \times 5 = 2 \times x \times 5$

$= (2 \times \boxed{}) \times x$ ⟩ 교환법칙, 결합법칙

$= \boxed{} \times x = \boxed{}$

❷ $6x \div 3 = 6x \times \frac{1}{3}$

$= \left(6 \times \boxed{}\right) \times x$

$= \boxed{} \times x = \boxed{}$

1st — 단항식과 수의 곱셈 계산하기

● 다음을 계산하시오.

1 $3a \times 2 = 3 \times a \times 2$ ❶ 곱셈 기호를 다시 써!

$= 3 \times 2 \times a = \boxed{} a$

❷ 수끼리 계산하여 문자 앞에 써!

2 $7 \times 3y$

3 $2x \times \frac{1}{5}$

4 $4x \times (-2)$

부호에 주의해!
$(+) \times (+) = (+)$, $(+) \times (-) = (-)$
$(-) \times (+) = (-)$, $(-) \times (-) = (+)$

5 $5 \times (-6b)$

6 $(-12p) \times \left(-\frac{1}{3}\right)$

7 $\frac{1}{3} \times (-9y)$

2nd — 단항식과 수의 나눗셈 계산하기

● 다음을 계산하시오.

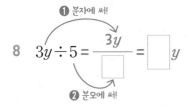

8 $3y \div 5 = \dfrac{3y}{\boxed{}} = \boxed{}\,y$

❶ 분자에 써!

❷ 분모에 써!

9 $20x \div 3$

10 $32p \div 6$

수끼리 계산한 결과는 기약분수로 약분해!

11 $(-15b) \div (-10)$

12 $12y \div (-6)$

13 $5y \div \dfrac{3}{2} = 5y \times \boxed{} = \boxed{}\,y$

곱셈으로 고쳐서 계산해!

14 $9x \div \dfrac{3}{4}$

15 $\dfrac{3}{4}x \div \dfrac{3}{8}$

16 $5y \div \dfrac{1}{3}$

17 $(-8a) \div \dfrac{1}{2}$

18 $-6b \div \dfrac{12}{5}$

19 $-6y \div \left(-\dfrac{3}{2}\right)$

20 $\dfrac{4}{3}x \div \left(-\dfrac{8}{9}\right)$

교환, 결합 법칙 때문에 수 끼리의 계산이 가능해!

$ab = ba$
$(ab)c = a(bc)$

개념모음문제

21 다음 중 옳지 <u>않은</u> 것은?

① $4a \times 8 = 32a$

② $\dfrac{7}{4}b \times 12 = 21b$

③ $(-2x) \times 7 = -14x$

④ $\dfrac{1}{3}y \div \dfrac{5}{6} = \dfrac{2}{5}y$

⑤ $(-12x) \div (-2) = -6x$

04

분배법칙으로 식을 간단히!

일차식과 수의 곱셈·나눗셈

① (일차식)×(수)

$$(2x+1)×3 = 2x×3+1×3$$

분배법칙

$$= 6x+3$$

② (일차식)÷(수)

$$(6x+3)÷3 = (6x+3)×\frac{1}{3}$$

$$= 2x+1$$

분배법칙

· (수)×(일차식), (일차식)×(수)

분배법칙을 이용하여 일차식의 각 항에 수를 곱한다.

참고 괄호 앞에 −가 있는 경우 −1이 곱해진 것으로 생각하여 괄호를 풀 때는 괄호 안의 각 항의 부호를 모두 바꾼다.

예 $-(x+1) = -x-1$

· (일차식)÷(수)

일차식의 각 항에 나누는 수의 역수를 곱하거나 분수 꼴로 고쳐서 계산한다.

원리확인 다음은 일차식과 수의 곱셈, 나눗셈을 계산하는 과정이다. □ 안에 알맞은 것을 써넣으시오.

❶ $(x+3)×2 = x× \boxed{} +3× \boxed{}$

$$= \boxed{}$$

❷ $(4x+6)÷2 = (4x+6)×\frac{1}{2}$

$$= 4x× \boxed{} +6× \boxed{}$$

$$= \boxed{}$$

● 다음을 계산하시오.

1 $2(5x+4)$

2 $-2(x+2)$

3 $9\left(-\frac{1}{3}a+1\right)$

4 $-(y+3)$

5 $(2x-1)×5$

6 $(2x+1)×(-2)$

7 $(12-18b)×\frac{1}{6}$

8 $\left(4x-\frac{8}{3}\right)×\left(-\frac{9}{4}\right)$

2nd — 역수를 곱하여 일차식과 수의 나눗셈 계산하기

● 다음을 계산하시오.

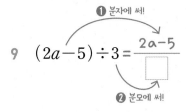

9 $(2a-5)\div 3 = \dfrac{2a-5}{\boxed{}}$

❶ 분자에 써!
❷ 분모에 써!

10 $(3x-1)\div 7$

11 $(4p+12)\div 6 = \dfrac{4p+12}{6}$

$= \dfrac{2p+\boxed{}}{\boxed{}}\left(=\dfrac{2p}{3}+\boxed{}\right)$

기약분수로 나타내야 해!

12 $(-6y+12)\div 18$

13 $(3-6b)\div(-12)$

14 $(3x+5)\div \dfrac{1}{3} = (3x+5)\times \boxed{}$

❶ 곱셈으로 고쳐서 계산해!
❷ 분배법칙을 이용하여 괄호를 풀어!

$= \boxed{} + \boxed{}$

15 $(9y+6)\div \dfrac{3}{4}$

16 $(8a-6)\div\left(-\dfrac{2}{3}\right)$

17 $(12a-4)\div \dfrac{1}{4}$

18 $(-3-2y)\div\left(-\dfrac{1}{2}\right)$

개념모음문제

19 다음 중 옳지 <u>않은</u> 것은?

① $2\left(3a+\dfrac{1}{5}\right)=6a+\dfrac{2}{5}$

② $-2(5x+1)=-10x-2$

③ $(15x-9)\div 3=5x-3$

④ $(-y+3)\div\left(-\dfrac{3}{2}\right)=\dfrac{3}{2}y-2$

⑤ $6\left(-\dfrac{2}{3}x+\dfrac{1}{2}\right)=-4x+3$

분배법칙은 앞으로 이렇게 될 거야!

중1	분배법칙	$2(3x+1)=6x+2$
중2	전개	$2(3x+2y+1)=6x+4y+2$
중3	곱셈 공식	$(x+2)(2x+3)=2x^2+7x+6$

05

같은 종류끼리 모아서 간단히!

동류항

$$5x^{\overset{1}{}}+3x^{\overset{1}{}}=(5+3)x=8x$$

문자와 차수가 같은 항

분배법칙

우린 문자와 차수가 같으니까 동류항!

$$5x^{\overset{1}{}}-3x^{\overset{1}{}}=(5-3)x=2x$$

문자와 차수가 같은 항

분배법칙

- **동류항**: 문자와 차수가 각각 같은 항
  예 $2x$와 $-3x$는 동류항이다.
  $2x$와 $2y$는 문자가 다르므로 동류항이 아니다.
  $2x$와 $2x^2$은 차수가 다르므로 동류항이 아니다.
  참고 상수항은 모두 동류항이다.
- **동류항의 계산**: 동류항끼리 모아서 동류항의 계수끼리 더하거나 뺀 후 문자 앞에 쓴다.
  참고 다음과 같이 계산하지 않도록 주의한다.
  ① $5+x=5x$ (×)
  ② $3x+1=4x$ (×)
  ③ $2a+3b=5ab$ (×)

원리확인 다음은 동류항의 덧셈과 뺄셈을 계산하는 과정이다. □ 안에 알맞은 것을 써넣으시오.

❶ $2x+3x=(\boxed{}+\boxed{})x=\boxed{}$

❷ $5x-2x=(\boxed{}-\boxed{})x=\boxed{}$

1st ─ 동류항의 의미 알기

● 다음은 주어진 두 항이 동류항인지 아닌지 판별하는 과정이다. 옳은 것에 ○를 하시오.

1 $3x$와 $3y$

→ 문자가 (같 , 다르)고, 차수가 (같으 , 다르)므로 동류항(이다 , 이 아니다).

2 $2x$와 $-3x$

→ 문자가 (같 , 다르)고, 차수가 (같으 , 다르)므로 동류항(이다 , 이 아니다).

3 $5x$와 $5x^2$

→ 문자가 (같 , 다르)고, 차수가 (같으 , 다르)므로 동류항(이다 , 이 아니다).

4 a와 $\dfrac{a}{2}$

→ 문자가 (같 , 다르)고, 차수가 (같으 , 다르)므로 동류항(이다 , 이 아니다).

5 2와 -4

→ 둘 다 (일차식 , 상수항)이므로 동류항(이다 , 이 아니다).
상수항은 문자가 곱해져 있지 않으므로 모두 차수가 0이어야

● 다음 중 두 항이 동류항인 것은 ○를, 동류항이 아닌 것은 ×를 ( ) 안에 써넣으시오.

6 $3a$와 $-2a$　　　　　　　　(　　)

7 $-y$와 $\dfrac{1}{3}y$　　　　　　(　　)

8 $3x$와 $\dfrac{x}{2}$ ( )

9 $3x$와 $3x^2$ ( )

10 $0.1x^2$과 $-5x^2$ ( )

11 $3x^2$과 $3y^2$ ( )

12 5와 -1 ( )

13 $\dfrac{1}{2}$과 1 ( )

● 다음 식에서 동류항을 모두 찾으시오.

14 $2x+3x-5$

15 $-3x-8x+1$

16 $a-3+4a$

17 $-2b+8b+1-3b$

18 $5y-3+y+7$

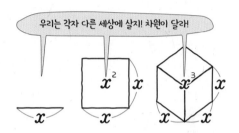

우리는 각자 다른 세상에 살지! 차원이 달라!

길이가 아무리 많이 모여도 넓이가 될 수 없듯
x가 아무리 많이 모여도 x^2, x^3이 될 수는 없어!

19 $3a+b-\dfrac{1}{2}a+5b$

20 $3x^2+4x+2x^2-3x$

개념모음문제
21 다음 중 동류항끼리 짝지어진 것은?

① $\dfrac{x}{3}$, $\dfrac{3}{x}$ ② $2x$, $2y$ ③ $2a$, a^2

④ -1, 0.1 ⑤ a^2b, ab^2

동류항의 덧셈과 뺄셈 계산하기

● 다음 식을 간단히 하시오.

22 $3x + 2x = ($ ☐ $+$ ☐ $)x = $ ☐ x

계수끼리 더해서 문자 앞에 써!

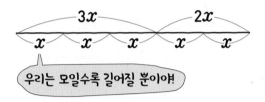

우리는 모일수록 길어질 뿐이야!

23 $5x + 2x$

24 $4a + 3a + 2a$

25 $5x - 2x$

26 $-3x + 7x$

27 $7x - x - 2x$

28 $2a + 4a$

29 $3x - x$

30 $-3b + 5b$

31 $-7a - 4a$

32 $x - 4x$

33 $b + 2b + 4b$

34 $-5y + 2y + y$

35 $x + 4x + (-3x)$

36 $b-(-3b)+5b$

37 $5a-3a-4a$

38 $-2y+7y-5y$

39 $\dfrac{1}{10}x+\dfrac{2}{10}x+\dfrac{3}{10}x$

40 $\dfrac{2}{3}y-\dfrac{1}{6}y+\dfrac{3}{4}y$

41 $-\dfrac{1}{2}b+2b-\dfrac{2}{3}b$

42 $4x+6+3x+2=\boxed{}x+\boxed{}$

동류항끼리 더한 후 동류항이 아니면 더 이상 간단히 할 수 없에!

43 $2x-3+5x+7$

44 $-2x+13-3x-7$

45 $x+5+6x-2$

46 $-3+4a+\dfrac{7}{2}-9a$

47 $6x+\dfrac{y}{5}-12x+\dfrac{4}{5}y$

개념모음문제

48 다음 중 옳은 것은?

① $2+x=2x$

② $2x+1=3x$

③ $2x+3x^2=5x^3$

④ $2x+x=3x$

⑤ $2x+3y=5xy$

☺ 내가 발견한 개념   동류항에서 계수끼리 계산하는 이유는?

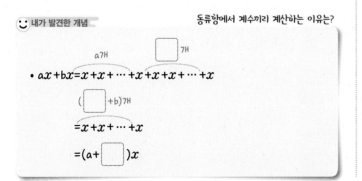

$\cdot\ ax+bx=\underbrace{x+x+\cdots+x}_{a\text{개}}+\underbrace{x+x+\cdots+x}_{\boxed{}\text{개}}$

$\underbrace{}_{(\boxed{}+b)\text{개}}$

$=x+x+\cdots+x$

$=(a+\boxed{})x$

06

같은 종류끼리 모아서 간단히! 더 간단히!

간단한 일차식의 덧셈·뺄셈

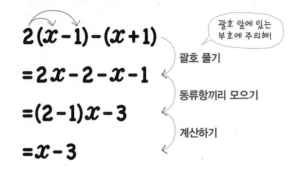

괄호 앞에 있는 부호에 주의해!

$2(x-1)-(x+1)$

괄호 풀기

$=2x-2-x-1$

동류항끼리 모으기

$=(2-1)x-3$

계산하기

$=x-3$

- **일차식의 덧셈**: 일차항은 일차항끼리, 상수항은 상수항끼리 더한다.
- **괄호가 있는 일차식의 덧셈**: 분배법칙을 이용하여 괄호를 푼 후, 동류항끼리 모아서 계산한다.

  참고 괄호 앞에 있는 부호와 수는 괄호 안의 모든 항에 곱해준다.
  ① $-(5x-3)=-5x-3$ (×)
  $\quad -(5x-3)=-5x+3$ (○)
  ② $2(-4x+1)=-8x+1$ (×)
  $\quad 2(-4x+1)=-8x+2$ (○)
- **일차식의 뺄셈**: 빼는 식의 각 항의 부호를 바꾸어 더한다.

1st ― 일차식의 덧셈과 뺄셈 계산하기

● 다음 식을 계산하시오.

1 $(x+3)+(4x+5)=x+3+$ ☐ $+$ ☐
$\qquad\qquad\qquad\qquad = $ ☐ $+$ ☐

'+'는 '+1'이 곱해진 거야.
$+(4x+5)=(+1)\times(4x+5)$
$\qquad\qquad =+4x+5$

2 $(x+2)+(2x-1)$

3 $(2x+3)+(3x-5)$

4 $(4x+1)+(2x-7)$

5 $(-x+4)+(3x-2)$

6 $(-a+3)+(5a-1)$

7 $(2x+1)+(3x+2)$

8 $(3x+2)+(x-4)$

9 $(2a-2)+(-4a+4)$

10 $(5b-3)+(-2b+4)$

11 $(5y-10)+(7y-7)$

12 $(6a-3)+(-7a-4)$

13 $(9x-15)+(-2x+16)$

14 $\left(3x-\dfrac{3}{4}\right)+\left(-8x+\dfrac{7}{4}\right)$

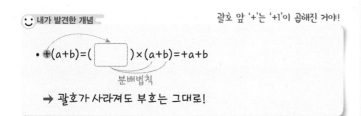

내가 발견한 개념

괄호 앞 '+'는 '+1'이 곱해진 거야!

• $+(a+b)=(\boxed{})\times(a+b)=+a+b$

분배법칙

→ 괄호가 사라져도 부호는 그대로!

15 $(4x+3)-(2x+1)=4x+3-\boxed{}-\boxed{}$

'−'는 '−1'이 곱해진 거야.
$-(2x+1)=(-1)\times(2x+1)$
$=-2x-1$

$=\boxed{}+\boxed{}$

16 $(5x+7)-(2x+3)$

17 $(x-6)-(4x-1)$

18 $(x+3)-(3x-5)$

19 $(x+8)-(-2x+2)$

20 $(x-3)-(-3x-1)$

21 $(b+2)-(-b+1)$

22 $(3x+4)-(5x-2)$

23 $(-y-9)-(2y-1)$

24 $(p+2)-(1-p)$

25 $(2x-18)-(9x-3)$

26 $(8a-3)-(-12+6a)$

27 $(5x-9)-(-6x+4)$

28 $\left(-9x+\dfrac{5}{4}\right)-\left(-5x+\dfrac{1}{4}\right)$

29 $\left(\dfrac{5}{3}x+\dfrac{2}{3}\right)-\left(\dfrac{1}{6}x-\dfrac{1}{2}\right)$

30 $5(p-3)+3(2p+3)$

분배법칙을 이용해!

31 $3(x+1)+2x$

32 $4(x+2)-3x$

33 $-x+2(3x-1)$

34 $2(x+5)+3(x+4)$

35 $3(2x-1)+5(x-2)$

36 $2(x-1)+4(1-x)$

☺ 내가 발견한 개념　　　　　　　괄호 앞 '−'는 '−1'이 곱해진 거야!

• ⊖(a+b)=(☐)×(a+b)=⊖a⊖b

분배법칙

➡ 괄호가 사라지면 부호는 반대로!

37 $-2(5x-2)+3(2x+1)$

38 $2(3x-1)-(x-4)$

39 $-(2y-5)+3(y-1)$

40 $-2(a+2)-3(a+1)$

41 $3(b+1)-2(1-2b)$

42 $3(5-2x)-7(2-x)$

43 $-(x+4)-3(4-2x)$

44 $\dfrac{1}{2}(2x+10)+2(x-1)$

45 $2(2x+1)-\dfrac{1}{5}(10x-5)$

46 $\dfrac{1}{2}(2x+8)+\dfrac{1}{3}(9x-15)$

47 $\dfrac{1}{4}(4x-8)-\dfrac{3}{2}(6x-4)$

48 $\dfrac{1}{2}(x+1)-\dfrac{1}{3}(x+1)$

49 $\dfrac{1}{2}(3x-1)+\dfrac{2}{3}(-x+2)$

개념모음문제
50 다음 중 옳지 <u>않은</u> 것은?
  ① $(-x+3)+(3x-3)=2x$
  ② $(-2x+7)-(-5x+3)=3x+4$
  ③ $2(2x+3)+3(x-1)=7x+3$
  ④ $2(4x+3)-3(x-3)=5x+15$
  ⑤ $-\dfrac{1}{2}(4x+6)+\dfrac{1}{5}(10x+10)=x-1$

07

괄호는 순서대로!

복잡한 일차식의 덧셈·뺄셈

① 일차식이 분자에 있는 분수 꼴

동류항끼리 계산

$$\frac{x}{2}+\frac{x}{3}=\frac{3x+2x}{6}=\frac{5x}{6}$$

분모의 최소공배수로 통분

② 괄호가 여러 개인 복잡한 일차식

$$3x-[x+\{x+2(x-1)\}]$$

$(\ )\rightarrow\{\ \}\rightarrow[\ ]$ 순서로 풀기!

- **일차식이 분자에 있는 분수 꼴의 덧셈과 뺄셈**

  분모의 최소공배수로 통분한 후, 동류항끼리 모아서 계산한다.

  참고 통분할 때 반드시 분자에 괄호를 한다.

- **괄호가 여러 개인 복잡한 일차식의 덧셈과 뺄셈**

  괄호가 있으면 괄호 안을 먼저 계산한다. 이때 괄호는 괄호 앞에 곱해진 수에 주의하여 (소괄호) → {중괄호} → [대괄호]의 순서로 푼다.

원리확인 다음은 동류항의 덧셈과 뺄셈을 계산하는 과정이다. □ 안에 알맞은 것을 써넣으시오.

❶ $\dfrac{x+1}{2}+\dfrac{x-1}{3}$

$=\dfrac{\boxed{}\times(x+1)+\boxed{}\times(x-1)}{6}$

$=\dfrac{3x+\boxed{}+\boxed{}-2}{6}=\dfrac{\boxed{}}{6}$

❷ $2x-[-9+\{3-(3x-4)\}]$

$=2x-\{-9+(3-\boxed{}+\boxed{})\}$

$=2x-\{-9+(-3x+\boxed{})\}$

$=2x-(-9-\boxed{}+\boxed{})$

$=2x-(-3x-\boxed{})$

$=2x+3x+\boxed{}=\boxed{}x+\boxed{}$

1st 분수 꼴인 일차식의 덧셈과 뺄셈 계산하기

● 다음을 계산하시오.

1 $\dfrac{p+2}{2}+\dfrac{p-2}{3}$ ❶ 분모의 최소공배수로 통분해!

$=\dfrac{\boxed{}(p+2)+\boxed{}(p-2)}{6}$ ❷ 통분할 때 분자에 괄호를 해!

$=\dfrac{3p+\boxed{}+2p-\boxed{}}{6}$

$=\dfrac{5p+\boxed{}}{6}\left(=\dfrac{5p}{6}+\dfrac{\boxed{}}{3}\right)$ ❸ 분자를 동류항끼리 정리해!

2 $\dfrac{5x-3}{2}+\dfrac{x+1}{3}$

3 $\dfrac{8x-3}{2}+\dfrac{x+1}{4}$

4 $\dfrac{3x-2}{4}+\dfrac{-2x+9}{6}$

5 $\dfrac{-4x+2}{3}+\dfrac{7x-1}{5}$

6 $\dfrac{3b-4}{7}+\dfrac{-b+3}{2}$

7 $\dfrac{3x-1}{2}-\dfrac{x+2}{3}$ ❶ 분모의 최소공배수로 통분해!

$=\dfrac{\boxed{}(3x-1)-\boxed{}(x+2)}{6}$ ❷ 통분할 때 분자에 괄호를 해!

$=\dfrac{9x-\boxed{}-2x-\boxed{}}{6}$

$=\dfrac{7x-\boxed{}}{6}$ ❸ 분자를 동류항끼리 정리해!

8 $\dfrac{x-2}{3}-\dfrac{x-5}{6}$

9 $\dfrac{2x+1}{4}-\dfrac{3x-4}{3}$

10 $\dfrac{4x+1}{5}-\dfrac{2x+3}{3}$

11 $\dfrac{4x-3}{6}-\dfrac{-2x+3}{4}$

12 $\dfrac{7x+3}{2}-(3x+1)$

$-(\triangle+\square)=\dfrac{-2(\triangle+\square)}{2}$ 임을 이용해!

● 다음을 계산하시오.

13 $5x-\{4x-(3x-2)\}$
( ), { } 순으로 계산해!

14 $a-5-\{7+2(-a+3)\}$

15 $3x-\{2x+7+(-7x+6)\}$

16 $2a-[3b-\{3a+5b-2(a+3b)\}]$
( ), { }, [ ] 순으로 계산해!

17 $-3(2x-1)-\left[8x+\dfrac{1}{2}\{7-(6x-3)\}\right]$

개념모음문제
18 $x-\{1-2(x-1)\}$을 간단히 하였을 때 x의 계수를 a, $\dfrac{5y-2}{2}-\dfrac{9y+5}{5}$를 간단히 하였을 때 상수항을 b라 하자. $a-b$의 값은?

① 1   ② 2   ③ 3

④ 4   ⑤ 5

08

조건을 알면 간단해!

조건을 만족하는 식 $ax+b$

① 문자에 일차식 대입하기

$$A=2x+1,$$
$$B=x+2$$

대입

괄호를 꼭 사용해야해!

$$A-B=(2x+1)-(x+2)$$
$$=2x+1-x-2=x-1$$

② ☐ 안의 식 구하기

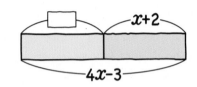

$x+2$

$4x-3$

$$☐+(x+2)=4x-3$$
$$→ ☐=4x-3-(x+2)$$

· 문자에 일차식을 대입하는 방법: 괄호를 사용하여 대입한다.
· ☐ 안의 식을 구하는 방법
주어진 식을 정리하여 ☐에 대한 식으로 나타낸 후 간단히 한다.
① ☐$+A=B$ → ☐$=B-A$
② ☐$-A=B$ → ☐$=B+A$

원리확인 다음 ☐ 안에 알맞은 것을 써넣으시오.

❶ $A=2x+1$, $B=3x-1$일 때, 다음 식을 계산하시오.

$$A+B=(2x+1)+(☐-☐)$$
$$=2x+1+☐-☐=☐$$

❷ 다음 ▨ 안에 알맞은 식을 구하시오.

$$▨+(2x+3)=4x-2$$
$$↓$$
$$▨=(4x-2)-(2x+3)$$
$$=4x-☐-2x-☐$$
$$=☐x-☐$$

─ 두 문자 A, B에 대입하기

· $A=x-1$, $B=2x+1$일 때, 다음 식을 계산하시오.

1   $$A+B=(x-☐)+(2x+☐)$$
$$=x-☐+2x+☐=☐$$

2   $$A-B$$

3   $$-A+B$$

4   $$-A-B$$

5   $$A-2B$$

6   $$-2A+3B$$

수의 대입이든 식의 대입이든
'미지수의 자리에 대신 넣는다'
는 원리는 같아!

$2×A$
수 $A=-1$ 대입 $→2×(-1)=-2$
식 $A=x+1$ 대입 $→2×(x+1)=2x+2$

• $A=2x-3$, $B=3x+1$일 때, 다음 식을 계산하시오.

7 $A+B$

8 $B+A$

9 $-A+B$

10 $-A-B$

11 $A-2B$

12 $-2A+3B$

:) **내가 발견한 개념**   식에서도 교환법칙이 성립할까?

• **7, 8**번의 결과를 비교해보면

A+B=B+A이므로 [   ] 법칙이 성립한다.

• $A=-4x+4$, $B=2x-1$, $C=3x$일 때, 다음 식을 계산하시오.

13 $(A+B)+C$

14 $A+(B+C)$

15 $-A+B+C$

16 $A-2B-C$

17 $\dfrac{1}{2}A+B+C$

:) **내가 발견한 개념**   식에서도 결합법칙이 성립할까?

• **13, 14**번의 결과를 비교해보면

(A+B)+C=A+(B+C)이므로 [   ] 법칙이 성립한다.

[개념모음문제]

18 $A=2x-3$, $B=x+1$, $C=-3x+4$일 때, $A-B+C$를 계산한 것은?

① $x+1$ ② $-2x$ ③ $2x+1$

④ $-3x$ ⑤ $3x+1$

2nd — 빈 칸에 알맞은 식 구하기

● 다음 ☐ 안에 알맞은 식을 구하시오.

19 $\boxed{}+(x-2)=4x-2$

→ $\boxed{}=4x-2\bigcirc(x-2)$

$=\boxed{}$

20 $\boxed{}+(x-2)=5x+3$

21 $\boxed{}+(2x-7)=-5x+2$

22 $\boxed{}+(6x-5)=-10x+7$

23 $\boxed{}+2(3x-2)=3x+7$

24 $\boxed{}-(3x+2)=x-2$

→ $\boxed{}=x-2\bigcirc(3x+2)$

$=\boxed{}$

25 $\boxed{}-(4x+2)=x-5$

26 $\boxed{}-(-2x+5)=3x-4$

27 $\boxed{}-2(x-5)=3x+4$

28 $\boxed{}-3(-2x-1)=2x+3$

개념모음문제

29 어떤 일차식에서 $3x+6$을 빼어야 할 것을 잘못하여 더하였더니 $4x+5$가 되었다. 바르게 계산한 식은?

① $-3x-6$ ② $-2x-7$
③ $x-1$ ④ $4x+5$
⑤ $7x+11$

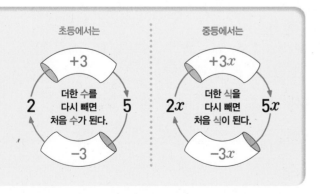

초등에서는   중등에서는

+3   +3x

더한 수를 다시 빼면 처음 수가 된다.   더한 식을 다시 빼면 처음 식이 된다.

2   5   2x   5x

−3   −3x

TEST 2. 일차식과 그 계산

1 다음 주어진 두 다항식의 설명으로 옳지 <u>않은</u> 것은?

$$\text{㉠ } 2x^2-3x-7 \qquad \text{㉡ } 5x-7$$

① ㉠과 ㉡의 상수항은 같다.
② ㉠의 항의 개수는 ㉡의 항의 개수보다 많다.
③ $x=2$일 때 식의 값은 ㉡이 더 크다.
④ ㉠과 ㉡에서 x의 계수의 합은 2이다.
⑤ 두 다항식의 차수는 같다.

2 다항식 $-4x+7+ax-2$를 간단히 하면 일차식일 때, 상수 a의 값이 될 수 <u>없는</u> 것은?

① 1 ② 2 ③ 3
④ 4 ⑤ 5

3 식 $(9x-27)\div\left(-\dfrac{3}{2}\right)^2$을 계산하면 x의 계수는 a, 상수항은 b일 때, $a+b$의 값을 구하시오.

4 다음 ☐ 안에 들어갈 알맞은 식을 구하시오.

$$\boxed{}+5x-6=3x+4$$

5 오른쪽 그림에서 색칠한 부분의 넓이를 문자를 사용한 식으로 나타내면?

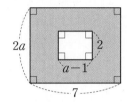

① $12a-7$
② $12a-2$
③ $12a+2$
④ $24a-2$
⑤ $24a-14$

6 $A=4x+1$, $B=x-2$, $C=-2x+5$일 때, $2A-5B-C$를 간단히 하였더니 $ax+b$가 되었다. 상수 a, b에 대하여 ab의 값은?

① 15 ② 20 ③ 25
④ 30 ⑤ 35

3

참일 수도 거짓일 수도!
일차방정식

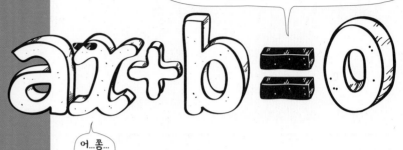

왜? 내가 주인공이라는게 이상해? 어색해? 놀라워?

어...쫌... 그래...

등호가 있으면 등식!

$$a = b$$
$$\underset{\text{좌변}}{2a+1} = \underset{\text{우변}}{5}$$

양변

01 등식
등식은 등호 =의 양쪽이 서로 같음을 나타내는 식이야. 식에 등호가 있으면 식이 맞든 틀리든 상관없이 등식이라 해.

미지수(변수)가 있는 등식!

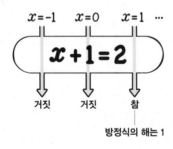

$x=-1$ $x=0$ $x=1$ ...

$$x + 1 = 2$$

거짓   거짓   참

방정식의 해는 1

02 방정식
방정식은 미지수(변수)가 있어서 그 미지수(변수)에 어떤 값을 넣느냐에 따라 식이 참이 되기도 하고, 거짓이 되기도 하는 식이야. 방정식에는 등호와 미지수(변수)가 같이 있어야 해.

항상 참인 등식!

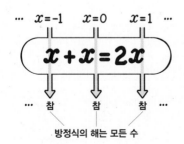

... $x=-1$ $x=0$ $x=1$ ...

$$x + x = 2x$$

... 참   참   참 ...

방정식의 해는 모든 수

03 항등식
항등식은 방정식과 마찬가지로 미지수(변수)와 등호를 가지고 있어. 방정식과 다른 점은 미지수(변수)에 어떤 값을 넣어도 항상 참이 된다는 거야.

양변에 똑같은 연산을 해도 등식은 성립해!

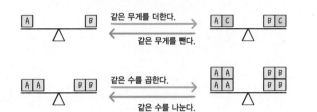

04 등식의 성질

등식의 양변에 같은 연산을 하면 그 등식이 계속 참인 성질을 '등식의 성질'이라 해. 이 성질을 이용하면 일차방정식의 해를 쉽게 구할 수 있으니까 중요해.

이사가는 항, 이항!

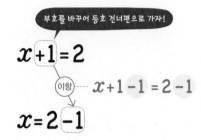

05 이항

등식의 성질을 이용해서 어느 한 변에 있는 항을 부호를 바꾸어 다른 변으로 옮기는 것을 '이항'이라 해.

(일차식)=0!

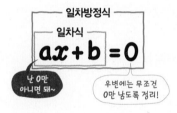

06 일차방정식

일차방정식은 차수가 1인 방정식을 말해. 일차방정식인지 판단하려면 모든 항을 좌변으로 이항해서 정리한 뒤에 좌변이 일차식인지를 확인해야 해.

x를 찾아라!

07~10 여러 가지 일차방정식

사실 앞의 모든 내용들은 일차방정식을 풀기 위한 사전 공부야. 어떤 방정식도 능숙하게 풀 수 있도록 문제 푸는 연습을 많이 해야 해.

11 해가 주어졌을 때 상수 구하기

식이 복잡하고 어려워 보이지만 주어진 해를 대입하면 일차방정식으로 바꾸어 풀 수 있어.

주어진 해를 미지수(변수)에 대입! 상수를 찾아라!

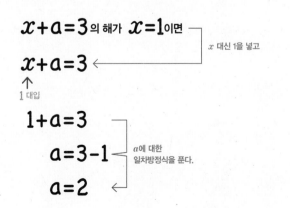

01

등식

등호가 있으면 등식!

$$a = b$$

$$\underset{\underset{\text{양변}}{\underbrace{\hspace{3cm}}}}{\underset{\text{좌변}}{2a+1} = \underset{\text{우변}}{5}}$$

- **등식**: 등호 =를 사용하여 나타낸 식
  ① **좌변**: 등호의 왼쪽 부분 ┐
  ② **우변**: 등호의 오른쪽 부분 ┘ 양변

  참고 등호의 왼쪽과 오른쪽이 일치하지 않아도 등호를 사용하는 식은 모두 등식이다. → $1+2=5$는 등식이다.

- **문장을 등식으로 나타내는 방법**
  좌변과 우변에 해당하는 식을 구한 후, 등호를 사용하여 나타낸다.

1st ― 등식 찾기

● 다음 중 등식인 것은 ○를, 등식이 아닌 것은 ×를 (　　) 안에 써넣으시오.

1 $4+3=7$　　　　　　　　　　（　　　）

2 $4+3=9$　　　　　　　　　　（　　　）
　　등식의 오른쪽과 왼쪽이 달라도 =가 있으면 등식이야!

3 $4+3<9$　　　　　　　　　　（　　　）

4 $4+3\geq9$　　　　　　　　　　（　　　）

5 $2x-1$　　　　　　　　　　　（　　　）

6 $2x-1=0$　　　　　　　　　　（　　　）

2nd ― 등식의 좌변과 우변 구하기

● 다음 등식에서 좌변과 우변을 찾아 각각 쓰시오.

7 $4+2=6$

→ 좌변: ＿＿＿＿＿＿, 우변: ＿＿＿＿＿＿
　　❶ =의 왼쪽을 써!　　　　❷ =의 오른쪽을 써!

8 $x+2=6$

→ 좌변: ＿＿＿＿＿＿, 우변: ＿＿＿＿＿＿

9 $x+2=0$

→ 좌변: ＿＿＿＿＿＿, 우변: ＿＿＿＿＿＿

10 $x+2=-x+3$

→ 좌변: ＿＿＿＿＿＿, 우변: ＿＿＿＿＿＿

11 $2x+3=-3x+1$

→ 좌변: ＿＿＿＿＿＿, 우변: ＿＿＿＿＿＿

12 $\dfrac{1}{2}x+\dfrac{2}{3}=\dfrac{5}{6}x+1$

→ 좌변: ＿＿＿＿＿＿, 우변: ＿＿＿＿＿＿

3rd — 문장을 등식으로 나타내기

● 다음 문장을 등식으로 나타내시오.

13 어떤 수 x에서 3을 빼면 / 8이다.

$\underbrace{}_{x-3} \qquad \underbrace{}_{=8}$

14 어떤 수 x의 3배에서 4를 더하면 / 10이다.

15 어떤 수 x의 2배에서 3을 뺀 수는 / 어떤 수 x에 5를 더한 것과 같다.

16 한 변의 길이가 x cm인 정삼각형의 둘레의 길이는 / 15 cm이다.

17 한 장에 x원인 입장권을 4장 사고 5000원을 냈을 때의 거스름돈은 / 600원이다.

(거스름돈)=(지불한 돈)−(입장권의 가격)

18 32개의 빵을 x명의 사람에게 3개씩 나누어 주었더니 / 2개가 남았다.

19 시속 80 km로 x시간 동안 달린 거리는 / 150 km이다.

(속력)×(시간)=(거리)

20 x %의 소금물 200 g에 녹아 있는 소금의 양은 / 5 g이다.

(소금의 양)=(소금물의 양)×$\dfrac{(농도)}{100}$

개념모음문제

21 다음 문장을 등식으로 나타낸 것 중 옳지 <u>않은</u> 것은?

① x에서 2를 뺀 수에 3배한 값은 x의 2배에 1을 더한 값과 같다. → $3(x-2)=2x+1$

② 100 g에 x원인 삼겹살 600 g의 가격은 12000원이다. → $600x=12000$

③ 3000원을 내고 700원짜리 장미꽃 x송이를 샀더니 거스름돈이 200원이었다.
   → $3000-700x-200$

④ 길이가 9 m인 종이테이프를 x m씩 두 번 잘라 내면 3 m가 남는다. → $9-2x=3$

⑤ 시속 x km로 달리는 자동차가 5시간 동안 달린 거리는 120 km이다. → $5x=120$

읽어봐!

은? 는?

아니! '양쪽이 같다'가 맞아!

훗!

미지수(변수)가 있는 등식!

방정식

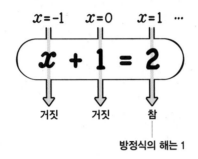

$$x+1=2$$

x=-1 → 거짓
x=0 → 거짓
x=1 → 참

방정식의 해는 1

- **방정식**: 문자의 값에 따라 참이 되기도 하고 거짓이 되기도 하는 등식
  ① **미지수**: 방정식에 있는 문자
  ② **방정식의 해(근)**: 방정식이 참이 되게 하는 미지수의 값
- **방정식을 푼다**: 방정식의 해를 모두 구하는 것
  참고 x에 대한 방정식의 해가 3인 것을 $x=3$으로 나타낸다.

원리확인 다음 주어진 방정식에 대한 표를 채우고, □ 안에 알맞은 수를 써넣으시오.

❶ $x+3=4$

x의 값	좌변의 값	우변의 값	참, 거짓
-1			
0			
1			

→ 방정식의 해: $x=$ □

❷ $4x=8$

x의 값	좌변의 값	우변의 값	참, 거짓
0			
1			
2			

→ 방정식의 해: $x=$ □

참일 수도 거짓일 수도 있는 등식. 방정식!

나는 변신의 달인♪   쟤 때문이야! 쟤!

$x+1 = 2$

1st — 방정식의 뜻 알기

● x에 주어진 수를 넣었을 때 참인 것은 ○를, 거짓인 것은 ×를 ( ) 안에 써넣고, 방정식의 해를 구하시오.

좌변과 우변이 같으면 ○를, 다르면 ×를 써넣어!
↓

1 $\quad x+6=8$

$x=1$ 1+6≠8 ( )
$x=2$ 2+6=8 ( )
$x=3$ 3+6≠8 ( )

→ 방정식의 해: $x=$

2 $\quad 5-x=3$

$x=1$ ( )
$x=2$ ( )
$x=3$ ( )

→ 방정식의 해: $x=$

3 $\quad 3x+1=4$

$x=1$ ( )
$x=2$ ( )
$x=3$ ( )

→ 방정식의 해: $x=$

4 $\quad 2x+6=10$

$x=1$ ( )
$x=2$ ( )
$x=3$ ( )

→ 방정식의 해: $x=$

5 $2x-3=x$

$x=1$ ( )

$x=2$ ( )

$x=3$ ( )

→ 방정식의 해: $x=$

6 $-2x=x-6$

$x=1$ ( )

$x=2$ ( )

$x=3$ ( )

→ 방정식의 해: $x=$

7 $3x+1=x+3$

$x=1$ ( )

$x=2$ ( )

$x=3$ ( )

→ 방정식의 해: $x=$

8 $-3x+2=5x+2$

$x=-1$ ( )

$x=0$ ( )

$x=1$ ( )

→ 방정식의 해: $x=$

2ⁿᵈ 주어진 값이 방정식의 해인지 판단하기

● 다음 중 [ ] 안의 수가 주어진 방정식의 해인 것은 ○를, 아닌 것은 ×를 ( ) 안에 써넣으시오.

9 $5-x=3$ [2] ( )

*x*에 2를 대입했을 때
(좌변)=(우변)이면 방정식의 해야!

10 $2x-1=3$ [2] ( )

11 $3x=5x+2$ [1] ( )

12 $2x-8=7-3x$ [3] ( )

13 $6a-7=a+3$ [2] ( )

방정식의 미지수는 $a, b, y, z, s, t, \cdots$
등등 다양하게 사용할 수 있어!

개념모음문제
14 다음 **보기**의 방정식 중에서 해가 $x=3$인 것만을 있는 대로 고른 것은?

┌ **보기** ┐
ㄱ. $x-4=7$ ㄴ. $3+x=2x$

ㄷ. $-3x+3=-3$ ㄹ. $2x-1=3+\dfrac{2}{3}x$
└ ┘

① ㄱ, ㄴ ② ㄱ, ㄹ ③ ㄴ, ㄷ

④ ㄴ, ㄹ ⑤ ㄷ, ㄹ

항등식

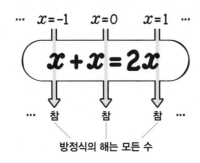

··· 참   참   참 ···

방정식의 해는 모든 수

- 항등식: 미지수가 어떤 값을 갖더라도 항상 참이 되는 등식
- 항등식이 되기 위한 조건
  $ax+b=cx+d$가 항등식이려면 $a=c$, $b=d$이어야 한다.

1st ― 항등식의 뜻 알기

● x에 주어진 수를 대입했을 때 참인 것은 ○를, 거짓인 것은 ×를 ( ) 안에 써넣으시오.

좌변과 우변이 같으면 ○를, 다르면 ×를 써넣어!
↓

1 $x+1=x+1$

$x=1$ 2=2   (   )
$x=2$ 3=3   (   )
$x=3$ 4=4   (   )
⋮   ⋮

2 $2x=2x$

$x=1$ (   )
$x=2$ (   )
$x=3$ (   )
⋮   ⋮

항상 참인 등식. 항등식!

x is 뭔들!

2nd ― 항등식인지 아닌지 판단하기

● 다음 중 항등식인 것은 ○를, 아닌 것은 ×를 ( ) 안에 써넣으시오.

3 $5x=5x$ (   )
(좌변)=(우변)이면 항등식이야!

4 $x+1=x+1$ (   )

5 $x+2=x+2$ (   )

6 $x+2=2+x$ (   )

7 $x-3=x-3$ (   )

8 $x-3=3-x$ (   )

9 $2x+3=2x+3$ (   )

10 $3x-1=-1+3x$ (   )
x의 계수끼리, 상수항끼리 같은지 확인해!

11 $2x+3x=5x$ (   )
좌변을 간단히 정리해!

12 $3x-x=2x$ (   )

13 $2+2x=4x$ (   )

14 $2x+1=2(x+1)$ (   )

분배법칙을 이용하여 괄호를 풀어!

3rd — 항등식이 되기 위한 조건 알기

● 다음 등식이 x에 대한 항등식이 되도록 상수 a, b의 값을 구하시오.

❶ x의 계수가 같고

15 $3x+2=ax+b$

❷ 상수항이 같아야 해!

16 $5x-3=ax+b$

$5x-3=5x+(-3)$

17 $2+4x=ax+b$

일차항과 상수항을 정확히 확인해!

18 $ax+b=5x-4$

19 $ax+b=\dfrac{x+3}{2}$

$\dfrac{○+△}{2}=\dfrac{○}{2}+\dfrac{△}{2}$임을 이용해!

20 $-2x+a=bx+9$

21 $a+x=bx-3$

$x=1×x$

22 $-x+7=ax+b$

$-x=-1×x$

23 $ax+6=4x-b$

$-(-6)=6$임을 이용해!

24 $\dfrac{x}{2}-a=-bx-3$

😊 내가 발견한 개념   항등식이 되기 위한 조건은?

● $ax+b=cx+d$가 항등식 ➡ $a=\boxed{}$, $b=\boxed{}$

개념모음문제

25 다음 등식이 항등식이 될 때, ☐ 안에 알맞은 수는?

$$4(x+1)-3=4x+\boxed{}$$

① -2 ② -1 ③ 0

④ 1 ⑤ 2

04

양변에 똑같은 연산을 해도 등식은 성립해!

등식의 성질

같은 무게를 더한다.
같은 무게를 뺀다.

같은 수를 곱한다.
같은 수를 나눈다.

• **등식의 성질**
① 등식의 양변에 같은 수를 더해도 등식은 성립한다.
→ $a=b$이면 $a+c=b+c$
② 등식의 양변에서 같은 수를 빼도 등식은 성립한다.
→ $a=b$이면 $a-c=b-c$
③ 등식의 양변에 같은 수를 곱해도 등식은 성립한다.
→ $a=b$이면 $ac=bc$
④ 등식의 양변을 0이 아닌 같은 수로 나누어도 등식은 성립한다.
→ $a=b$이면 $\dfrac{a}{c}=\dfrac{b}{c}$ (단, $c \neq 0$)

참고 $a=b$이면 $ac=bc$이지만, $ac=bc$라 해서 반드시 $a=b$인 것은 아니다.

• **등식의 성질을 이용한 방정식의 풀이**
x에 대한 방정식은 등식의 성질을 이용하여 주어진 방정식을 $x=$(수)의 꼴로 바꾸어 해를 구할 수 있다.

원리확인 $a=b$일 때, 다음 등식이 성립하도록 □ 안에 알맞은 수를 써넣으시오.

❶ $a+3=b+\boxed{}$

❷ $a-3=b-\boxed{}$

❸ $a \times 3 = b \times \boxed{}$

❹ $a \div 3 = b \div \boxed{}$

1st ─ 등식의 성질 알기

● 다음 중 옳은 것은 ○를, 틀린 것은 ×를 ( ) 안에 써넣으시오.

1 $a=b$이면 $a+2=b+2$　　　　(　)

2 $x=y$이면 $x-3=y-3$　　　　(　)

3 $x+5=3y+5$이면 $x=3y$　　　(　)

4 $a=b$이면 $2a=2b$　　　　　(　)

5 $\dfrac{a}{3}=\dfrac{b}{2}$이면 $3a=2b$　　　　(　)

6 $4x=4y$이면 $x=y$　　　　　(　)

7 $4a=2b$이면 $a=\dfrac{b}{2}$　　　　(　)

8 $x=y$이면 $3x+2=3y+2$　　(　)
   등식의 성질을 이용하여 양변에 3을 곱한 후,
   다시 등식의 성질을 이용하여 양변에 2를 더해봐!

2nd — 등식의 성질을 이용하여 일차방정식 풀기

● 등식의 성질을 이용하여 □ 안에 알맞은 수를 써넣으시오.

9 $x-2=3$의 양변에 □를 더하면 $x=5$

좌변에 x만 남기기 위해서 등식의 성질을 이용해!

10 $x-3=5$의 양변에 □을 더하면 $x=8$

11 $x+1=4$의 양변에서 □을 빼면 $x=3$

12 $\dfrac{x}{2}=5$의 양변에 □를 곱하면 $x=10$

13 $\dfrac{x}{3}=5$의 양변에 □을 곱하면 $x=15$

14 $2x=12$의 양변을 □로 나누면 $x=6$

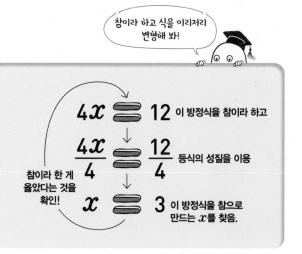

참이라 하고 식을 이리저리 변형해 봐!

$4x = 12$ 이 방정식을 참이라 하고

$\dfrac{4x}{4} = \dfrac{12}{4}$ 등식의 성질을 이용

참이라 한 게 옳았다는 것을 확인!

$x = 3$ 이 방정식을 참으로 만드는 x를 찾음.

● 등식의 성질을 이용하여 다음 방정식을 푸시오.

[등식의 성질①] $a=b$일 때, $a+c=b+c$

15 $x-1=4$

16 $x-2=4$

17 $x-3=4$

18 $(-3)+x=5$

19 $(-2)+x=6$

20 $x-\dfrac{1}{3}=1$

21 $5=x-1$

x가 $=$의 오른쪽에 있을 수도 있어!

22 $10=x-3$

23 $x+1=4$

24 $x+2=4$

25 $x+3=4$

26 $3+x=5$

27 $4+x=5$

28 $\dfrac{7}{2}+x=5$

29 $4+x=6$

30 $7=4+x$

😊 내가 발견한 개념

뺄셈은 결국 덧셈이었군!

• $a=b$일 때,

$a-c=b-c \Longleftrightarrow a+(\boxed{})=b+(\boxed{})$

이므로 등식의 성질 ①, ②는 같다.

31 $\dfrac{1}{2}x=4$

32 $\dfrac{1}{3}x=4$

33 $-\dfrac{1}{2}x=4$

34 $-\dfrac{1}{3}x=4$

35 $\dfrac{x}{5}=3$

36 $-x=2$

37 $\dfrac{3}{2}x=6$

38 $0.5x=3$

$0.5=\dfrac{1}{2}$임을 이용해!

[등식의 성질④] $a=b$일 때, $\dfrac{a}{c}=\dfrac{b}{c}$ $(c\neq0)$

39 $2x=6$

40 $2x=8$

41 $2x=1$

42 $2x=-1$

43 $-2x=4$

44 $-2x=-10$

45 $-3x=-5$

46 $2x+5=13$

$\rightarrow$ $2x+5-\boxed{}=13-\boxed{}$ ❶ 등식의 양변에서 5를 빼!

$2x=\boxed{}$ ❷ 양변을 정리해!

$x=\boxed{}$ ❸ 등식의 양변을 2로 나눠!

47 $3x+4=-5$

48 $7x-1=6$

49 $-x+5=7$

50 $-2x-1=3$

왜 0으로 나눌 수 없는 걸까?

$1\times0=2\times0$

등식의 성질을 이용하여 양변을 0으로 나누면

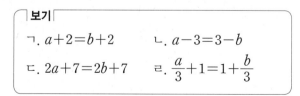

엥???

개념모음문제

51 $a=b$일 때, 다음 **보기**에서 옳은 것만을 있는 대로 고른 것은?

┌─ **보기** ─────────────────────┐
ㄱ. $a+2=b+2$ ㄴ. $a-3=3-b$

ㄷ. $2a+7=2b+7$ ㄹ. $\dfrac{a}{3}+1=1+\dfrac{b}{3}$
└──────────────────────────────┘

① ㄱ, ㄴ   ② ㄱ, ㄷ   ③ ㄷ, ㄹ
④ ㄱ, ㄴ, ㄷ   ⑤ ㄱ, ㄷ, ㄹ

05

이사가는 항. 이항!

이항

부호를 바꾸어 등호 건너편으로 가자!

$$x \boxed{+1} = 2$$

이항 $\quad x+1 \boxed{-1} = 2 \boxed{-1}$

$$x = 2 \boxed{-1}$$

· 이항 : 등식의 성질을 이용하여 등식의 어느 한 변에 있는 항을 부호
만 바꾸어 다른 변으로 옮기는 것

참고 이항은 '등식의 양변에 같은 수를 더하거나 빼도 등식은 성립한다'는
등식의 성질 ①, ②를 이용한 것이다.

원리확인 다음은 이항을 하는 과정이다. ○ 안에 알맞은 부호를 써넣
으시오.

❶ $x - 3 = 5$

→ $x = 5 \bigcirc 3$

❷ $x - 4 = 7$

→ $x = 7 \bigcirc 4$

❸ $x + 2 = 6$

→ $x = 6 \bigcirc 2$

❹ $x + \dfrac{1}{2} = 8$

→ $x = 8 \bigcirc \dfrac{1}{2}$

1st ─ 방정식의 항 이항하기

● 다음 등식에서 밑줄 친 항을 이항하시오.

1 $x \underline{-5} = 10$

→ $x = 10 + \boxed{}$

밑줄 친 수의 부호를 바꾸어 10의 오른쪽에 써!

2 $3x \underline{+2} = 5$

→

3 $2x = 12 \underline{+x}$

우변에서 좌변으로 이항할 수도 있어!

→

4 $6x = \underline{-2x} - 12$

→

5 $5x \underline{+6} = \underline{-3x} - 10$

→

6 $5x \underline{-2} = 18 \underline{+x}$

→

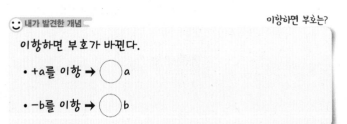

😊 내가 발견한 개념　　　　　　　이항하면 부호는?

이항하면 부호가 바뀐다.

· +a를 이항 → ◯ a

· −b를 이항 → ◯ b

2nd — 이항을 이용하여 방정식을 $ax=b$ 꼴로 나타내기

● 다음 방정식의 상수항은 우변으로, 일차항은 좌변으로 이항
하여 $ax=b$ (단, $a\neq0$) 꼴로 나타내시오.

7 $x-5=7$
　　　　-5를 이항하여 좌변에 일차항만 남겨!

8 $x+8=4$

9 $2x+1=2$

10 $2x-5=11$

11 $x=2x+3$
　　　　2x를 이항하여 우변에 상수항만 남겨!

12 $9x=2-x$

13 $x=-4x-20$

14 $-6x=2x-12$

15 $11x-4=-2x-1$
❷ -2x를 이항하여 우변에 상수항만 남겨!
❶ -4를 이항하여 좌변에 일차항만 남기고

16 $x-2=13-2x$

17 $2x-3=11-5x$

18 $3+x=-2x-1$

19 $3x-4=8+x$

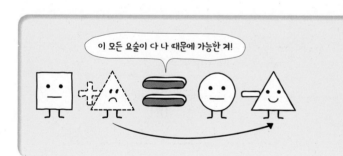

이 모든 요술이 다 나 때문에 가능한 겨!

20 이항만을 이용하여 등식 $7x+3=2x-4$를
$ax=b$의 꼴로 간단히 하였을 때, 상수 a, b에
대하여 ab의 값은? (단, $a>0$)

① -35　　　② -9　　　③ 5
④ 9　　　　　⑤ 35

06

일차방정식

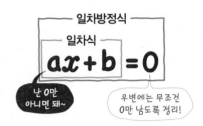

일차방정식

일차식

$$ax+b=0$$

난 0만
아니면 돼~

우변에는 무조건
0만 남도록 정리!

• **일차방정식**

방정식의 우변에 있는 모든 항을 좌변으로 이항하여 정리한 식이

(x에 대한 일차식)=0

의 꼴로 나타나는 방정식을 x에 대한 일차방정식이라 한다.

ⓔ
$$3x-1=x-4$$ ⟶ 좌변으로 모두 이항
$$3x-1-x+4=0$$ ⟶ 동류항끼리 계산
$$2x+3=0$$
x에 대한 일차식

• **일차방정식이 될 조건**: (일차식)=0 꼴로 정리하였을 때,

x의 계수가 0이 되지 않아야 한다.

원리확인 다음 중 일차방정식인 것은 ○를, 일차방정식이 아닌 것은
×를 ( ) 안에 써넣으시오.

❶ $2x=0$ (   )

❷ $3x-1=0$ (   )

❸ $x^2-3x+1=0$ (   )

일차방정식   일차함수

$$3\underline{x}+1=0 \qquad y=3\underline{x}+1$$

$$\underline{x}=-\frac{1}{3}$$

몰랐던 어떤 수라는
의미에서 미지수

x가 어떻게 변하느냐에 따라
정해지는 y!
그런 의미에서 x, y는 변수

y / $y=3x+1$

1

(3x+1=0의 근)

$-\frac{1}{3}$

x

O

중2 때 배워!

1st ― 일차방정식인지 아닌지 판별하기

● 다음 방정식의 모든 항을 좌변으로 이항하여 정리한 식을 구
하고 일차방정식인 것은 ○를, 아닌 것은 ×를 ( ) 안에
써넣으시오.

1 $x-2=\underline{1}$

❶ 우변에 0만 남도록 모두 이항해!

⟶ ☐ $=0$ (   )

❷ 좌변을 정리한 식이 일차식이면 ○를, 일차식이 아니면 ×를 써넣어!

2 $3x-4=5$

⟶   (   )

3 $2x+5=x$

⟶   (   )

4 $x-4=5x$

⟶   (   )

5 $x+2x=3x$

0=0으로 정리되는 식은 항등식이야! 항등식은 일차방정식이 아니야!

⟶   (   )

6 $x+1=x-1$

→ ( )

7 $3x+1=-2x-5$

좌변으로 이항하여 동류항끼리 정리해!

→ ( )

8 $4x-5=-2(1-2x)$

분배법칙을 이용해서 식을 정리해!

→ ( )

9 $2x+1=-3x+1$

상수항 없이 일차항만 있어도 일차식이야!

→ ( )

10 $x^2-x=-3$

→ ( )

11 $x^2+4x=x^2-2$

주어진 식에 x^2이 포함되어 있어도 정리하면 일차식이 될 수도 있어!

→ ( )

$$2x+1=0$$
$$3x-5=0$$
$$\frac{1}{2}x+7=0$$

$$ax+b=0$$
↑변수↑
항상 수, 상수!

2nd — 일차방정식이 될 조건 파악하기

● 다음은 일차방정식이 될 조건을 알아보는 과정이다. □ 안에 알맞은 수를 써넣으시오. (단, a는 상수)

12 $ax+1=0$ (일차식)=0 꼴로 정리했을 때, x의 계수는 0이면 안돼!

→ $a\neq$ □ 이면 일차방정식이고,

$a=$ □ 이면 일차방정식이 아니다.

13 $(a-2)x+5=0$

→ $a-2\neq$ □ 이면 일차방정식이고,

$a-2=$ □ 이면 일차방정식이 아니다.

→ 즉 $a\neq$ □ 이면 일차방정식이고,

$a=$ □ 이면 일차방정식이 아니다.

14 $(-1+a)x-4=0$

→ $-1+a\neq$ □ 이면 일차방정식이고,

$-1+a=$ □ 이면 일차방정식이 아니다.

→ 즉 $a\neq$ □ 이면 일차방정식이고,

$a=$ □ 이면 일차방정식이 아니다.

15 $ax^2+2x+1=0$

→ $a\neq$ □ 이면 일차방정식이 아니고,

$a=$ □ 이면 일차방정식이다.

개념모음문제

16 다음 중 x에 대한 일차방정식인 것을 모두 고르면? (정답 2개)

① $2x+3$ ② $4x+7=x+5$

③ $x=1+x^2$ ④ $-x^2+2x+1=x$

⑤ $x^2+x=x(x+3)$

07

일차방정식의 풀이

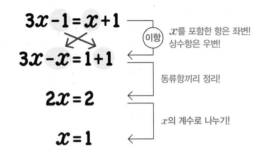

- **일차방정식의 풀이 방법**
  (i) 미지수 x를 포함하는 항은 좌변으로, 상수항은 우변으로 이항한다.
  (ii) 양변을 정리하여 $ax=b\,(a\neq0)$의 꼴로 만든다.
  (iii) 양변을 x의 계수 a로 나누어 해 $x=\dfrac{b}{a}$를 구한다.

원리확인 다음은 일차방정식을 푸는 과정이다. □ 안에 알맞은 것을 써넣으시오.

❶ $3x-5=2x+1$

$3x-\boxed{}=1+\boxed{}$ ⟵ −5, 2𝑥를 각각 이항하기

$x=\boxed{}$ ⟵ 동류항끼리 정리하기

❷ $4x-2=8-x$

$4x+\boxed{}=8+\boxed{}$

$5x=\boxed{}$

$x=\boxed{}$

● 다음 일차방정식을 푸시오.

1 $2x+5=13$

→ $2x=13-\boxed{}$ ❶ 5를 이항하여

$2x=\boxed{}$ ❷ $ax=b$ 꼴을 만들어!

$x=\boxed{}$ ❸ x의 값을 구해!

2 $3x+5=32$

3 $5x-4=16$

4 $2x+11=1$

5 $-2x-3=5$

6 $5x-3=7$

7 $2-4x=-6$

8 $5x=2x+3$

→ $5x-\boxed{}=3$ ❶ $2x$를 이항하여

   $\boxed{}=3$ ❷ $ax=b$ 꼴을 만들어!

   $x=\boxed{}$ ❸ x의 값을 구해!

9 $-x=3x+4$

10 $-2x=-4x+1$

11 $2x=7x-30$

12 $-3x=5x+12$

13 $x=-2x+9$

14 $5x=3x+8$

15 $3x-3=x+5$

→ $3x-\boxed{}=5+\boxed{}$ ❶ x와 -3을 이항하여

   $2x=\boxed{}$ ❷ $ax=b$ 꼴을 만들어!

   $x=\boxed{}$ ❸ x의 값을 구해!

16 $2x+1=7+3x$

17 $x-4=10-x$

18 $-x-8=-4x+1$

19 $6-10x=7-12x$

20 $4x-8=5-2x$

😊 **내가 발견한 개념**   방정식의 해를 다시 방정식에 대입하면?

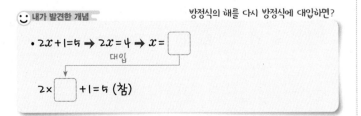

• $2x+1=5$ → $2x=4$ → $x=\boxed{}$
                        대입
$2\times\boxed{}+1=5$ (참)

개념모음문제

21 다음 중 해가 나머지 넷과 <u>다른</u> 것은?

① $2x=x-1$

② $6x+3=4x+1$

③ $7x-11=2x-6$

④ $-4+x=-3x-8$

⑤ $5-3x=6x+14$

용의자 x를 찾아라!

어떤 수를 찾습니다

x

죄: $ax+b=0$에
숨어 있던 죄

1. 사전 정리

괄호가 있으면 분배법칙을 이용,
괄호를 없애고 동류항까지 정리.

훗! 나의 변신을 알아볼 수 있겠어?

$$3(x-1)=x+1$$

$$\rightarrow 3x-3=x+1$$

그래도 아직 나의 값은 모르겠지?

2. 분리하기

이항을 이용,
변수 x를 포함하는 항을 좌변으로,
상수항을 우변으로 분리.

$$3x-3=x+1$$

$$3x-x=1+3$$

어쭈? 점점 가까워지는데?

3. $ax=b$ 꼴로 만들기

양변을 동류항끼리 정리하여
$ax=b$ 꼴로 만든다.

$$3x-x=1+3$$

$$2x=4$$

거의 들킨 거 같다?

4. 해 구하기

$ax=b$의 양변을 a로 나누어 해를 구한다.

$$2x=4$$

$$\frac{2x}{2} \qquad \frac{4}{2}$$

$$x=2$$

망해쓰요!

2nd 괄호가 있는 일차방정식 풀기

● 다음 일차방정식을 푸시오.

22 $2(x+5)=4$

→ $2x+\boxed{}=4$ ❶ 분배법칙을 이용하여 괄호를 풀어!

$2x=4-\boxed{}$ ❷ 10을 이항하여

$2x=\boxed{}$ ❸ $ax=b$ 꼴을 만들어!

$x=\boxed{}$ ❹ x의 값을 구해!

23 $-(5x-10)=18$
괄호 앞의 부호에 주의해!

24 $5(x-2)-4=11$

25 $3+2(x-4)=-7$

26 $7x-3(2x-2)=4$

27 $2(5x-7)=5x+1$

28 $-2(x-5)=-8+x$

29 $x+2=3(x+4)$

30 $5-7x=-(7+3x)$

31 $2x=3(x+4)-10$

32 $-3(x+4)=2(x-11)$

33 $7(2-x)=-2(4x-3)$

개념모음문제

34 다음은 방정식 $3(2x-4)=x+3$을 푸는 과정이다. 틀리게 말한 사람은?

$$3(2x-4)=x+3 \quad \rangle ㉮$$
$$6x-12=x+3 \quad \rangle ㉯$$
$$6x=x+15 \quad \rangle ㉰$$
$$5x=15 \quad \rangle ㉱$$
$$x=3$$

① ㉮에서는 분배법칙을 이용했어.

② ㉯에서는 양변에 12를 더했어.

③ ㉰에서는 x를 좌변으로 이항했어.

④ ㉱에서는 양변에서 5를 뺐어.

⑤ 이 방정식의 해는 3이야.

08

계수를 정수로! x를 찾아라!

계수가 소수인 일차방정식

$$0.7x - 1 = 0.2x$$

$\downarrow \times 10 \qquad \downarrow \times 10 \qquad \downarrow \times 10$

모든 항에 10을 곱해서
계수를 정수로!

$$7x - 10 = 2x$$

$$7x - 2x = 10$$

이항하여
$ax = b$ 꼴로 정리!

$$5x = 10$$

x의 계수로 나누기!

$$x = 2$$

• 계수가 소수인 일차방정식의 풀이 방법

양변에 10, 100, 1000, …과 같은 수를 곱하여 계수를 정수로 고쳐서 푼다.

예 $0.03x - 0.02 = x$ $\qquad$ ×100
$\quad 3x - 2 = 100x$

원리확인 다음은 일차방정식의 양변에 10, 100, 1000, …을 적당히 곱하여 계수가 모두 정수인 일차방정식으로 바꾸는 과정이다. □ 안에 알맞은 수를 써넣으시오.

❶ $0.2x - 0.6 = 1.2$

$2x - \boxed{} = \boxed{}$

양변의 모든 항에 10을 곱해!

❷ $0.04x + 0.16 = 0.18$

$4x + \boxed{} = \boxed{}$

양변의 모든 항에 100을 곱해!

❸ $0.003x + 0.01 = 0.034$

$3x + \boxed{} = \boxed{}$

양변의 모든 항에 1000을 곱해!

1st — 계수가 소수인 일차방정식 풀기

● 다음 일차방정식을 푸시오.

1 $0.2x - 1.2 = -0.4$

$\rightarrow 2x - \boxed{} = -\boxed{}$ **❶** 양변의 모든 항에 10을 곱해!

$2x = -4 + \boxed{}$ **❷** -12를 이항하여

$2x = \boxed{}$ **❸** $ax = b$ 꼴을 만들어!

$x = \boxed{}$ **❹** x의 값을 구해!

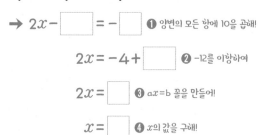

각 항에 같은 수를 곱하는 것은
분배법칙을 이용한 거야.
$0.2x - 1.2 = -0.4$의 양변에 10을 곱하면
$10(0.2x - 1.2) = -0.4 \times 10$이므로
$2x - 12 = -4$를 얻지!

2 $1.3x - 1.6 = 2.3$

3 $0.6x + 3.5 = -0.7$

4 $0.2x = 0.3 - 0.1x$

5 $-0.3x = -0.1x + 0.5$

6 $0.2x - 0.6 = 0.5x$

7 $0.5x-0.6=0.3x-1.2$

8 $0.2x-1.2=0.2-0.5x$

9 $2-0.2x=1.2-0.4x$
정수에도 똑같이 10을 곱해!

10 $0.5x+2=0.2x-1.3$

11 $2.2x-3=x+4.2$

12 $0.1x+1=1.5-0.4x$

13 $0.2(x+2)-0.8=0.4(x-3)$

14 $0.05x+0.07=0.15x-0.03$

15 $0.05x-0.17=0.15+0.01x$

16 $0.07x-0.02=0.05x+0.3$
+0.3항에도 똑같이 100을 곱해!

17 $0.3x-0.18=0.1x+0.62$

18 $0.1-0.04x=0.03x+0.31$

개념모음문제
19 다음은 일차방정식 $0.2x=0.9x+7$을 푸는 과정이다. ㉮~㉰ 중에서 틀린 부분과 바르게 계산한 해를 차례대로 구한 것은?

$$0.2x=0.9x+7 \quad\Big)㉮$$
$$2x=9x+7 \quad\Big)㉯$$
$$-7x=7 \quad\Big)㉰$$
$$x=-1$$

① ㉮, $x=-10$ 　　② ㉮, $x=7$
③ ㉯, $x=-10$ 　　④ ㉯, $x=1$
⑤ ㉰, $x=1$

09

계수를 정수로! x를 찾아라!

계수가 분수인 일차방정식

$$\frac{2}{3}x - 1 = \frac{1}{6}x$$

모든 항에
분모의 최소공배수 6을 곱해서
정수로!

$$\downarrow \times 6 \quad \downarrow \times 6 \quad \downarrow \times 6$$

$$4x - 6 = x$$

이항하여
$ax = b$ 꼴로 정리!

$$4x - x = 6$$

$$3x = 6$$

x의 계수로 나누기!

$$x = 2$$

• **계수가 분수인 일차방정식의 풀이 방법**

양변에 분모의 최소공배수를 곱하여 계수를 정수로 고쳐서 푼다.

예) $\dfrac{2}{5}x + \dfrac{5}{2} = \dfrac{1}{10}$ ⎤ $\times 10$

$4x + 25 = 1$ ←┘

원리확인 다음은 일차방정식의 양변에 분모의 최소공배수를 곱하여 계수가 모두 정수인 일차방정식으로 바꾸는 과정이다. □ 안에 알맞은 것을 써넣으시오.

❶ $\dfrac{3}{2}x + \dfrac{7}{2} = \dfrac{1}{3}x$

→ $9x + \boxed{} = \boxed{}$

양변의 모든 항에 6을 곱해!

❷ $\dfrac{1}{3}x - \dfrac{3}{2} = \dfrac{1}{4}x$

→ $4x - \boxed{} = \boxed{}$

양변의 모든 항에 12를 곱해!

❸ $\dfrac{5}{6}x = \dfrac{3}{5}x - \dfrac{7}{15}$

→ $25x = \boxed{} - \boxed{}$

양변의 모든 항에 30을 곱해!

1st — 계수가 분수인 일차방정식 풀기

• 다음 일차방정식을 푸시오.

1 $\dfrac{3}{5}x + \dfrac{4}{5} = \dfrac{1}{5}$

→ $3x + \boxed{} = \boxed{}$ ❶ 양변의 모든 항에 5를 곱해!

$3x = 1 - \boxed{}$ ❷ 4를 이항하여

$3x = \boxed{}$ ❸ $ax = b$ 꼴을 만들어!

$x = \boxed{}$ ❹ x의 값을 구해!

2 $\dfrac{3}{4}x - \dfrac{1}{4} = \dfrac{11}{4}$

3 $-\dfrac{5}{6}x + \dfrac{4}{3} = -\dfrac{1}{3}$

4 $-\dfrac{1}{2}x + \dfrac{4}{3} = \dfrac{1}{6}x$

5 $\dfrac{1}{4}x + \dfrac{1}{6} = \dfrac{2}{3}x$

6 $\dfrac{1}{9}x + \dfrac{5}{6} = \dfrac{3}{2}$

7 $\dfrac{1}{4}x - \dfrac{3}{4} = \dfrac{1}{2}x + \dfrac{5}{2}$

8 $\dfrac{7}{4}x + \dfrac{14}{3} = \dfrac{5}{3} + \dfrac{1}{4}x$

9 $\dfrac{1}{4}x + \dfrac{1}{3} = \dfrac{1}{2}x + \dfrac{5}{6}$

10 $\dfrac{3}{2}x + 1 = \dfrac{2}{5}x - \dfrac{1}{10}$

+1 항에도 똑같이 분모의 최소공배수를 곱해!

11 $\dfrac{x}{2} - \dfrac{7}{6} = \dfrac{x}{3} - \dfrac{3}{2}$

12 $\dfrac{1}{5}(x-10) = \dfrac{1}{2}(x-1)$

13 $\dfrac{5x+2}{6} = \dfrac{x+4}{3}$

→ $\dfrac{5x+2}{6} \times \boxed{} = \dfrac{x+4}{3} \times \boxed{}$ ❶ 양변의 모든 항에 6을 곱해!

$5x+2 = (\boxed{}) \times 2$ ❷ 분자를 괄호로 묶어서 계산해!

$5x+2 = 2x + \boxed{}$ ❸ 분배법칙을 이용해서 괄호를 풀어!

$3x = \boxed{}$ ❹ 이항을 이용해서 $ax=b$ 꼴을 만들어!

$x = \boxed{}$ ❺ x의 값을 구해!

14 $\dfrac{x-1}{3} = \dfrac{x+3}{2}$

15 $\dfrac{3x-15}{4} = \dfrac{x+6}{5}$

16 $\dfrac{2-x}{3} = \dfrac{3x+1}{2} + 2$

17 $\dfrac{x+6}{3} - 0.8x = \dfrac{-3x+6}{5}$

개념모음문제
18 일차방정식 $0.6x + 0.8 = \dfrac{3}{10}x + \dfrac{1}{5}$의 해는?

① $x = -2$ ② $x = -1$ ③ $x = 0$

④ $x = 1$ ⑤ $x = 2$

10

(외항의 곱)＝(내항의 곱)! x를 찾아라!

비례식으로 주어진 일차방정식

$$4:3=8:(x+2)$$

외항의 곱

내항의 곱

$$4(x+2)=24$$

$$4x+8=24$$

$$4x=24-8$$

$$4x=16$$

$$x=4$$

외항은 외항끼리
내항은 내항끼리
곱하기!

괄호 풀기!

이항하여
$ax=b$ 꼴로
정리!

x의 계수로
나누기!

• 비례식으로 주어진 일차방정식의 풀이 방법

비례식에서 외항의 곱은 내항의 곱과 같음을 이용하여 일차방정식을
만들어 푼다.

외항

(참고) $a:b=c:d \rightarrow ad=bc$

내항

원리확인 다음은 비례식을 일차방정식으로 바꾸는 과정이다. □ 안에
알맞은 것을 써넣으시오.

❶ $3:x=5:(x+4)$

→ $3(\boxed{})=5x$ (외항의 곱)=(내항의 곱)

❷ $(x-1):4=(x+2):5$

→ $5(\boxed{})=4(\boxed{})$

1st — 비례식으로 주어진 일차방정식 풀기

● 다음 비례식을 만족시키는 x의 값을 구하시오.

1 $3:2=6:x$

→ $3\times\boxed{}=2\times\boxed{}$

$3x=\boxed{}$

$x=\boxed{}$

2 $x:2=5:2$

3 $1:4=3:2x$

4 $x:6=1:2$

5 $x:9=1:3$

6 $1:3=2:3x$

7 $2:4=3:(x-1)$

$\rightarrow 2($ ⬚ $)=4\times$ ⬚

$2x-$ ⬚ $=12$

$2x=$ ⬚

$x=$ ⬚

8 $3:6=2:(x-2)$

9 $1:x=2:(x+1)$

10 $x:2=(2x-1):3$

11 $7:(x-1)=4:x$

12 $(4x+3):2=x:3$

13 $2:(3x+1)=3:5x$

14 $(x+1):3=(x-2):2$

15 $2:(x-1)=3:(2x+1)$

16 $(2x+1):3=(-x-6):4$

17 $(x+4):1=(7x-4):3$

18 $(2x+14):3=(-x+6):5$

19 $(7-x):1=(2x-8):4$

개념모음문제

20 비례식 $3x:\dfrac{3}{2}=(5x-2):2$를 만족시키는 x
의 값은?

① -2　　　　② -1　　　　③ 0

④ 1　　　　⑤ 2

주어진 해를 미지수에 대입! 상수를 찾아라!

해가 주어졌을 때 상수 구하기

$$x+a=3 \text{의 해가 } x=1 \text{이면}$$

→ x 대신 1을 넣고

$$x+a=3 \leftarrow$$
↑
1 대입

$$1+a=3$$
$$a=3-1$$ — a에 대한 일차방정식을 푼다.
$$a=2 \leftarrow$$

- **해가 주어졌을 때 미지수의 값 구하는 방법**
  일차방정식의 해가 $x=\square$일 때, 주어진 방정식에 $x=\square$를 대입하면 등식이 성립한다.
- **두 일차방정식의 해가 같을 때 미지수의 값 구하는 방법**
  두 일차방정식의 해가 같을 때, 한 일차방정식의 해를 다른 일차방정식에 대입하면 등식이 성립한다.

1st — 해가 주어졌을 때 상수 구하기

● 다음 [ ] 안의 수가 주어진 x에 대한 일차방정식의 해일 때, 상수 a의 값을 구하시오.

1 $2x+3=a$ [2]

2 $ax+2=5$ [1]

3 $-x+7=-2x+a$ [3]

4 $5x+a=2x-3a$ [−4]

2nd — 두 방정식의 해가 같을 때 상수 구하기

● 다음 x에 대한 두 일차방정식의 해가 서로 같을 때, 상수 a의 값을 구하시오.

5 $-2x+3=-3,\ ax+4=-2$

6 $5x-2=8,\ ax+2=-4$

7 $3x+10=-2-x,\ 3x+a=-x-a$

8 $-x+7=-2x+2,\ -(x+a)=4x+1$

나는 변신의 달인 ♪
$$ax+b=0$$
사실 우린 정해진 상수!

개념모음문제

9 다음 x에 대한 세 일차방정식의 해가 서로 같을 때, 상수 a, b에 대하여 ab의 값은?

$$x-3=6x+7$$
$$x-4=a$$
$$x+10=-2x+bx$$

① −16   ② −12   ③ 4
④ 12   ⑤ 16

TEST 3. 일차방정식

1 다음 **보기**에서 등식인 것의 개수를 a, 방정식인 것의 개수를 b라 할 때, $a+b$의 값을 구하시오.

> **보기**
> ㄱ. $7+3=10$ ㄴ. $3x-2=7$
> ㄷ. $3x+5$ ㄹ. $7x-3=2x+2$
> ㅁ. $x\geq2$ ㅂ. $2(x+1)=4x-2$

2 다음 중에서 [ ] 안의 수가 주어진 방정식의 해가 되는 것은?

① $3x-2=-1$ [-1]
② $4x=-7+x$ [-2]
③ $5x-2=x+2$ [1]
④ $6x+4=5x+3$ [-3]
⑤ $3x=5(x+1)-3$ [1]

3 다음 등식이 x에 대한 항등식일 때, ☐ 안에 알맞은 식을 구하시오.

$$5(x-1)+4=4x+\boxed{}$$

4 다음은 등식의 성질을 이용하여 방정식 $2x+3=7$을 푸는 과정이다. 이 방정식의 해를 구하는 순서로 옳은 것은?

$$2x+3=7 \rightarrow 2x=4 \rightarrow x=2$$

① 양변에서 3을 뺀다. ➡ 양변에 2를 곱한다.
② 양변에서 3을 뺀다. ➡ 양변을 2로 나눈다.
③ 양변에서 7을 뺀다. ➡ 양변에서 3을 뺀다.
④ 양변을 2로 나눈다. ➡ 양변에서 3을 뺀다.
⑤ 양변을 2로 나눈다. ➡ 양변에서 7을 뺀다.

5 다음 일차방정식 중 해가 나머지 넷과 다른 하나는?

① $-3x+6=0$
② $-2(x+2)=2-5x$
③ $3(2x-1)=2(5x-4)$
④ $0.2x+0.6=0.3x+0.4$
⑤ $\dfrac{1}{2}x-2=\dfrac{1}{4}x-\dfrac{3}{2}$

6 비례식 $2:(2x-4)=3:(x+2)$를 만족시키는 x의 값은?

① 1 ② 2 ③ 3
④ 4 ⑤ 5

4

생활 속으로!
일차방정식의 활용

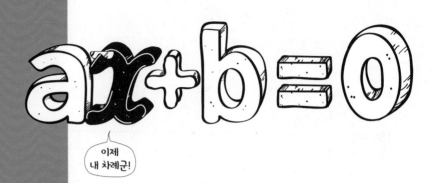

이제
내 차례군!

모르는 것을 x로 두고 등식을 만들어!

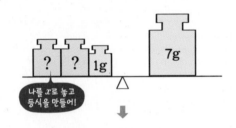

? ? 1g   7g

나를 x로 놓고
등식을 만들어!

⬇

$2x+1=7$

01 일차방정식의 활용

일차방정식의 활용 문제는 유형이 매우 다양하고, 문제 유형마다 문제를 쉽게 푸는 방법이 있어. 달달 외우기보다는 문제를 직접 풀어보면서 자연스럽게 익혀야 해.

연속하는 수의 합? x를 이용해!

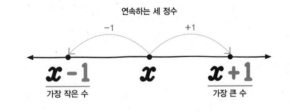

연속하는 세 정수

−1   +1

$x-1$ x $x+1$
가장 작은 수   가장 큰 수

02 연속하는 수에 대한 일차방정식의 활용

연속하는 자연수는 차이가 1씩이고, 연속하는 홀수 또는 짝수는 차이가 2씩임을 이용하여 자연수를 문자로 나타내.

자리에 따라 숫자의 크기가 달라!

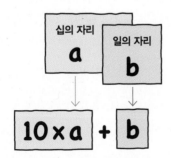

십의 자리
a
일의 자리
b

⬇   ⬇

$10 \times a$ + b

03 자릿수에 대한 일차방정식의 활용

십의 자리의 숫자가 a, 일의 자리의 숫자가 b인 두 자리의 자연수는 ab가 아니고 $10a+b$로 나타내어야 함에 주의해.

속력은 단위 시간에 대한 이동 거리의 비율!

3시간에 15km를 가는 아이의 속력:

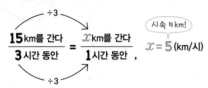

$$\frac{15\text{km를 간다}}{3\text{시간 동안}} = \frac{x\text{km를 간다}}{1\text{시간 동안}}, \quad x = 5 \, (\text{km/시})$$

시속 5km!

---

04 거리, 속력, 시간에 대한 일차방정식의 활용

여기부터는 좀 더 어려운 유형들이 시작돼. 공식을 알아야 되거든. 여기서 필요한 속력, 시간, 거리에 대한 공식은 원래는 하나의 공식인데 모양이 자꾸 바뀌어서 헷갈릴 수 있어.

소금물의 농도는 소금물의 양에 대한 소금 양의 비율!

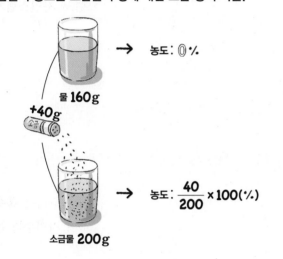

물 160g

+40g

소금물 200g

농도: 0%

농도: $\frac{40}{200} \times 100(\%)$

---

05 농도에 대한 일차방정식의 활용

먼저 소금물의 농도에 관한 공식을 외워야 해. 이때 주의할 점은 소금물은 물의 무게에 소금의 무게가 합쳐진 무게를 갖게 된다는 거야.

전체 일의 양을 1로 생각해!

일을 완성하는데 **3일**이 걸린다.
→ 하루에 하는 일의 양은 $\frac{1}{3}$

---

06 일에 대한 일차방정식의 활용

벌써 일차방정식의 활용의 마지막이야. 일에 대한 문제를 풀 때는 전체 일의 양을 정확한 수치로 나타낼 수 없으므로 전체 일을 하나, 즉 1로 보고 식을 세우는 것이 제일 중요해.

01

모르는 것을 x로 두고 등식을 만들어!

일차방정식의 활용

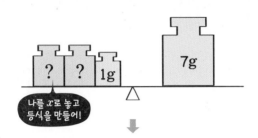

나를 x로 놓고
등식을 만들어!

⬇

$2x+1=7$

• 일차방정식의 활용 문제를 푸는 순서

x 정하기	문제의 뜻을 파악하고 구하는 값을 x로 놓는다.
⬇	
방정식 세우기	문제에서 주어진 조건에 맞는 방정식을 세운다.
⬇	
방정식 풀기	방정식을 풀어 x의 값을 구한다.
⬇	
확인하기	구한 해가 문제의 뜻에 맞는지 확인한다.

참고 방정식을 세울 때는 일반적으로 구하려 하는 것을 x로 놓는다.

원리확인 다음은 문장을 문자 x를 사용하여 등식으로 나타낸 것이다.
□ 안에 알맞은 것을 써넣으시오.

❶ 어떤 수를 2배한 것에 5를 더하면 16과 같다.
$\underset{x}{}$
→ $2\boxed{}+5=\boxed{}$

❷ 어떤 수의 5배는 어떤 수의 3배에 8을 더한 것과
$\underset{x}{}$
같다.
→ $5\boxed{}=\boxed{}x+8$

❸ 아버지의 나이 45세에서 동생의 나이를 빼면 35
$\underset{x}{}$
세이다.
→ $\boxed{}-x=35$

❹ 700원짜리 아이스크림 몇 개의 값은 3500원이
$\underset{x}{}$
다.
→ $\boxed{}x=3500$

1st — 어떤 수에 대한 문제 해결하기

1 어떤 수 x에 9를 더한 수는 어떤 수 x의 2배보다 2만큼 클 때, 어떤 수를 구하려 한다. 다음 물음에 답하시오.

(1) 어떤 수를 x로 놓고 방정식을 세우시오.
어떤 수 x에 9를 더한 수 → $x+9$
어떤 수 x의 2배보다 2만큼 큰 수 → $2x+2$

(2) 방정식을 푸시오.

(3) 어떤 수를 구하시오.

2 어떤 수에 5를 곱한 후 4를 더한 수는 어떤 수에 2를 곱한 후 5를 뺀 수와 같을 때, 어떤 수를 구하시오.

3 어떤 수에서 2를 뺀 수의 4배는 어떤 수의 2배에 6을 더한 수와 같을 때, 어떤 수를 구하시오.

4 어떤 수에 3을 더한 수의 절반은 어떤 수에서 3을 뺀 수와 같을 때, 어떤 수를 구하시오.

2nd 총합이 일정할 때 문제 해결하기

5 한 개에 1000원인 빵 몇 개와 한 개에 700원인 음료수 5개를 9500원에 샀을 때, 구입한 빵의 개수를 구하려 한다. 다음 물음에 답하시오.

(1) 빵을 x개 구입했다 할 때, 다음 표를 완성하시오.

	개당 금액(원)	개수(개)	총 금액(원)
빵	1000	x	$1000x$
음료수	700		

(2) 방정식을 세우시오.
(빵의 총 금액)+(음료수의 총 금액)=9500

(3) 방정식을 푸시오.

(4) 빵은 몇 개 구입했는지 구하시오.

6 한 개에 1000원인 딸기 주스와 한 개에 1200원인 포도 주스 4개를 구입하는데 20000원을 내고 4200원을 거슬러 받았을 때, 구입한 딸기 주스의 개수를 구하시오.

7 한 개에 800원인 초콜릿과 한 개에 500원인 사탕을 합하여 11개를 사고 7000원을 냈을 때, 구입한 초콜릿의 개수를 구하시오.
초콜릿의 개수를 x라 하면 사탕의 개수는 11−x임을 이용해!

8 농장에 소와 닭이 총 11마리가 있다. 소와 닭의 다리의 수의 합이 30일 때, 소와 닭은 각각 몇 마리인지 구하려 한다. 다음 물음에 답하시오.

(1) 소가 x마리 있다 할 때, 다음 표를 완성하시오.

	마리당 다리 수(개)	마리 수(마리)	총 다리 수(개)
소	4	x	$4x$
닭			

(2) 방정식을 세우시오.
(소의 총 다리의 수)+(닭의 총 다리의 수)=30

(3) 방정식을 푸시오.

(4) 소와 닭은 각각 몇 마리 있는지 구하시오.
방정식에서 x로 놓은 것과 문제에서 구해야 하는 것이 다를 때도 있어!

9 어떤 농구선수가 2점짜리 슛 9개와 3점짜리 슛을 넣어 48점을 득점하였다. 이 농구선수는 3점짜리 슛을 몇 개 넣었는지 구하시오.

10 민주가 3점짜리 문제와 5점짜리 문제를 합하여 10문제를 맞혀 44점을 받았다. 민주가 3점짜리 문제를 몇 문제 맞혔는지 구하시오.

11 2살 차이가 나는 민재와 민재네 누나의 나이의 합이 28살일 때, 민재의 나이를 구하려 한다. 다음 물음에 답하시오.

(1) 민재의 나이를 x세라 할 때, 민재네 누나의 나이에 대하여 다음 □ 안에 알맞은 수를 써넣으시오.

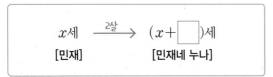

(2) 방정식을 세우시오.
(민재의 나이)+(민재네 누나의 나이)=28

(3) 방정식을 푸시오.

(4) 민재의 나이를 구하시오.

12 5살 차이가 나는 정훈이와 정훈이네 동생의 나이의 합이 23살일 때, 정훈이의 나이를 구하시오.

13 현재 아버지의 나이는 44세, 동생의 나이는 13세이다. 아버지의 나이가 동생의 나이의 2배가 되는 것은 몇 년 후인지 구하려 한다. 다음 물음에 답하시오.

(1) x년 후에 아버지의 나이와 동생의 나이에 대하여 다음 □ 안에 알맞은 것을 써넣으시오.

[아버지] 44세 $\xrightarrow{x년\ 후}$ $(44+\boxed{})$세

[동생] 13세 $\xrightarrow{x년\ 후}$ $(13+\boxed{})$세

(2) 방정식을 세우시오.
(x년 후의 아버지의 나이)=2×(x년 후의 동생의 나이)

(3) 방정식을 푸시오.

(4) 아버지의 나이가 동생의 나이의 2배가 되는 것은 몇 년 후인지 구하시오.

14 현재 지은이의 나이는 13세, 어머니의 나이는 45세이다. 어머니의 나이가 지은이의 나이의 3배가 되는 것은 몇 년 후인지 구하시오.

15 현재 수현이의 나이는 삼촌의 나이보다 16살이 적다. 4년 후에는 삼촌의 나이가 수현이의 나이의 두 배가 된다 할 때, 현재 삼촌의 나이를 구하려 한다. 다음 물음에 답하시오.

(1) 현재 삼촌의 나이를 x세라 할 때, 4년 후의 삼촌과 수현이의 나이에 대하여 다음 □ 안에 알맞은 것을 써넣으시오.

[삼촌] x세 $\xrightarrow{\text{4년 후}}$ ($\boxed{}$ +4)세

[수현] ($x-\boxed{}$)세 $\xrightarrow{\text{4년 후}}$ ($x-\boxed{}$)세

(2) 방정식을 세우시오.
(4년 후의 삼촌의 나이)=2×(4년 후의 수현이의 나이)

(3) 방정식을 푸시오.

(4) 현재 삼촌의 나이를 구하시오.

16 현재 어머니의 나이는 누나의 나이의 3배이다. 15년 후에는 어머니의 나이가 누나의 나이의 2배가 된다 할 때, 현재 누나의 나이를 구하시오.

17 현재 아버지와 아들의 나이의 합은 58살이다. 3년 후에 아버지의 나이가 아들의 나이의 3배가 된다 할 때, 현재 아버지의 나이를 구하려 한다. 다음 물음에 답하시오.

(1) 현재 아버지의 나이를 x세라 할 때, 3년 후의 아버지와 아들의 나이에 대하여 다음 □ 안에 알맞은 것을 써넣으시오.

[아버지] x세 $\xrightarrow{\text{3년 후}}$ ($\boxed{}$ +3)세

[아들] ($\boxed{}-x$)세 $\xrightarrow{\text{3년 후}}$ ($\boxed{}-x$)세

(2) 방정식을 세우시오.
(3년 후의 아버지의 나이)=3×(3년 후의 아들의 나이)

(3) 방정식을 푸시오.

(4) 현재 아버지의 나이를 구하시오.

18 현재 동생과 고모의 나이의 합은 47살이다. 11년 후에 고모의 나이가 동생의 나이의 2배가 된다 할 때, 현재 동생의 나이를 구하시오.

19 가로의 길이가 세로의 길이보다 6 cm 더 긴 직사각형이 있다. 이 직사각형의 둘레의 길이가 48 cm일 때, 이 직사각형의 넓이를 구하려 한다. 다음 물음에 답하시오.

(1) 직사각형의 세로의 길이를 x cm라 할 때, 다음 □ 안에 알맞은 수를 써넣으시오.

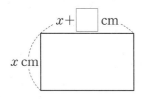

(2) 방정식을 세우시오.
(직사각형의 둘레의 길이)=2×{(가로의 길이)+(세로의 길이)}

(3) 방정식을 푸시오.

(4) 이 직사각형의 넓이를 구하시오.

20 세로의 길이가 가로의 길이의 3배인 직사각형이 있다. 이 직사각형의 둘레의 길이가 72 cm일 때, 가로와 세로의 길이를 각각 구하시오.

21 높이가 6 cm, 넓이가 48 cm²인 사다리꼴이 있다. 이 사다리꼴의 아랫변의 길이가 윗변의 길이보다 2 cm 길다 할 때, 아랫변의 길이를 구하시오.

22 한 변의 길이가 8 cm인 정사각형에서 가로의 길이는 늘이고 세로의 길이는 2 cm만큼 줄였더니 넓이가 84 cm²가 되었을 때, 처음 정사각형에서 가로의 길이는 몇 cm만큼 늘였는지 구하려 한다. 다음 물음에 답하시오.

(1) 정사각형의 가로의 길이를 x cm만큼 늘였다 할 때, 다음 □ 안에 알맞은 것을 써넣으시오.

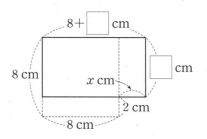

(2) 방정식을 세우시오.

(3) 방정식을 푸시오.

(4) 처음 정사각형에서 가로의 길이는 몇 cm만큼 늘였는지 구하시오.

23 한 변의 길이가 11 cm인 정사각형에서 가로의 길이를 3 cm만큼 줄이고, 세로의 길이를 늘였더니 그 넓이가 처음의 넓이보다 7 cm²만큼 늘어났다. 세로의 길이는 몇 cm만큼 늘였는지 구하시오.

24 윗변의 길이가 10 cm, 아랫변의 길이가 8 cm, 높이가 4 cm인 사다리꼴에서 아랫변의 길이를 줄였더니 그 넓이가 처음의 넓이보다 8 cm²만큼 줄었다. 아랫변의 길이는 몇 cm만큼 줄였는지 구하시오.

5th — 남거나 모자랄 때 문제 해결하기

● 다음 연필의 수를 문자 x를 사용하여 나타내시오.

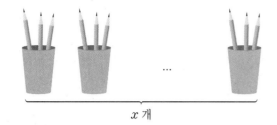

x 개

25 x개의 연필 꽂이에 연필을 3자루씩 담았더니 남는 연필이 없었을 때 연필의 수

26 x개의 연필 꽂이에 연필을 3자루씩 담았더니 1자루의 연필이 남았을 때 연필의 수

27 x개의 연필 꽂이에 연필을 3자루씩 담았더니 2자루의 연필이 남았을 때 연필의 수

28 x개의 연필 꽂이에 연필을 3자루씩 담았더니 1자루의 연필이 모자랐을 때 연필의 수

29 x개의 연필 꽂이에 연필을 3자루씩 담았더니 2자루의 연필이 모자랐을 때 연필의 수

30 x개의 연필 꽂이에 연필을 3자루씩 담았더니 마지막 연필 꽂이에는 1자루밖에 못넣었을 때 연필의 수

31 학생들에게 공책을 나누어 주는데 3권씩 나누어 주면 2권이 남고, 4권씩 나누어 주면 6권이 부족하다 한다. 학생 수와 공책의 수를 구하려 할 때, 다음 물음에 답하시오.

(1) 학생 수를 x명이라 할 때, 다음 □ 안에 알맞은 식을 써넣으시오.
→ 한 학생에게 공책을 3권씩 나누어 주면 2권이 남으므로
(공책의 수)=[   ](권)

→ 한 학생에게 공책을 4권씩 나누어 주면 6권이 부족하므로
(공책의 수)=[   ](권)

(2) 방정식을 세우시오.
어떻게 나누어 주더라도 공책의 수는 동일해!

(3) 방정식을 푸시오.

(4) 학생 수와 공책의 수를 구하시오.

32 선호는 친구들에게 초콜릿을 선물하려 한다. 4개씩 주면 7개가 남고, 5개씩 주면 3개가 부족하다 할 때, 선호가 갖고 있는 초콜릿의 수를 구하시오.

33 학생들에게 귤을 나누어 주려 하는데 한 학생에게 7개씩 나누어 주면 9개가 남고, 8개씩 나누어 주면 마지막 한 명은 4개밖에 못 받는다 한다. 귤은 몇 개인지 구하시오.

02

연속하는 수에 대한 일차방정식의 활용

연속하는 수의 합? x를 이용해!

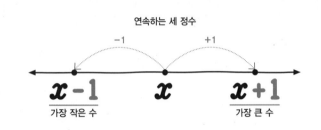

연속하는 세 정수

$$\underset{\text{가장 작은 수}}{x-1} \qquad x \qquad \underset{\text{가장 큰 수}}{x+1}$$

• **연속하는 수에 관한 문제**

기준이 되는 수를 x로 놓고 다른 수를 x에 대한 식으로 나타낸다.

㉠ 연속하는 두 정수 → x, $x+1$ 또는 $x-1$, x

연속하는 세 정수 → $x-1$, x, $x+1$ (또는 x, $x+1$, $x+2$)

연속하는 두 짝수 또는 홀수 → $x-1$, $x+1$ (또는 x, $x+2$)

[원리확인] 다음은 연속하는 수를 문자 x를 사용하여 나타낸 것이다. □ 안에 알맞은 식을 써넣으시오.

❶ 연속하는 두 정수

$$\underset{[\text{작은 수}]}{x} \xrightarrow{+1} \boxed{}$$
$$[\text{큰 수}]$$

❷ 연속하는 세 정수

$$\boxed{} \xleftarrow{-1} \underset{[\text{가운데 수}]}{x} \xrightarrow{+1} \boxed{}$$
$$[\text{가장 작은 수}]   [\text{가장 큰 수}]$$

❸ 연속하는 두 홀수

$$\underset{[\text{작은 수}]}{x} \xrightarrow{+2} \boxed{}$$
$$[\text{큰 수}]$$

❹ 연속하는 세 짝수

$$\boxed{} \xleftarrow{-2} \underset{[\text{가운데 수}]}{x} \xrightarrow{+2} \boxed{}$$
$$[\text{가장 작은 수}]   [\text{가장 큰 수}]$$

1st — 연속하는 수에 대한 문제 해결하기

1 연속하는 세 자연수의 합이 45일 때, 세 자연수를 구하려 한다. 다음 물음에 답하시오.

(1) 가운데 자연수를 x라 할 때, 다음 □ 안에 알맞은 식을 써넣으시오.

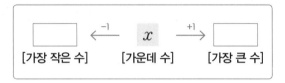

$$\boxed{} \xleftarrow{-1} \boxed{x} \xrightarrow{+1} \boxed{}$$
$$[\text{가장 작은 수}] [\text{가운데 수}] [\text{가장 큰 수}]$$

(2) 방정식을 세우시오.

(3) 방정식을 푸시오.

(4) 세 자연수를 구하시오.

2 연속하는 세 자연수의 합이 63일 때, 세 자연수를 구하시오.

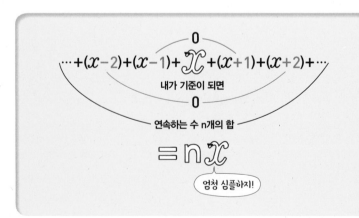

$$\cdots + (x-2) + (x-1) + \mathcal{x} + (x+1) + (x+2) + \cdots$$

내가 기준이 되면

연속하는 수 n개의 합

$$= n\mathcal{x}$$

엄청 심플하지!

3 연속하는 두 홀수의 합이 28일 때, 두 홀수 중 작은 수를 구하려 한다. 다음 물음에 답하시오.

(1) 두 홀수 중 작은 수를 x라 할 때, 다음 □ 안에 알맞은 식을 써넣으시오.

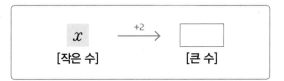

(2) 방정식을 세우시오.

(3) 방정식을 푸시오.

(4) 두 홀수 중 작은 수를 구하시오.

4 연속하는 두 홀수의 합이 48일 때, 두 홀수 중 큰 수를 구하시오.

5 연속하는 두 짝수의 합이 70일 때, 두 짝수를 구하시오.

6 연속하는 세 홀수의 합이 171일 때, 세 홀수를 구하려 한다. 다음 물음에 답하시오.

(1) 세 홀수 중 가운데 수를 x라 할 때, 다음 □ 안에 알맞은 식을 써넣으시오.

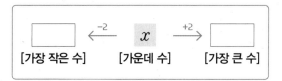

(2) 방정식을 세우시오.

(3) 방정식을 푸시오.

(4) 세 홀수를 구하시오.

7 연속하는 세 짝수의 합이 78일 때, 세 짝수를 구하시오.

8 연속하는 세 홀수 중에서 가운데 수의 3배가 나머지 두 수의 합보다 13만큼 크다 할 때, 가장 작은 홀수를 구하시오.

03

자릿수에 대한 일차방정식의 활용

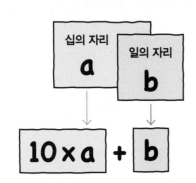

• 자릿수에 관한 문제

십의 자리의 숫자가 a, 일의 자리의 숫자가 b인 두 자리의 자연수를 $10 \times a + b = 10a + b$로 나타내어 푼다.

참고 십의 자리의 숫자가 a, 일의 자리의 숫자가 b인 두 자리의 자연수를 ab로 나타내지 않도록 주의한다.

원리확인 다음은 두 자리의 자연수를 x를 사용하여 나타내는 과정이다. □ 안에 알맞은 것을 써넣으시오.

❶
2	x
[십의 자리]	[일의 자리]

→ □ × 10 + x = □ + x

❷
3	x
[십의 자리]	[일의 자리]

→ □ × 10 + x = □ + x

❸
x	5
[십의 자리]	[일의 자리]

→ x × □ + 5 = □ + 5

자릿값?

초등에서는	중등에서는
2 3	a b
↓	↓
2 0	10 × a
3	b

1st ─ 두 자리 자연수를 문자를 사용하여 나타내기

• 다음의 두 자리의 자연수를 문자를 사용하여 나타내시오.

1 십의 자리의 숫자: 4, 일의 자리의 숫자: x

십의 자리의 숫자가 4, 일의 자리의 숫자가 x인 자연수를 $4x$로 나타내면 안돼!

2 십의 자리의 숫자: 5, 일의 자리의 숫자: y

3 십의 자리의 숫자: 6, 일의 자리의 숫자: b

4 십의 자리의 숫자: x, 일의 자리의 숫자: 2

5 십의 자리의 숫자: a, 일의 자리의 숫자: 9

6 십의 자리의 숫자: y, 일의 자리의 숫자: 0

☺ 내가 발견한 개념   세 자리의 수도 문자로 나타내볼까?

• 백의 자리의 숫자가 a, 십의 자리의 숫자가 b, 일의 자리의 숫자가 c인 세 자리의 자연수

→ □ + □ + □

2nd 두 자리 자연수에 대한 문제 해결하기

7 십의 자리의 숫자가 8인 두 자리의 자연수가 있다. 이 자연수는 각 자리의 숫자의 합의 7배와 같을 때, 이 두 자리의 자연수를 구하려 한다. 다음 물음에 답하시오.

(1) 일의 자리의 숫자를 x라 할 때, 다음 □ 안에 알맞은 것을 써넣으시오.

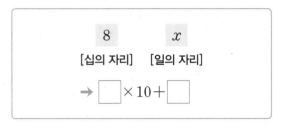

(2) 방정식을 세우시오.

(3) 방정식을 푸시오.

(4) 두 자리의 자연수를 구하시오.

8 십의 자리의 숫자가 6인 두 자리의 자연수가 있다. 이 자연수는 각 자리의 숫자의 합의 8배보다 2만큼 작다 할 때, 이 자연수를 구하시오.

9 십의 자리의 숫자가 5인 두 자리의 자연수가 있다. 이 자연수의 십의 자리의 숫자와 일의 자리의 숫자를 바꾼 수는 처음 수보다 27만큼 크다 할 때, 처음 수를 구하려 한다. 다음 물음에 답하시오.

(1) 처음 수의 일의 자리의 숫자를 x라 할 때, 다음 □ 안에 알맞은 것을 써넣으시오.

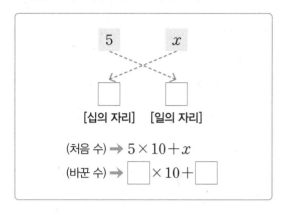

(2) 방정식을 세우시오.
(바꾼 수)=(처음 수)+27

(3) 방정식을 푸시오.

(4) 처음 수를 구하시오.

10 십의 자리의 숫자가 5인 두 자리의 자연수가 있다. 십의 자리의 숫자와 일의 자리의 숫자를 바꾼 수가 처음 수보다 9만큼 작다 할 때, 처음 수를 구하시오.

04

속력은 단위 시간에 대한 이동 거리의 비율!

거리, 속력, 시간에 대한 일차방정식의 활용

① 3시간에 15 km를 가는 아이의 속력

$$\frac{15 \text{ km를 간다}}{3 \text{시간 동안}} = \frac{x \text{ km를 간다}}{1 \text{시간 동안}} , \quad x = 5 \text{ (km/시)}$$

시속 5 km!

② 이 아이가 시속 5 km로 7시간 동안 가는 거리

$$\frac{5 \text{ km를 간다}}{1 \text{시간 동안}} = \frac{y \text{ km를 간다}}{7 \text{시간 동안}} , \quad y = 35 \text{ (km)}$$

③ 이 아이가 시속 5 km로 30 km를 가는데 걸리는 시간

$$\frac{5 \text{km를 간다}}{1 \text{시간 동안}} = \frac{30 \text{km를 간다}}{z \text{시간 동안}} , \quad z = 6 \text{ (시간)}$$

• 속력에 관한 문제
거리, 속력, 시간에 대한 문제는 다음을 이용하여 방정식을 세운다.

① (거리)＝(속력)×(시간)

② (속력)＝$\dfrac{(거리)}{(시간)}$ ③ (시간)＝$\dfrac{(거리)}{(속력)}$

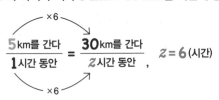

원리확인 □ 안에 알맞은 수를 써넣으시오.

> 1시간 동안 7 km를 걸었을 때 속력

➡ (속력)＝(단위 시간당 움직인 거리)

＝(움직인 거리) : (단위 시간)

　　　　비교하는 양　　기준량

＝□ km : □ 시간

＝$\dfrac{□}{1}$ 시속＝□ km

92 III. 문자와 식

1st — 속력의 뜻 알기

● 다음 속력을 구하시오.

1 1시간 동안 60 km를 이동한 자동차의 속력
시속

2 1분 동안 5 km를 이동한 KTX의 속력
분속

3 1초 동안 220 m를 이동한 비행기의 속력
초속

4 1시간 동안 5 km를 걸은 민지의 속력

5 2분 동안 12 m를 이동한 자전거의 속력

6 3초 동안 180 m를 이동한 태풍의 속력

😊 **내가 발견한 개념**　　속력은 1시간당, 1분당, 1초당 물체의 빠르기야!

• (속력)＝$\dfrac{(이동 □)}{(걸린 □)}$

속력의 단위를 잘 살펴보면 공식이 보여!

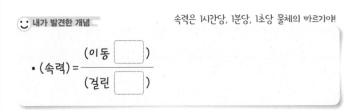

● 주어진 속력으로 다음 시간 동안 이동할 때, 이동하는 거리는 얼마인지 구하시오.

7 시속 50 km

1시간에 50 km를 간다는 뜻이야!

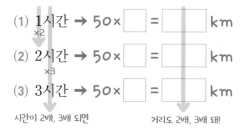

(1) 1시간 → 50 × □ = □ km

×2

(2) 2시간 → 50 × □ = □ km

×3

(3) 3시간 → 50 × □ = □ km

시간이 2배, 3배 되면   거리도 2배, 3배 돼!

8 시속 3 km

(1) 1시간

(2) 10시간

(3) 100시간

9 시속 60 km

(1) 1시간

(2) 30분

(3) 10분

10 분속 100 m

1분에 100 m를 간다는 뜻이야!

(1) 10분

(2) 15분

(3) 20분

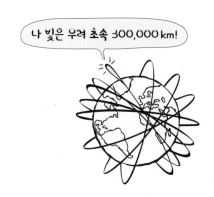

나 빛은 무려 초속 300,000 km!

😊 **내가 발견한 개념**   속력이 일정할 때 시간이 늘어나면 거리도 늘어나!

• (거리) = (□) × (□)

2nd — 걸린 시간을 문자로 나타내기

● 다음 시간을 구하시오.

11 시속 2 km로 x km를 이동하는데 걸리는 시간

$(\text{시간}) = \dfrac{(\text{거리})}{(\text{속력})}$

12 시속 3 km로 x km를 이동하는데 걸리는 시간

13 시속 60 km로 x km를 이동하는데 걸리는 시간

14 시속 4 km로 $(5-x)$ km를 이동하는데 걸리는 시간

15 처음 x km를 시속 6 km로 이동하고, 도중에 속도를 바꾸어 남은 y km를 시속 3 km로 이동하였을 때, 총 걸린 시간

16 총 5 km를 이동하는 데 처음 x km는 시속 2 km로 이동하고, 남은 거리는 시속 4 km로 이동하였을 때 총 걸린 시간

😊 **내가 발견한 개념**   총 거리를 속력으로 나누면?

• (시간) = $\dfrac{(\square)}{(\square)}$

17 소민이가 등산을 하는데 올라갈 때는 시속 2 km로 걷고, 같은 길로 내려올 때는 시속 3 km로 걸었더니 총 5시간이 걸렸다 한다. 등산로의 길이를 구하려 할 때, 다음 물음에 답하시오.

(1) 등산로의 길이를 x km라 할 때, 다음 표를 완성하시오.

	올라갈 때	내려올 때
거리	x km	x km
속력	시속 2 km	시속 3 km
시간		

(시간)= (거리)/(속력)

(2) 방정식을 세우시오.
(올라갈 때 걸린 시간)+(내려올 때 걸린 시간)=(총 걸린 시간)

(3) 방정식을 푸시오.

(4) 등산로의 길이를 구하시오.

18 민주가 집에서 공원까지 가는데 갈 때는 시속 3 km로 걷고, 같은 길로 올 때는 시속 6 km로 뛰었더니 총 3시간이 걸렸다 한다. 다음 표를 완성하고, 집에서 공원까지의 거리를 구하시오.

	갈 때	올 때
거리	x km	x km
속력	시속 3 km	시속 6 km
시간		

19 두 지점 A, B 사이의 거리가 5 km이다. A 지점에서 출발하여 B 지점까지 가는데 처음에는 시속 4 km로 가다가 남은 거리는 시속 2 km로 갔더니 총 2시간이 걸렸다 한다. 시속 2 km로 간 거리를 구하려 할 때, 다음 물음에 답하시오.

(1) 시속 2 km로 간 거리를 x km라 할 때, 다음 표를 완성하시오.

속력	시속 4 km	시속 2 km
거리		x km
시간		$\dfrac{x}{2}$ 시간

(2) 방정식을 세우시오.
(시속 4 km로 간 시간)+(시속 2 km로 간 시간)=(총 걸린 시간)

(3) 방정식을 푸시오.

(4) 시속 2 km로 간 거리를 구하시오.

20 민지가 집에서 도서관을 가는데 절반까지는 자전거를 타고 분속 100 m로 가고, 나머지 절반은 분속 60 m로 걸어서 총 24분이 걸렸다 한다. 다음 표를 완성하고, 민지네 집에서 도서관까지의 거리를 구하시오.

	앞의 절반	남은 절반
거리	x m	x m
속력	분속 100 m	분속 60 m
시간		

시속에서 분속으로 바뀐 것 뿐이야. 동일하게 풀면 돼!

4th ─ 속력과 거리가 바뀔 때 문제 해결하기

21 민준이가 자동차를 타고 공항을 다녀오는데 갈 때는 시속 60 km로 가고, 올 때는 갈 때보다 5 km 더 가까운 길을 시속 90 km로 와서 총 2시간 40분이 걸렸다 한다. 민준이가 공항을 왕복할 때 이동한 거리를 구하려 할 때, 다음 물음에 답하시오.

(1) 공항을 갈 때 이동한 거리를 x km라 할 때, 다음 표를 완성하시오.

	갈 때	돌아올 때
거리	x km	
속력	시속 60 km	시속 90 km
시간		

(2) 방정식을 세우시오.
2시간 40분은 $2 + \dfrac{40}{60} = \dfrac{8}{3}$시간이야!

(3) 방정식을 푸시오.

(4) 민준이가 공항을 왕복할 때 이동한 거리를 구하시오.

22 지호가 공원의 A 지점에서 출발하여 두 지점 A, B 사이를 왕복하는데 A 지점에서 B 지점으로 간 때는 분속 100 m로 뛰어가고, B 지점에서 A 지점으로 돌아올 때는 갈 때보다 500 m 더 먼 길을 분속 50 m로 걸어서 모두 28분이 걸렸다. 다음 표를 완성하고, 지호가 A 지점에서 B 지점으로 갈 때 이동한 거리를 구하시오.

	A → B	B → A
거리	x m	
속력	분속 100 m	분속 50 m
시간		

5th ─ 시간차가 생길 때 문제 해결하기

23 집에서 학교까지 갈 때, 시속 18 km로 자전거를 타고 가면 시속 4 km로 걸어가는 것보다 35분 빨리 도착한다 한다. 집에서 학교까지의 거리를 구하려 할 때, 다음 물음에 답하시오.

(1) 집에서 학교까지의 거리를 x km라 할 때, 다음 표를 완성하시오.

	자전거를 타고 갈 때	걸어갈 때
거리	x km	x km
속력	시속 18 km	시속 4 km
시간		

(2) 방정식을 세우시오.
(걸어간 시간)-(자전거를 타고 간 시간)=35(분)

(3) 방정식을 푸시오.

(4) 집에서 학교까지의 거리를 구하시오.

24 서점에서 은영이네 집까지 가는데 자전거를 타고 시속 20 km의 속력으로 가면 자동차를 타고 시속 50 km의 속력으로 가는 것보다 27분 늦게 도착한다 한다. 다음 표를 완성하고, 서점에서 은영이네 집까지의 거리를 구하시오.

	자전거를 타고 갈 때	자동차를 타고 갈 때
거리	x km	x km
속력	시속 20 km	시속 50 km
시간		

05

소금물의 농도는 소금물의 양에 대한 소금 양의 비율!

농도에 대한
일차방정식의 활용

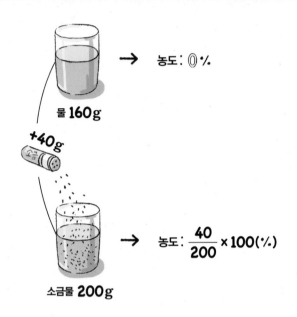

물 160g

+40g

소금물 200g

농도: 0 %

농도: $\dfrac{40}{200} \times 100(\%)$

① 소금이 40 g 녹아 있는 소금물 200 g의 농도

$$\dfrac{40}{200} \times 100 = 20(\%)$$

② 농도가 20 %인 소금물 500 g에 들어 있는 소금의 양

$$\dfrac{x}{500} \times 100 = 20(\%), \ x = 100 g$$

• 소금물의 농도에 대한 문제

소금물의 농도에 대한 문제는 다음을 이용하여 방정식을 세운다.

① (소금물의 농도)$=\dfrac{(소금의 양)}{(소금물의 양)} \times 100(\%)$

② (소금의 양)$=\dfrac{(소금물의 농도)}{100} \times (소금물의 양)$

소금의 양
소금물의 양 ⊗ 농도

원리확인 □ 안에 알맞은 수를 써넣으시오.

소금이 5 g 녹아 있는 소금물 100 g의 농도

→ (농도)=(소금물의 진하기를 백분율로 나타낸 것)

= (소금의 양) : (소금물의 양)
    비교하는 양   기준량

= □ g : □ g = $\dfrac{□}{100}$ = □ %

백분율로 나타내!

● 다음 소금물의 농도를 구하시오.

1 소금이 10 g 녹아 있는 소금물 100 g의 농도

2 소금이 12 g 녹아 있는 소금물 100 g의 농도

3 소금이 20 g 녹아 있는 소금물 100 g의 농도

4 물 90 g과 소금 10 g을 섞어서 만든 소금물의 농도
(물 90 g)+(소금 10 g)=(소금물 100 g)

5 물 88 g과 소금 12 g을 섞어서 만든 소금물의 농도

6 물 80 g과 소금 20 g을 섞어서 만든 소금물의 농도

☺ 내가 발견한 개념   농도에서 왜 100을 곱할까?

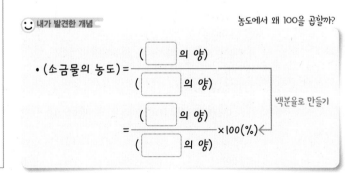

• (소금물의 농도)$=\dfrac{(□의 양)}{(□의 양)}$

$=\dfrac{(□의 양)}{(□의 양)} \times 100(\%)$

백분율로 만들기

● 주어진 소금물의 양과 농도가 다음과 같을 때, 녹아 있는 소
금의 양을 구하시오.

7 80 g

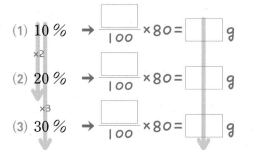

(1) 10 % → $\dfrac{\boxed{}}{100}$ ×80= $\boxed{}$ g

×2

(2) 20 % → $\dfrac{\boxed{}}{100}$ ×80= $\boxed{}$ g

×3

(3) 30 % → $\dfrac{\boxed{}}{100}$ ×80= $\boxed{}$ g

백분율이 2배, 3배 되면   소금의 양도 2배, 3배 돼!

8 300 g

(1) 1 %

(2) 10 %

(3) 100 %

9 1000 g

(1) 5 %

(2) 25 %

(3) 50 %

10 150 g

(1) 8 %

(2) 10 %

(3) 12 %

☺ **내가 발견한 개념**   농도를 구하는 공식에서 모양만 변한 거야.

● (소금의 양) = (농도)(%) × ($\boxed{}$ 의 양)

= $\dfrac{(농도)}{100}$ × ($\boxed{}$ 의 양) ← 백분율을 분수로 나타내기

2nd 소금의 양을 문자로 나타내기

● 다음을 문자를 사용한 식으로 나타내시오.

11 (1) 3 %의 소금물 x g에 녹아 있는 소금의 양

(소금의 양)=(소금물)× $\dfrac{(농도)}{100}$

(2) 3 %의 소금물 x g에 물 50 g을 더 넣었을 때 녹아 있는 소금의 양

물의 양이 변해도 소금의 양은 변하지 않아!

(3) 3 %의 소금물 x g에서 물 50 g을 증발시켰을 때 녹아 있는 소금의 양

물을 증발시켜도,
물을 더 넣어도
소금의 양은 변하지 않아!

12 (1) 7 %의 소금물 x g에 녹아 있는 소금의 양

(2) 7 %의 소금물 x g에 물 100 g을 더 넣었을 때 녹아 있는 소금의 양

(3) 7 %의 소금물 x g에서 물 100 g을 증발시켰을 때 녹아 있는 소금의 양

소금의 양이 변하지 않을 때 문제 해결하기

13 5 %의 소금물 200 g에 물을 더 넣어 4 %의 소금물을 만들려 할 때, 더 넣어야 하는 물은 몇 g인지 구하려 한다. 다음 물음에 답하시오.

(1) 더 넣어야 하는 물의 양을 x g이라 할 때, □ 안에 알맞은 것을 써넣으시오.

[농도] × [소금물] = [소금의 양]

5% 200 g → $\left(\dfrac{5}{100} \times \boxed{}\right)$g

+물 x g

4% $(200+x)$g → $\left\{\dfrac{4}{100} \times (\boxed{} + \boxed{})\right\}$g

(2) 방정식을 세우시오.
(5 % 소금물의 소금의 양)=(4 % 소금물의 소금의 양)

(3) 방정식을 푸시오.

(4) 더 넣어야 하는 물은 몇 g인지 구하시오.

14 12 %의 소금물 100 g에 물을 더 넣어 8 %의 소금물을 만들려 한다. □ 안에 알맞은 수를 써넣고, 더 넣어야 하는 물은 몇 g인지 구하시오.

[농도] × [소금물] = [소금의 양]

12% 100 g → $\left(\dfrac{12}{100} \times 100\right)$g

+물 x g

8% $(\boxed{} + x)$g → $\left\{\dfrac{\boxed{}}{100} \times (\boxed{} + x)\right\}$g

15 4 %의 소금물 200 g에 물을 증발시켜 8 %의 소금물을 만들려 할 때, 증발시켜야 하는 물은 몇 g인지 구하려 한다. 다음 물음에 답하시오.

(1) 증발시켜야 하는 물의 양을 x g이라 할 때, □ 안에 알맞은 것을 써넣으시오.

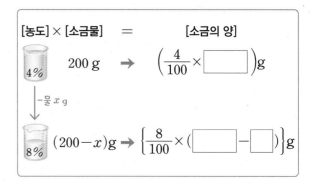

[농도] × [소금물] = [소금의 양]

4% 200 g → $\left(\dfrac{4}{100} \times \boxed{}\right)$g

-물 x g

8% $(200-x)$g → $\left\{\dfrac{8}{100} \times (\boxed{} - \boxed{})\right\}$g

(2) 방정식을 세우시오.
(4 % 소금물의 소금의 양)=(8 % 소금물의 소금의 양)

(3) 방정식을 푸시오.

(4) 증발시켜야 하는 물은 몇 g인지 구하시오.

16 12 %의 소금물 500 g에 물을 증발시켜 20 %의 소금물을 만들려 한다. □ 안에 알맞은 수를 써넣고, 증발시켜야 하는 물의 양을 구하시오.

[농도] × [소금물] = [소금의 양]

12% 500 g → $\left(\dfrac{12}{100} \times 500\right)$g

-물 x g

20% $(\boxed{} - x)$g → $\left\{\dfrac{\boxed{}}{100} \times (\boxed{} - x)\right\}$g

4th 소금의 양이 변할 때 문제 해결하기

17 농도가 4 %인 소금물 300 g에 소금을 더 넣어 10 %인 소금물을 만들려 할 때, 더 넣어야 하는 소금의 양은 몇 g인지 구하려 한다. 다음 물음에 답하시오.

(1) 더 넣어야 하는 소금의 양을 x g이라 할 때, ☐ 안에 알맞은 것을 써넣으시오.

[농도] × [소금물] = [소금의 양]

4% 300 g → $\dfrac{4}{100} \times 300 =$ ☐ g

↓ +소금 x g

10% $(300+x)$ g → $\left\{ \dfrac{10}{100} \times (\boxed{} + \boxed{}) \right\}$ g

(2) 방정식을 세우시오.
(4 % 소금물의 소금의 양)+(더 넣은 소금의 양)=(10 % 소금물의 소금의 양)

(3) 방정식을 푸시오.

(4) 더 넣어야 하는 소금의 양은 몇 g인지 구하시오.

18 농도가 5 %인 소금물 80 g에 소금을 더 넣어 24 %인 소금물을 만들려 한다. ☐ 안에 알맞은 수를 써넣고, 더 넣어야 하는 소금의 양을 구하시오.

[농도] × [소금물] = [소금의 양]

5% 80 g → $\dfrac{5}{100} \times 80 =$ ☐ g

↓ +소금 x g

24% $(\boxed{}+x)$ g → $\left\{ \dfrac{\boxed{}}{100} \times (\boxed{} + x) \right\}$ g

19 2 %의 소금물 100 g과 5 %의 소금물을 섞어서 3 %의 소금물을 만들려 할 때, 섞어야 하는 5 %의 소금물은 몇 g인지 구하려 한다. 다음 물음에 답하시오.

(1) 섞어야 하는 5 %의 소금물의 양을 x g이라 할 때, ☐ 안에 알맞은 것을 써넣으시오.

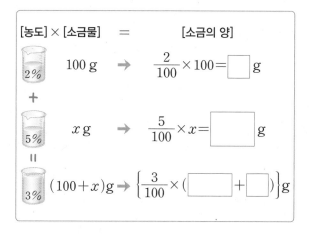

[농도] × [소금물] = [소금의 양]

2% 100 g → $\dfrac{2}{100} \times 100 =$ ☐ g

+

5% x g → $\dfrac{5}{100} \times x =$ ☐ g

=

3% $(100+x)$ g → $\left\{ \dfrac{3}{100} \times (\boxed{} + \boxed{}) \right\}$ g

(2) 방정식을 세우시오.
(2 % 소금물의 소금의 양)+(5 % 소금물의 소금의 양)=(3 % 소금물의 소금의 양)

(3) 방정식을 푸시오.

(4) 섞어야 하는 5 %의 소금물은 몇 g인지 구하시오.

20 6 %의 소금물과 9 %의 소금물 200 g을 섞어서 8 %의 소금물을 만들려 한다. ☐ 안에 알맞은 수를 써넣고, 섞어야 하는 6 %의 소금물의 양을 구하시오.

[농도] × [소금물] = [소금의 양]

6% x g → $\dfrac{6}{100} x$ g

+

9% 200 g → ☐ g

=

8% $(x+\boxed{})$ g → $\left\{ \dfrac{\boxed{}}{100} \times (x + \boxed{}) \right\}$ g

전체 일의 양을 1로 생각해!

일에 대한 일차방정식의 활용

일을 완성하는데 3일이 걸린다.

→ 하루에 하는 일의 양은 $\frac{1}{3}$

- **일에 관한 문제**

  전체 일의 양을 1로 놓고, 단위 시간 동안 할 수 있는 일의 양을 구한다.

  (예) 어떤 일을 혼자서 완성하는데 x일이 걸린다.

  → 전체 일의 양을 1이라 할 때, 하루에 하는 일의 양은 $\frac{1}{x}$ 이다.

1st — 일에 대한 문제 해결하기

1 어떤 일을 완성하는데 형은 4일, 동생은 12일이 걸린다 한다. 이 일을 형제가 같이 한다면 끝내는 데 며칠이 걸리는지 구하려 할 때, 다음 물음에 답하시오.

(1) 전체 일의 양을 1이라 할 때, 하루 동안 형과 동생이 할 수 있는 일의 양을 각각 구하시오.

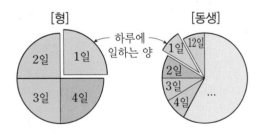

[형]　　　[동생]
하루에 일하는 양

- 형이 하루에 하는 일의 양: _____

- 동생이 하루에 하는 일의 양: _____

(2) 이 일을 형제가 같이 한다면 끝내는 데 며칠이 걸리는지 구하시오.

형제가 같이 일한 날수를 x라 두면 돼!

2 어떤 일을 끝내는데 아버지는 10일, 형은 15일이 걸린다 한다. 이 일을 아버지와 형이 같이 한다면 끝내는데 며칠이 걸리는지 구하시오.

3 어떤 일을 하는데 진희는 12일, 수연이는 18일이 걸린다 한다. 진희가 이 일을 혼자 10일 동안한 후, 수연이가 혼자서 나머지 일을 완성하였을 때, 수연이가 일한 날수를 구하시오.

수연이가 일한 날수를 x라 두면 돼!

4 어떤 일을 완성하는데 엄마는 15일, 누나는 20일이 걸린다 한다. 이 일을 누나가 혼자 6일간 한 후에 엄마와 함께 나머지 일을 완성하였다. 엄마와 누나가 함께 일한 날수를 구하시오.

5 A 호스로 물통을 가득 채우는데 10시간이 걸리고, B 호스로 물통을 가득 채우는데 20시간이 걸린다 한다. A 호스를 먼저 4시간 틀어 놓은 뒤, A, B 호스를 함께 사용하여 물통을 가득 채우려 할 때, A, B 호스를 함께 사용한 시간을 구하시오.

일 문제와 같은 문제인데 날이 시간으로 바뀐 것 뿐이야!

TEST 4. 일차방정식의 활용

1 오른쪽 그림과 같이 높이가 4 cm인 사다리꼴에서 아랫변의 길이는 윗변의 길이보다 2 cm가 더 길다. 사다리꼴의 넓이가 24 cm²일 때, 아랫변의 길이는?

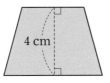

4 cm

① 1 cm   ② 3 cm   ③ 5 cm

④ 7 cm   ⑤ 9 cm

2 연속한 네 짝수의 합이 52일 때, 이 네 짝수 중에서 가장 작은 수를 구하시오.

3 십의 자리의 숫자가 7인 두 자리의 자연수가 있다. 이 자연수의 십의 자리의 숫자와 일의 자리의 숫자를 바꾼 수는 처음 수보다 9만큼 작다 할 때, 처음 수를 구하시오.

4 학생들에게 연필을 3자루씩 나누어 주면 8자루가 남고, 4자루씩 나누어 주면 2자루가 모자랄 때, 연필은 몇 자루인가?

① 32자루   ② 34자루   ③ 36자루

④ 38자루   ⑤ 40자루

5 유미는 전기바이크를 타고 A, B 두 지점을 왕복하였다. 갈 때는 시속 15 km, 올 때는 시속 12 km로 이동하여 총 45분이 걸렸을 때, 두 지점 A, B 사이의 거리는?

① 1 km   ② 2 km   ③ 3 km

④ 4 km   ⑤ 5 km

6 12 %의 소금물 300 g에서 물을 증발시켜 18 %의 소금물을 만들려 할 때, 증발시켜야 하는 물의 양은?

① 100 g   ② 110 g   ③ 120 g

④ 130 g   ⑤ 140 g

1 다음 중 곱셈 기호와 나눗셈 기호를 생략하여 바르게 나타낸 것을 모두 고르면? (정답 2개)

① $0.1 \times x = 0.x$

② $\dfrac{2}{5} \div x \div (-y) = -\dfrac{2y}{5x}$

③ $3 \times x \times x \times y = 3x^2 y$

④ $\dfrac{2}{3} x \div y = \dfrac{2xy}{3}$

⑤ $x \times (y+1) \times (-2) = -2x(y+1)$

2 다음 중 다항식 $\dfrac{x^2}{3} - \dfrac{x}{2} + 3$에 대한 설명으로 옳은 것은?

① $\dfrac{x^2}{3}$의 차수는 2이다.

② 항은 2개이다.

③ 다항식의 차수는 3이다.

④ x의 계수는 $\dfrac{1}{2}$이다.

⑤ x^2의 계수와 상수항의 곱은 9이다.

3 $(6x-9) \div \left(-\dfrac{3}{2}\right)$을 간단히 하였을 때, x의 계수와 상수항의 합을 구하시오.

4 다음 중 $\dfrac{y}{2}$와 동류항인 것의 개수는?

$$2x, \quad y^2, \quad 3y, \quad \dfrac{1}{4}y, \quad \dfrac{1}{2}$$

① 0   ② 1   ③ 2

④ 3   ⑤ 4

5 $A = -x+2$, $B = 3x+1$일 때, $3A - (A+B)$를 간단히 하였더니 $ax+b$가 되었다. 이때 $a+b$의 값은? (단, a, b는 상수이다.)

① -4 ② -2 ③ 0

④ 2   ⑤ 4

6 등식 $(2+a)x - 3 = 4x - b$가 x에 대한 항등식일 때, 상수 a, b에 대하여 ab의 값은?

① -6 ② -4 ③ 1

④ 4   ⑤ 6

7 방정식 $0.5x - \dfrac{3}{4} = \dfrac{5}{2}(x - 0.2)$를 푸시오.

8 일차방정식 $3x - 2 = 5x + a$의 해가 $x = 2$일 때, 상수 a의 값은?

① -6 ② -4 ③ -2

④ 0   ⑤ 2

9 일차방정식 $2x-3=\dfrac{1}{3}x+1$의 해가 $x=a$일 때, $5a-4$의 값은?

① 2   ② 4   ③ 6

④ 8   ⑤ 10

10 올해 언니의 나이는 16살, 동생의 나이는 12살이다. 동생의 나이가 언니의 나이의 반보다 7살이 더 많게 되는 것은 몇 년 후인지 구하시오.

11 일의 자리의 숫자가 5인 두 자리의 자연수가 있다. 이 자연수의 일의 자리의 숫자와 십의 자리의 숫자를 바꾼 수는 처음 수의 2배보다 2만큼 크다 할 때, 처음 수는?

① 15   ② 25   ③ 35

④ 45   ⑤ 55

12 두 지점 A, B 사이를 왕복하는데 갈 때는 시속 8 km로 자전거를 타고 갔고, 올 때는 시속 4 km로 뛰어왔더니 총 1시간 30분이 걸렸다. 이때 두 지점 A, B 사이의 거리는?

① 2 km   ② 3 km   ③ 4 km

④ 5 km   ⑤ 6 km

13 $x=\dfrac{1}{4}$, $y=-\dfrac{1}{6}$, $z=\dfrac{1}{3}$일 때, $\dfrac{1}{x}+\dfrac{2}{y}+\dfrac{3}{z}$의 값은?

① 1   ② 2   ③ 3

④ 4   ⑤ 5

14 연속하는 두 짝수에서 두 수의 합은 작은 수의 3배보다 8만큼 작다 할 때, 큰 짝수는?

① 6   ② 8   ③ 10

④ 12   ⑤ 14

15 20 %의 설탕물 200 g과 30 %의 설탕물을 섞었더니 25 %의 설탕물이 되었다. 30 %의 설탕물의 양은?

① 100 g   ② 150 g   ③ 200 g

④ 250 g   ⑤ 300 g

대수로 표현되는!

IV

좌표평면과 그래프

5

점들의 주소!
좌표평면과
그래프

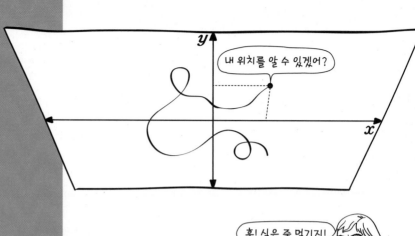

데카르트(1596~1650)

수직선 위의 점의 주소, 수!

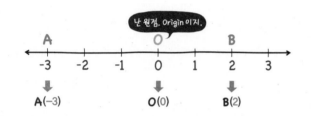

01 수직선과 좌표

원래 알고 있던 수직선에 '좌표'의 개념만 더해진 거야. '좌표'라는 것은 점의 위치를 수로 나타낸 거야.

좌표평면 위의 점의 주소, 순서쌍!

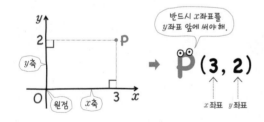

02 순서쌍과 좌표평면

좌표평면은 수직선 2개가 0에서 직각으로 만난 거야. 수직선에서는 위치를 표시할 때 1개의 수가 필요했지만 평면에서는 위치를 표시하려면 2개의 수가 필요해. 이것을 '순서쌍'이라 해.

좌표축과 평행한 선분의 길이를 구하자!

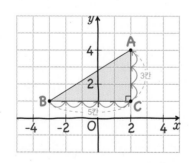

➡ (삼각형 ABC의 넓이)$= \dfrac{1}{2} \times 5 \times 3 = \dfrac{15}{2}$

03 좌표평면 위의 도형의 넓이

좌표평면에 점을 찍어서 이으면 다각형을 그릴 수 있어. 칸의 개수가 선분의 길이가 돼. 선분의 길이를 구하면 도형의 넓이도 구할 수 있겠지?

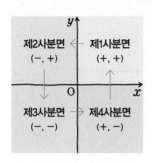

04 사분면 위의 점

좌표평면은 x축, y축을 기준으로 해서 4군데로 나누어져. 이것을 사분면이라 하고 사분면을 이루는 하나 하나를 제1사분면, 제2사분면, 제3사분면, 제4사분면이라 해.

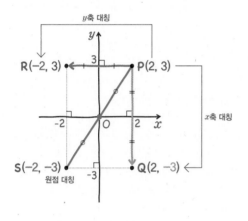

05 대칭인 점의 좌표

어떤 것을 기준으로 접었을 때 완전히 겹쳐지는 것을 대칭이라 해. 그러니까 두 점이 x축에 대하여 대칭이라는 것은 x축을 기준으로 접었을 때 두 점이 완전히 겹쳐진다는 뜻이지.

x(시)	3	6	9	12	15	18	21	24
y(℃)	7	6	8	14	16	14	10	7

하루 동안의 기온 변화

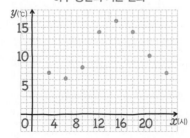

06~07 그래프와 그 해석

두 변수 x, y 사이의 관계를 나타내는 방법은 문장, 표, 식 등 다양하지만 그래프로 나타내면 증가와 감소, 주기적 변화 등을 한 눈에 파악하는데 유용해.

01

수직선 위의 점의 주소, 수!

수직선과 좌표

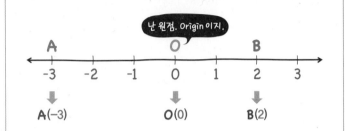

난 원점. Origin 이지.

A(−3)   O(0)   B(2)

• **수직선 위의 점의 좌표**

수직선 위의 점이 나타내는 수를 그 점의 좌표라 하고, 점 P의 좌표가 a일 때, 이것을 기호로 P(a)와 같이 나타낸다.

참고 원점(O): 좌표가 0인 점

원리확인 다음은 수직선 위의 네 점 A, B, C, O의 좌표를 기호로 나타낸 것이다. □ 안에 알맞은 수를 써넣으시오.

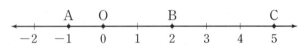

❶ A(◻)

점에 대응하는 수를 ( ) 안에 써!

❷ B(◻)

❸ C(◻)

❹ O(◻)

1st ― 수직선 위의 점의 좌표를 기호로 나타내기

● 다음 수직선 위의 점의 좌표를 기호로 나타내시오.

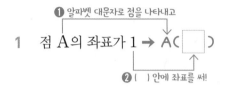

❶ 알파벳 대문자로 점을 나타내고

1   점 A의 좌표가 1 → A(◻)

❷ ( ) 안에 좌표를 써!

2   점 B의 좌표가 2 →

3   점 C의 좌표가 $\dfrac{5}{2}$ →

4   점 D의 좌표가 −1 →

5   점 E의 좌표가 −4 →

6   점 O의 좌표가 0 →

차원이 늘어날 때마다 좌표에 표시되는 것이 하나씩 늘어나!

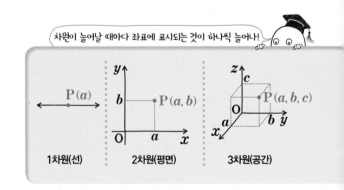

● 다음 수직선 위의 세 점 A, B, C의 좌표를 기호로 나타내시오.

7

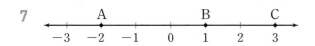

8

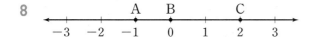

9

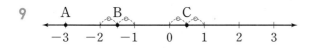

10

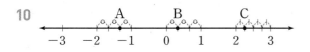

11

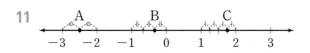

12

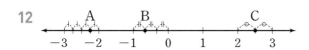

2ⁿᵈ — 점을 수직선 위에 나타내기

● 다음 세 점 A, B, C를 각각 수직선 위에 나타내시오.

13 $A(-2)$, $B(1)$, $C(3)$

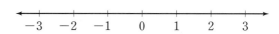

14 $A(2)$, $B(0)$, $C(-1)$

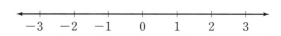

15 $A\left(-\dfrac{1}{2}\right)$, $B\left(\dfrac{5}{2}\right)$, $C(-3)$

16 $A(1.5)$, $B\left(-\dfrac{5}{3}\right)$, $C\left(\dfrac{11}{4}\right)$

17 $A\left(\dfrac{5}{4}\right)$, $B\left(-\dfrac{12}{5}\right)$, $C\left(-\dfrac{2}{3}\right)$

개념모음문제
18 다음 수직선 위에 두 점 $A(3)$, $B(-2)$를 각각 나타내고, 두 점 사이의 거리를 구하시오.

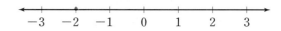

좌표평면 위의 점의 주소, 순서쌍!

순서쌍과 좌표평면

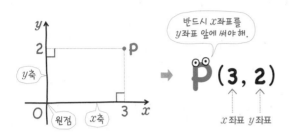

반드시 x좌표를 y좌표 앞에 써야 해.

→ P $(3, 2)$

x좌표 y좌표

- **순서쌍**
  순서를 생각하여 두 수를 (a, b)와 같이 한 쌍으로 나타낸 것
  (예) $(1, 2)$
  참고 순서쌍은 순서를 정하여 두 수를 쌍으로 나타낸 것이므로 $a \neq b$일 때, $(a, b) \neq (b, a)$이다.

- **좌표축**
  두 수직선이 점 O에서 서로 수직으로 만날 때, 가로의 수직선을 x축, 세로의 수직선을 y축이라 하고, x축, y축을 통틀어 **좌표축**이라 한다. 이때 두 좌표축이 만나는 점 O를 **원점**이라 한다.

- **좌표평면**
  좌표축이 정해져 있는 평면

- **좌표평면 위의 점의 좌표**
  좌표평면 위의 한 점 P에서 x축, y축에 각각 수선을 내려 x축, y축과 만나는 점이 나타내는 수가 각각 a, b일 때, 순서쌍 (a, b)를 점 P의 **좌표**라 하고 기호로 P(a, b)와 같이 나타낸다. 이때 a를 점 P의 x**좌표**, b를 점 P의 y**좌표**라 한다.
  참고 원점의 좌표는 $(0, 0)$이다.

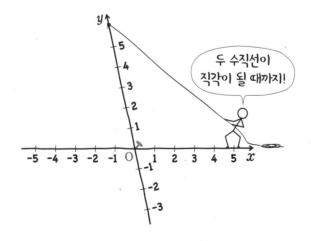

두 수직선이 직각이 될 때까지!

1st 좌표평면 위의 점의 좌표를 기호로 나타내기

● 다음 좌표평면 위의 점의 좌표를 각각 기호로 나타내시오.

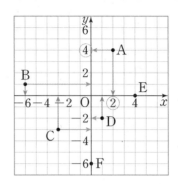

1 점 A $\xrightarrow{\begin{array}{l} x\text{좌표: } 2 \\ y\text{좌표: } 4 \end{array}}$ A($\boxed{}$, $\boxed{}$)

2 점 B $\xrightarrow{\begin{array}{l} x\text{좌표: } \\ y\text{좌표: } \end{array}}$ B(,   )

3 점 C $\xrightarrow{\begin{array}{l} x\text{좌표: } \\ y\text{좌표: } \end{array}}$ C(,   )

4 점 D $\xrightarrow{\begin{array}{l} x\text{좌표: } \\ y\text{좌표: } \end{array}}$ D(,   )

5 점 E $\xrightarrow{\begin{array}{l} x\text{좌표: } \\ y\text{좌표: } \end{array}}$ E(,   )

6 점 F $\xrightarrow{\begin{array}{l} x\text{좌표: } \\ y\text{좌표: } \end{array}}$ F(,   )

y축 위의 점은 x좌표가 0이야!

7

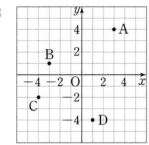

→ A(⬚ , ⬚), B(⬚ , ⬚)

C(⬚ , ⬚), D(⬚ , ⬚)

8

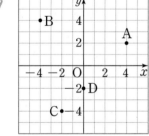

9

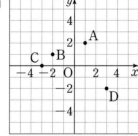

10

2nd ─ 점을 좌표평면 위에 나타내기

● 좌표평면에 다음 점을 표시하시오.

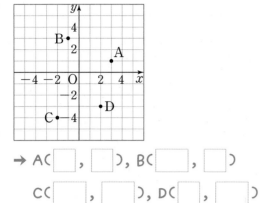

❶ 원점에서 오른쪽으로 3칸 이동해!

11 A($\overset{\downarrow}{3}$, 6)

❷ 이동한 점에서 다시 위로 6칸 이동해!

12 B($\overset{\uparrow}{-6}$, 2)

x좌표에서 음수는 왼쪽으로 이동하는 것을 의미해!

13 C(1, $\overset{\uparrow}{-3}$)

y좌표에서 음수는 아래로 이동하는 것을 의미해!

14 D(−4, −2)

15 E($\overset{\uparrow}{0}$, 6)

0이면 오른쪽, 왼쪽 어디로도 움직이지 않아!

16 F(−2, 0)

● 네 점 A, B, C, D를 좌표평면에 나타내시오.

17
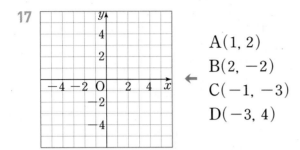
A(1, 2)
B(2, −2)
C(−1, −3)
D(−3, 4)

18
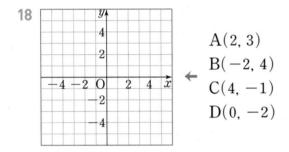
A(2, 3)
B(−2, 4)
C(4, −1)
D(0, −2)

19
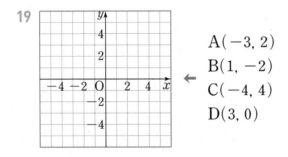
A(−3, 2)
B(1, −2)
C(−4, 4)
D(3, 0)

20
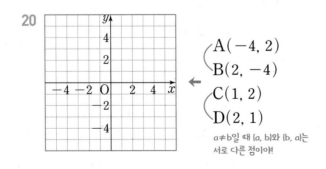
A(−4, 2)
B(2, −4)
C(1, 2)
D(2, 1)

a≠b일 때 (a, b)와 (b, a)는
서로 다른 점이야!

● 다음 점의 좌표를 구하시오.

21 x좌표가 1, y좌표가 2인 점

22 x좌표가 1, y좌표가 −2인 점

23 x좌표가 −5, y좌표가 2인 점

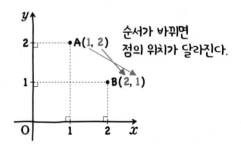
순서가 바뀌면
점의 위치가 달라진다.

24 x좌표가 −3, y좌표가 −6인 점

25 x좌표가 0, y좌표가 3인 점

26 원점

27 x축 위에 있고 x좌표가 1인 점

x축 위의 점은
y좌표가 0인
점이야.

28 x축 위에 있고 x좌표가 3인 점

29 x축 위에 있고 x좌표가 -5인 점

30 y축 위에 있고 y좌표가 1인 점

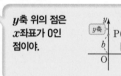
y축 위의 점은
x좌표가 0인
점이야.

31 y축 위에 있고 y좌표가 7인 점

32 y축 위에 있고 y좌표가 $-\dfrac{1}{2}$인 점

☺ **내가 발견한 개념**　　　　　좌표축 위의 점의 좌표를 정리해 보자!

- 원점의 좌표 ➡ (⬜ , ⬜)
- x축 위의 점의 좌표 ➡ y좌표가 ⬜ ➡ (x좌표, ⬜)
- y축 위의 점의 좌표 ➡ x좌표가 ⬜ ➡ (⬜ , y좌표)

4th — 축 위의 점의 좌표를 이용하여 상수 구하기

● 다음과 같은 x축 또는 y축 위의 점에 대하여 상수 a의 값을 구하시오.

33 x축 위의 점 $(3, \underline{a-2})$
　　　　　　　　↑
　　　x축 위의 점은 y좌표가 0이야!

34 x축 위의 점 $(-2, a+1)$

35 x축 위의 점 $(a+5, 2a-1)$

36 y축 위의 점 $(\underline{a-3}, 2)$
　　　　　　　↑
　　y축 위의 점은 x좌표가 0이야!

37 y축 위의 점 $(2a+6, a)$

38 y축 위의 점 $(4a+1, a-1)$

[개념모음문제]
39 점 $(-a+1, b-3)$이 x축 위에 있고, 점 $(2a-1, b)$가 y축 위에 있을 때, 상수 a, b에 대하여 $a+b$의 값은?

① 2　　　　② $\dfrac{5}{2}$　　　　③ 3

④ $\dfrac{7}{2}$　　　　⑤ 4

좌표축과 평행한 선분의 길이를 구하자!

좌표평면 위의 도형의 넓이

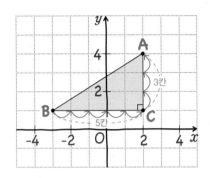

➡ (삼각형 **ABC**의 넓이) $= \frac{1}{2} \times 5 \times 3 = \frac{15}{2}$

주어진 점의 좌표를 좌표평면 위에 나타내고 선분으로 연결하여 도형을 그린다.

① **삼각형인 경우**

　좌표축에 평행한 변을 밑변으로 하고 높이를 찾는다.

② **직사각형인 경우**

　좌표축에 평행한 변을 각각 가로, 세로로 한다.

원리확인 좌표평면 위에 세 점 A, B, C가 다음 그림과 같이 있을 때, 다음 □ 안에 알맞은 수를 써넣으시오.

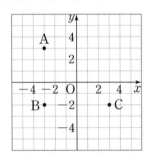

❶ 두 점 A, B를 이은 선분의 길이 ➡ ☐

❷ 두 점 B, C를 이은 선분의 길이 ➡ ☐

1st 좌표평면 위의 도형의 넓이 구하기

- 세 점 A, B, C를 좌표평면에 나타내고 삼각형 ABC의 넓이를 구하시오.

1
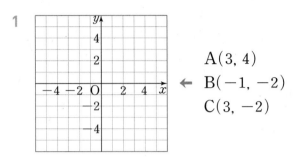
A(3, 4)
← B(−1, −2)
C(3, −2)

2
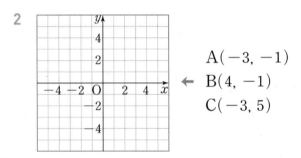
A(−3, −1)
← B(4, −1)
C(−3, 5)

3
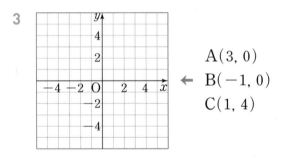
A(3, 0)
← B(−1, 0)
C(1, 4)

4
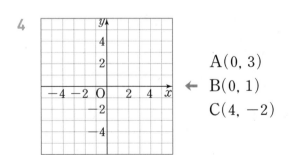
A(0, 3)
← B(0, 1)
C(4, −2)

• 네 점 A, B, C, D를 좌표평면에 나타내고 사각형
  ABCD의 넓이를 구하시오.

5
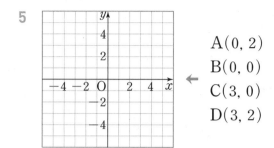
A(0, 2)
B(0, 0)
C(3, 0)
D(3, 2)

6
A(0, 0)
B(−2, 0)
C(−2, −4)
D(0, −4)

7
A(3, 2)
B(−3, 2)
C(−3, −2)
D(3, −2)

8
A(−1, 3)
B(−1, −2)
C(4, −2)
D(4, 3)

• 네 점 A, B, C, D를 좌표평면에 나타내고 사다리꼴
  ABCD의 넓이를 구하시오.

9
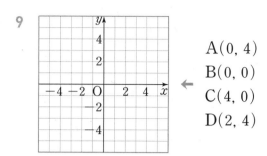
A(0, 4)
B(0, 0)
C(4, 0)
D(2, 4)

10
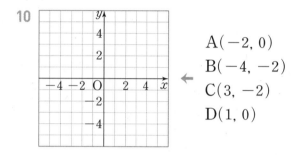
A(−2, 0)
B(−4, −2)
C(3, −2)
D(1, 0)

11
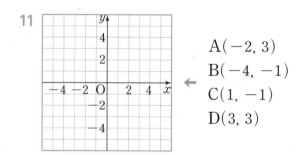
A(−2, 3)
B(−4, −1)
C(1, −1)
D(3, 3)

좌표평면에서 x축, y축과 평행한 선분의 길이.

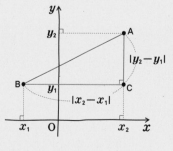

$\overline{BC} = |x_2 - x_1|$

$\overline{AC} = |y_2 - y_1|$

고1 때
배울 거야

04 좌표평면은 x, y축을 기준으로 4개의 사분면으로 나누어져!

사분면 위의 점

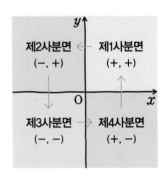

- **사분면(4개로 나누어진 면)**

  좌표평면은 좌표축에 의하여 네 부분으로 나누어지고, 그 각 부분을 제1사분면, 제2사분면, 제3사분면, 제4사분면이라 한다.

  참고 세 점 $(0, 0)$, $(-2, 0)$, $(0, 5)$와 같이 원점과 x축, y축 위의 점은 어느 사분면에도 속하지 않는다.

- **사분면 위의 점의 좌표의 부호**

	제1사분면	제2사분면	제3사분면	제4사분면
x좌표의 부호	$+$	$-$	$-$	$+$
y좌표의 부호	$+$	$+$	$-$	$-$

원리확인 다음 그림과 같이 좌표평면 위에 네 점 A, B, C, D가 있다. 네 점이 각각 어느 사분면 위에 있는지를 쓰고, 각 점의 x좌표와 y좌표의 부호를 조사하여 표를 완성하시오.

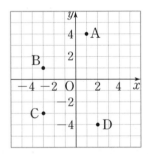

점	점의 위치	x좌표의 부호	y좌표의 부호
A	제1사분면	$+$	
B			
C			$-$
D			

1st — 좌표평면을 이용하여 점이 속하는 사분면 구하기

- 다음과 같이 좌표평면 위에 주어진 점에 대하여 다음을 구하시오.

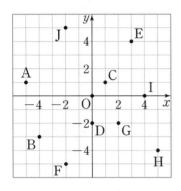

1 제1사분면 위의 점

2 제2사분면 위의 점

3 제3사분면 위의 점

4 제4사분면 위의 점

5 어느 사분면에도 속하지 않는 점

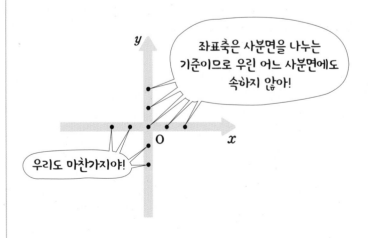

● 다음 점을 좌표평면 위에 나타내고, 어느 사분면 위에 있는
  지 구하시오.

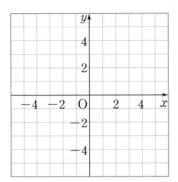

6 A(−4, 2)   → 제 ⎽⎽⎽⎽ 사분면

7 B(4, −3)   → 제 ⎽⎽⎽⎽ 사분면

8 C(−1, −4)   → 제 ⎽⎽⎽⎽ 사분면

9 D(2, 1)   → 제 ⎽⎽⎽⎽ 사분면

10 E(2, −2)   → 제 ⎽⎽⎽⎽ 사분면

11 F(−2, 4)   → 제 ⎽⎽⎽⎽ 사분면

12 G(−3, −1)   → 제 ⎽⎽⎽⎽ 사분면

😊 내가 발견한 개념   좌표의 부호로 사분면을 찾아봐!

• (+, +) → 제 ☐ 사분면, (−, −) → 제 ☐ 사분면

• (+, −) → 제 ☐ 사분면, (−, +) → 제 ☐ 사분면

2nd ─ 좌표의 부호를 이용하여 점이 속하는 사분면 구하기

● 다음 점은 어느 사분면 위에 있는지 구하시오.

13 A($\underset{+}{3}$, $\underset{+}{4}$)   → 제 ⎽⎽⎽⎽ 사분면

14 B(1, −2)   → 제 ⎽⎽⎽⎽ 사분면

15 C(−2, −3)   → 제 ⎽⎽⎽⎽ 사분면

16 D(−4, 1)   → 제 ⎽⎽⎽⎽ 사분면

17 E(2, −4)   → 제 ⎽⎽⎽⎽ 사분면

18 F(−3, 5)   → 제 ⎽⎽⎽⎽ 사분면

19 G(−1, −2)   → 제 ⎽⎽⎽⎽ 사분면

개념모음문제
20 **보기**의 점에 대하여 다음을 구하시오.

┌─ 보기 ──────────────────────┐
│ ㄱ. (2, 5)   ㄴ. (−3, 4) │
│ ㄷ. (1, −1)   ㄹ. (−1, 5) │
│ ㅁ. (−3, −3)   ㅂ. (5, 0)   │
│ ㅅ. (1, 8)   ㅇ. (−2, 0) │
│ ㅈ. (−3, −5)   ㅊ. (6, −7) │
└──────────────────────────────┘

(1) 제1사분면 위의 점

(2) 제4사분면 위의 점

(3) 어느 사분면에도 속하지 않는 점

3ʳᵈ — 좌표가 문자로 주어졌을 때 속하는 사분면 구하기

● 주어진 조건을 이용하여 다음 점의 부호를 쓰고, 어느 사분면 위에 있는지 구하시오.

$a > 0,\ b > 0$일 때

21 $(\underset{+}{a},\ \underset{+}{b})$ → 제＿＿사분면

22 $(-a,\ b)$ → 제＿＿사분면

23 $(-a,\ -b)$ → 제＿＿사분면

24 $(b,\ a)$ → 제＿＿사분면

$a > 0,\ b < 0$일 때

25 $(\underset{+}{a},\ \underset{-}{b})$ → 제＿＿사분면

26 $(a,\ -b)$ → 제＿＿사분면

27 $(-a,\ -b)$ → 제＿＿사분면

28 $(a,\ ab)$ → 제＿＿사분면

점 $(a,\ b)$가 제2사분면 위의 점일 때

29 $(\underset{-}{a},\ \underset{-}{-b})$ → 제＿＿사분면

30 $(-a,\ b)$ → 제＿＿사분면

31 $(-a,\ -b)$ → 제＿＿사분면

32 $(a-b,\ ab)$ → 제＿＿사분면

점 $(a,\ b)$가 제3사분면 위의 점일 때

33 $(\underset{-}{a},\ \underset{+}{-b})$ → 제＿＿사분면

34 $(-a,\ b)$ → 제＿＿사분면

35 $(-a,\ -b)$ → 제＿＿사분면

36 $\left(a+b,\ \dfrac{b}{a}\right)$ → 제＿＿사분면

● a, b가 다음 조건을 만족할 때, 점 (a, b)가 어느 사분면 위에 있는지 구하시오.

❷ a가 b보다 크므로 a가 양수, b는 음수야!

37 $ab < 0$, $a > b$ → 제_____사분면

❶ 곱이 음수이므로 a, b의 부호가 달라!

$(+) \times (+) = (+)$, $(+) \times (-) = (-)$
$(-) \times (+) = (-)$, $(-) \times (-) = (+)$

38 $ab < 0$, $a < b$ → 제_____사분면

39 $\dfrac{b}{a} < 0$, $a > b$ → 제_____사분면

└─ 나눗셈이 음수이므로 a, b의 부호가 달라!

$(+) \div (+) = (+)$, $(+) \div (-) = (-)$
$(-) \div (+) = (-)$, $(-) \div (-) = (+)$

40 $\dfrac{b}{a} < 0$, $a < b$ → 제_____사분면

❷ 합이 양수이므로 두 수는 모두 양수야!

41 $ab > 0$, $a + b > 0$ → 제_____사분면

└─❶ 곱이 양수이므로 a, b의 부호가 같아!

42 $ab > 0$, $a + b < 0$ → 제_____사분면

● $ab < 0$, $a > b$일 때, 다음 점은 어느 사분면 위에 있는지 구하시오.

43 (a, b) → 제_____사분면

먼저 a, b의 부호를 구해봐!

44 $(-a, b)$ → 제_____사분면

45 $(-b, a)$ → 제_____사분면

46 $(2b, a-b)$ → 제_____사분면

47 (ab, a) → 제_____사분면

48 $\left(\dfrac{b}{a}, b\right)$ → 제_____사분면

대칭시키면 수의 부호가 바뀌어!

대칭인 점의 좌표

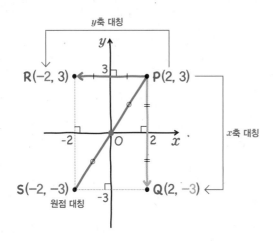

점 (a, b)를 x축, y축, 원점에 대하여 대칭이동한 점의 좌표는 다음과 같다.

	x축 대칭	y축 대칭	원점 대칭
점 (a, b)	점 $(a, -b)$	점 $(-a, b)$	점 $(-a, -b)$
	y좌표의 부호만 반대	x좌표의 부호만 반대	x좌표, y좌표의 부호가 반대

원리확인 다음은 좌표평면 위에 점 $P(3, 2)$와 x축, y축, 원점에 대하여 대칭인 점을 나타낸 것이다. □ 안에 알맞은 것을 써넣으시오.

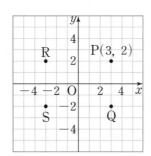

❶ 점 P와 x축에 대하여 대칭인 점 ➡ 점 □

❷ 점 P와 y축에 대하여 대칭인 점 ➡ 점 □

❸ 점 P와 원점에 대하여 대칭인 점 ➡ 점 □

1st ─ 좌표평면 위에 대칭인 점을 나타내고 좌표 구하기

● 다음 점 P에 대하여 x축, y축, 원점에 대하여 대칭인 세 점 Q, R, S를 좌표평면 위에 각각 나타내고, 그 좌표를 구하시오.

1
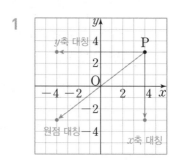

점 P	x축 대칭	y축 대칭	원점 대칭
(,)	(,)	(,)	(,)

y좌표 부호 반대로　　x좌표 부호 반대로　　모두 부호 반대로

2
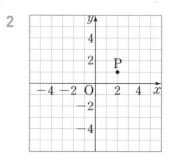

점 P	x축 대칭	y축 대칭	원점 대칭
(,)	(,)	(,)	(,)

3
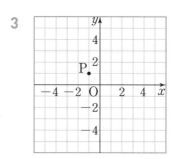

점 P	x축 대칭	y축 대칭	원점 대칭
(,)	(,)	(,)	(,)

4

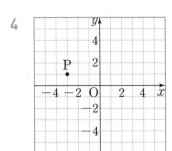

점 P	x축 대칭	y축 대칭	원점 대칭
(,)	(,)	(,)	(,)

5

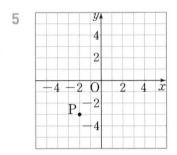

점 P	x축 대칭	y축 대칭	원점 대칭
(,)	(,)	(,)	(,)

6

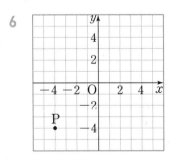

점 P	x축 대칭	y축 대칭	원점 대칭
(,)	(,)	(,)	(,)

7

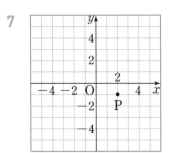

점 P	x축 대칭	y축 대칭	원점 대칭
(,)	(,)	(,)	(,)

8

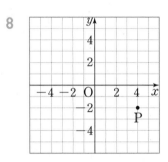

점 P	x축 대칭	y축 대칭	원점 대칭
(,)	(,)	(,)	(,)

이게 좌표평면이었어?

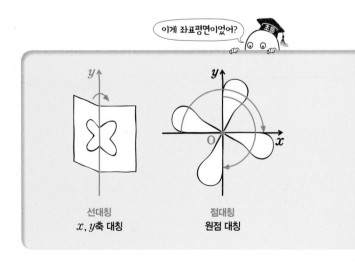

선대칭
x, y축 대칭

점대칭
원점 대칭

2nd 대칭인 점의 좌표 구하기

● 다음 점 P에 대하여 x축, y축, 원점에 대하여 대칭인 점의 좌표를 구하시오.

9

점 P	x축 대칭	y축 대칭	원점 대칭
$(1, 1)$	(,)	(,)	(,)

y좌표 부호 반대로 x좌표 부호 반대로   모두 부호 반대로

10

점 P	x축 대칭	y축 대칭	원점 대칭
$(1, 4)$	(,)	(,)	(,)

11

점 P	x축 대칭	y축 대칭	원점 대칭
$(3, 2)$	(,)	(,)	(,)

12

점 P	x축 대칭	y축 대칭	원점 대칭
$(4, 5)$	(,)	(,)	(,)

13

점 P	x축 대칭	y축 대칭	원점 대칭
$(2, -4)$	(,)	(,)	(,)

14

점 P	x축 대칭	y축 대칭	원점 대칭
$(5, -3)$	(,)	(,)	(,)

15

점 P	x축 대칭	y축 대칭	원점 대칭
$(-2, 3)$	(,)	(,)	(,)

16

점 P	x축 대칭	y축 대칭	원점 대칭
$(-1, 5)$	(,)	(,)	(,)

17

점 P	x축 대칭	y축 대칭	원점 대칭
$(-1, -7)$	(,)	(,)	(,)

😊 내가 발견한 개념　　　　　　대칭인 점의 좌표를 일반화 시켜볼까?

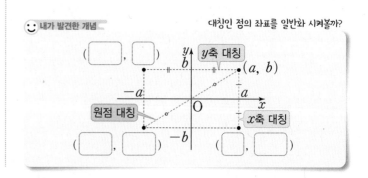

3rd 두 점이 대칭임을 이용하여 상수 구하기

● **주어진 조건을 만족시키는 상수 a, b의 값을 구하시오.**

18 두 점 $P(-3, 4)$와 $Q(a, b)$가 x축에 대하여 대칭일 때, a, b의 값

19 두 점 $P(5, 1)$과 $Q(a, b)$가 y축에 대하여 대칭일 때, a, b의 값

20 두 점 $P(3, 5)$와 $Q(a, b)$가 원점에 대하여 대칭일 때, a, b의 값

21 두 점 $P(a, b)$와 $Q(-1, 2)$가 x축에 대하여 대칭일 때, a, b의 값

22 두 점 $P(a, b)$와 $Q(5, -3.5)$가 y축에 대하여 대칭일 때, a, b의 값

23 두 점 $P(a, b)$와 $Q\left(3, \dfrac{5}{2}\right)$가 원점에 대하여 대칭일 때, a, b의 값

24 두 점 $P(a, 2)$와 $Q(-4, b)$가 x축에 대하여 대칭일 때, a, b의 값

25 두 점 $P(-2, a)$와 $Q(b, 6)$이 y축에 대하여 대칭일 때, a, b의 값

26 두 점 $P(a, -4)$와 $Q(-7, b)$가 원점에 대하여 대칭일 때, a, b의 값

개념모음문제
27 두 점 $A(3, 1)$, $B(-1, 1)$을 꼭짓점으로 하는 정사각형 $ABCD$의 두 꼭짓점 C, D의 좌표를 차례대로 구한 것은? (단, 원점 O는 정사각형 $ABCD$의 내부에 있다.)

① $C(-1, 5)$, $D(3, 5)$
② $C(-1, 3)$, $D(3, 3)$
③ $C(-1, -1)$, $D(3, -1)$
④ $C(-1, -3)$, $D(3, -3)$
⑤ $C(-1, -5)$, $D(3, -5)$

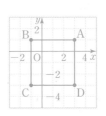

그래프는 변화가 한 눈에 보여!

그래프

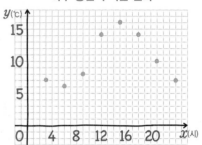

x(시)	3	6	9	12	15	18	21	24
y(℃)	7	6	8	14	16	14	10	7

하루 동안의 기온 변화

- **변수**: x, y와 같이 여러 가지로 변하는 값을 나타내는 문자
  참고 변수와는 달리 일정한 값을 갖는 수나 문자를 상수라 한다.
- **그래프**: 두 변수 x, y의 순서쌍 (x, y)를 좌표로 하는 점 전체를 좌표평면 위에 나타낸 것
  참고 그래프는 점, 직선, 곡선 등의 모양을 갖는다.

원리확인 주어진 순서쌍을 다음 좌표평면 위에 나타내어 그래프를 그리시오.

❶ $(1, 3), (2, 3), (3, 4), (4, 2), (5, 1)$

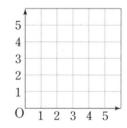

❷ $(-2, -1), (-1, 0), (0, -2),$
$(1, -1), (2, 1)$

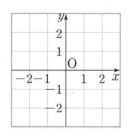

1ˢᵗ 두 변수 x, y의 관계를 그래프로 나타내기

1 다음은 두 변수 x, y에 대하여 자연수 x의 약수의 개수 y에 대한 표이다. 물음에 답하시오.

x	1	2	3	4	5
y					

(1) 위의 표를 완성하고 순서쌍 (x, y)를 구하시오.

→ (x, y): _____

(2) (1)에서 구한 순서쌍 (x, y)를 좌표로 하는 점을 오른쪽 좌표평면 위에 나타내시오.

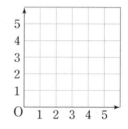

2 다음은 두 정수 x, y에 대하여 두 정수 x, y의 합이 1일 때, 정수 x에 대한 정수 y의 표이다. 물음에 답하시오. $x+y=1$에서 $y=1-x$

x	-2	-1	0	1	2
y	3	2			

$y=1-(-2)$

(1) 위의 표를 완성하고 순서쌍 (x, y)를 구하시오.

→ (x, y): _____

(2) (1)에서 구한 순서쌍 (x, y)를 좌표로 하는 점을 오른쪽 좌표평면 위에 나타내시오.

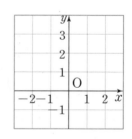

3 다음은 x주 동안 관찰한 강낭콩 줄기의 길이 y cm에 대한 표이다. 물음에 답하시오.

x(주)	0	1	2	3	4
y(cm)	0	2	4	8	14

(1) 위의 표를 이용하여 순서쌍 (x, y)를 구하시오.

　→ (x, y): ⋯⋯⋯⋯⋯⋯⋯⋯⋯⋯⋯⋯⋯⋯⋯

(2) (1)에서 구한 순서쌍 (x, y)를 좌표로 하는 점을 오른쪽 좌표평면 위에 나타내시오.

(3) (2)의 점들을 직선으로 연결하시오.

4 물통에 수면의 높이가 매분 2 cm씩 올라가도록 물을 넣는다. 다음은 물을 넣기 시작한지 x분 후의 수면의 높이 y cm에 대한 표이다. 물음에 답하시오.

x(분)	0	1	2	3	4	5
y(cm)	0	2	4			

(수면의 높이)=(매분 올라가는 높이)×(분)

(1) 위의 표를 완성하고 순서쌍 (x, y)를 구하시오.

　→ (x, y): ⋯⋯⋯⋯⋯⋯⋯⋯⋯⋯⋯⋯⋯⋯⋯

(2) (1)에서 구한 순서쌍 (x, y)를 좌표로 하는 점을 오른쪽 좌표평면 위에 나타내시오.

(3) (2)의 점들을 직선으로 연결하시오.

5 길이가 10 cm인 양초에 불을 붙이면 1시간마다 2 cm씩 길이가 일정하게 줄어든다. 다음은 양초에 불을 붙인지 x시간 후의 양초의 길이 y cm에 대한 표이다. 물음에 답하시오.

x(시간)	0	1	2	3	4	5
y(cm)	10					

(양초의 길이)=(처음 길이)−(매시간 줄어드는 길이)×(시간)

(1) 위의 표를 완성하고 순서쌍 (x, y)를 구하시오.

　→ (x, y): ⋯⋯⋯⋯⋯⋯⋯⋯⋯⋯⋯⋯⋯⋯⋯

(2) (1)에서 구한 순서쌍 (x, y)를 좌표로 하는 점을 오른쪽 좌표평면 위에 나타내시오.

(3) (2)의 점들을 직선으로 연결하시오.

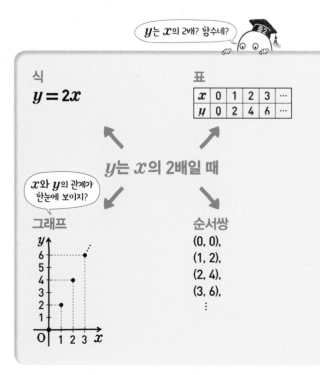

y는 x의 2배? 함수네?

식

$$y = 2x$$

표

x	0	1	2	3	⋯
y	0	2	4	6	⋯

y는 x의 2배일 때

x와 y의 관계가 한눈에 보이지?

그래프

순서쌍

(0, 0),
(1, 2),
(2, 4),
(3, 6),
⋮

07

그래프로 변화의 흐름을 볼 수 있어!

그래프의 해석

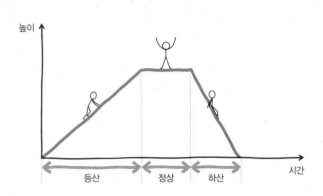

등산　정상　하산

두 양 사이의 관계를 좌표평면 위에 그래프로 나타내면 두 양의 변화 관계를 알 수 있다.

x의 값이 증가할 때, y의 값도 증가한다.	x의 값이 증가할 때, y의 값은 감소한다.
x의 값이 증가할 때, y의 값은 변하지 않는다.	x의 값이 증가할 때, y의 값은 주기적으로 변한다.

원리확인 다음 상황에 가장 알맞은 그래프를 **보기**에서 고르시오.

보기

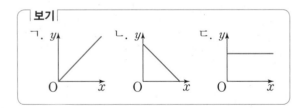

ㄱ. 　　　ㄴ. 　　　ㄷ.

❶ 정사각형의 한 변의 길이 x에 따른 정사각형의 둘레의 길이 y

❷ 병에 들어있는 주스를 마실 때, 경과 시간 x에 따른 병 안의 주스의 높이 y

❸ 산 정상에 도착한 후 그 곳에 머물러 있을 때, 시간 x에 따른 높이 y

1st — 그래프 해석하기

1 다음은 냉동실에 물을 넣은 지 x분 후의 물의 온도를 y ℃라 할 때, 두 변수 x, y 사이의 관계를 나타낸 그래프이다. □ 안에 알맞은 수를 써넣으시오.

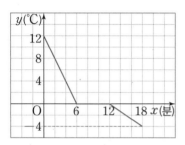

(1) 물의 온도가 0 ℃가 되는데 걸린 시간은 □ 분이다.

(2) □ 분부터 □ 분까지는 온도의 변화가 없다.

(3) 냉동실에 물을 넣은 후 18분이 되었을 때 물의 온도는 □ ℃이다.

2 다음은 트램펄린에서 일정하게 뛰어오를 때, 시간 x초와 높이 y m 사이의 관계를 나타낸 그래프이다. □ 안에 알맞은 수를 써넣으시오.

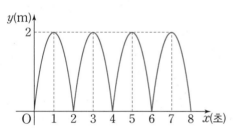

(1) 높이가 가장 높을 때는 □ m이다.

(2) 높이가 높아지다가 다시 낮아지기를 □ 초 간격으로 반복하고 있다.

2nd — 시간과 거리에 대한 그래프 해석하기

3 다음은 미숙이가 집에서 출발하여 도서관에 가서 책을 반납한 뒤 다시 집으로 돌아올 때, 시간 x분과 집으로부터의 거리 y km 사이의 관계를 나타낸 그래프이다. □ 안에 알맞은 수를 써넣으시오.

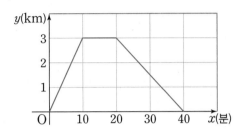

(1) 집에서 도서관까지의 거리는 ☐ km이다.

(2) 도서관에서 머문 시간은 ☐ 분이다.

(3) 책을 반납한 뒤 도서관에서 출발하여 집까지 되돌아오는데 걸린 시간은 ☐ 분이다.

4 다음은 집에서 출발하여 1000 m 떨어진 학교에 갈 때, x분 동안 이동한 거리 y m 사이의 관계를 나타낸 그래프이다. □ 안에 알맞은 수를 써넣으시오.

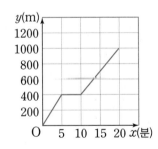

(1) 출발하여 5분 동안 이동한 거리는 ☐ m 이다.

(2) ☐ 분에서 ☐ 분 사이에 멈춰 있었다.

(3) 학교에 도착하는데 걸리는 시간은 ☐ 분이다.

5 다음은 모형 자동차가 이동한 시간 x초와 이동 거리 y m 사이의 관계를 나타낸 그래프이다. □ 안에 알맞은 수를 써넣으시오.

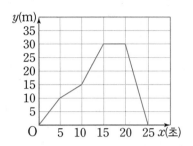

(1) 출발하여 15초 동안 모형 자동차는 ☐ m 를 이동하였다.

(2) 출발하여 15 m를 이동하는데 걸린 시간은 ☐ 초이다.

(3) ☐ 초부터 ☐ 초까지는 모형 자동차가 멈춰 있었다.

6 준현이가 집에서 출발하여 1200 m 떨어진 학교에 가는 등굣길에 준비물을 놓고 와서 되돌아갔다가 다시 학교로 갔다. x분 후 집으로부터 떨어진 거리를 y m라 할 때, 두 변수 x, y 사이의 관계를 그래프로 나타내면 다음과 같다. □ 안에 알맞은 수를 써넣으시오.

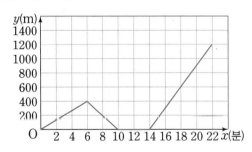

(1) 처음 6분 동안 집에서 ☐ m 떨어진 지점까지 갔다.

(2) 집으로 되돌아가는데 걸린 시간은 ☐ 분이다.

(3) 집에서 머문 시간은 ☐ 분이다.

(4) 다시 집에서 출발하여 ☐ 분만에 학교까지 갔다.

개념모음문제

7 다음은 어떤 물체가 움직일 때, 시간 x초와 이동한 거리 y m 사이의 관계를 나타낸 그래프이다. 다음 중 이 그래프의 설명으로 옳은 것은?

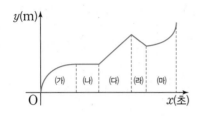

① (가): 점점 빠르게 이동하고 있다.

② (나): 일정한 속력으로 이동하고 있다.

③ (다): 멈추어 있다.

④ (라): 반대 방향으로 이동하고 있다.

⑤ (마): 점점 느리게 이동하고 있다.

3rd 병의 모양에 따라 달라지는 그래프 해석하기

● 다음 그림과 같은 모양의 물병에 시간당 일정한 양의 물을 넣을 때, 시간 x와 물의 높이 y 사이의 관계의 그래프를 나타낸 것으로 알맞은 것을 보기에서 고르시오.

[8~10] 보기

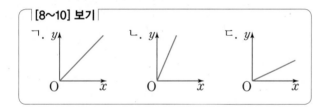

8

9

10

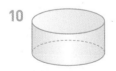

[11~13] 보기

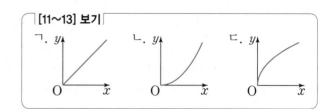

11

12

13

[14~16] 보기

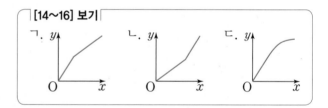

14

15

16

TEST 5. 좌표평면과 그래프

1 다음 수직선 위의 점의 좌표를 기호로 나타낸 것 중 옳지 <u>않은</u> 것은?

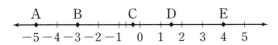

① $A(-5)$ ② $B(-3)$ ③ $C\left(-\dfrac{2}{3}\right)$

④ $D(1.5)$ ⑤ $E(4)$

2 오른쪽 그림에서 점 A의 좌표는 $(a, 2)$이고, 점 B의 좌표는 $(b, 0)$이고, 점 C의 좌표는 $(2, c)$이다. 상수 a, b, c에 대하여 $a+b+c$의 값은?

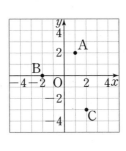

① -1 ② -2 ③ -3

④ -4 ⑤ -5

3 다음 중 좌표평면의 설명으로 옳은 것을 모두 고르면? (정답 2개)

① x축 위의 모든 점이 y좌표는 0이다.
② 점 $(-5, 0)$은 y축 위에 있다.
③ 점 $(1, 5)$는 제2사분면 위에 있다.
④ 점 $(0, -1)$은 어느 사분면에도 속하지 않는다.
⑤ 두 점 $(2, -4)$, $(-4, 2)$는 같은 점이다.

4 다음 중 점 $P(2, 3)$에 대한 설명으로 옳지 <u>않은</u> 것은?

① x좌표는 2, y좌표는 3이다.
② 제1사분면 위의 점이다.
③ 점 P와 x축에 대하여 대칭인 점의 좌표는 $(2, -3)$이다.
④ 점 P와 y축에 대하여 대칭인 점의 좌표는 $(-2, 3)$이다.
⑤ 점 P와 원점에 대하여 대칭인 점의 좌표는 $(-3, -2)$이다.

5 점 $A(2, 3)$과 y축에 대하여 대칭인 점을 점 B, 원점에 대하여 대칭인 점을 점 C, x축에 대하여 대칭인 점을 점 D라 하자. 사각형 ABCD의 넓이를 구하시오.

6 다음은 시간에 따른 자동차의 이동 거리를 나타낸 그래프이다.

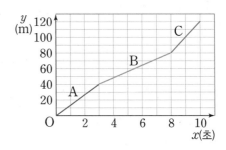

x초일 때의 이동 거리를 y m라 할 때, 설명으로 옳지 <u>않은</u> 것은? (단, 이동 거리가 A 구간은 0 m ~ 40 m, B 구간은 40 m ~ 80 m, C 구간은 80 m ~ 120 m이다.)

① 처음 40 m를 이동하는데 3초가 걸렸다.
② B 구간을 이동하는 데 걸린 시간은 5초이다.
③ 2초일 때, 자동차는 A 구간에 있었다.
④ 자동차는 C구간에서 가장 빠르게 이동했다.
⑤ 가장 많은 거리를 이동한 구간은 B 구간이다.

6

점들의 관계, 일정하게 변하는
정비례와 반비례

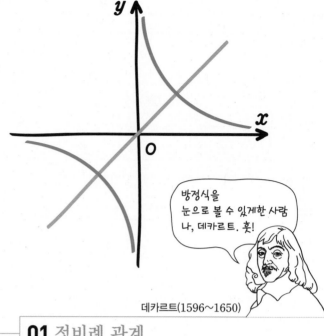

방정식을 눈으로 볼 수 있게한 사람 나, 데카르트. 훗!

데카르트(1596~1650)

---

x의 값이 2배, 3배, …될 때, y의 값도 2배, 3배, …되면 정비례!

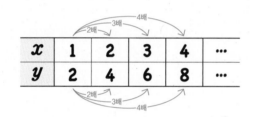

01 정비례 관계

비례는 한 쪽이 변하면 다른 한 쪽도 함께 변하는 것을 말해. 특히 정비례란 한 쪽이 2배, 3배, 4배, … 되면 다른 한 쪽도 2배, 3배, 4배, … 되는 것을 말해.

정비례 관계인 점들이 모이면 결국 직선!

① $a>0$일 때

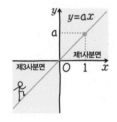

② $a<0$일 때

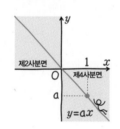

02~03 정비례 관계 그래프와 그 성질

정비례 관계를 그래프로 나타내면 오른쪽 위로 증가하거나, 오른쪽 아래로 감소하는 직선이 돼. 이 직선은 원점을 항상 지나.

점은 그래프일 수도, 식일 수도!

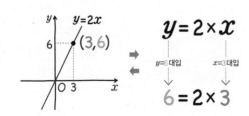

$$y = 2 \times x$$

$y=6$ 대입 $x=3$ 대입

$$6 = 2 \times 3$$

04 정비례 관계 그래프 위의 점

정비례 관계의 그래프가 어떤 점을 지나면, 그 점의 x좌표와 y좌표를 정비례 관계식에 대입했을 때 등호가 성립해.

x의 값이 2배, 3배, …될 때, y의 값은 $\frac{1}{2}$배, $\frac{1}{3}$배, …되면 반비례!

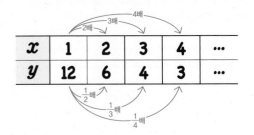

05 반비례 관계

반비례란 정비례와는 다르게 한 쪽이 2배, 3배, 4배, … 되면 다른 한 쪽은 $\frac{1}{2}$배, $\frac{1}{3}$배, $\frac{1}{4}$배, … 되는 것을 말해.

반비례 관계인 점들이 모이면 한 쌍의 곡선!

① $a>0$일 때   ② $a<0$일 때

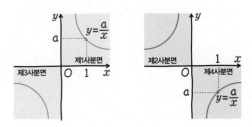

06~07 반비례 관계 그래프와 그 성질

반비례 관계를 그래프로 나타내면 원점에 대칭인 한 쌍의 곡선이 돼. 이 쌍곡선은 제1, 3사분면에 그려지거나 제2, 4사분면에 그려져.

점은 그래프일 수도, 식일 수도!

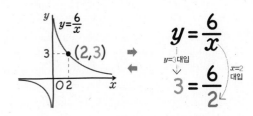

08 반비례 관계 그래프 위의 점

반비례 관계의 그래프가 어떤 점을 지나면, 그 점의 x좌표와 y좌표를 반비례 관계식에 대입했을 때 등호가 성립해.

01 x의 값이 2배, 3배, …될 때, y의 값도 2배, 3배, …되면 정비례!

정비례 관계

4배				

x	1	2	3	4	⋯
y	2	4	6	8	⋯

- **정비례**

  두 변수 x, y에서 x가 2배, 3배, 4배, …가 됨에 따라 y도 2배, 3배, 4배, …가 되는 관계가 있을 때, y는 x에 정비례한다 한다.

- **정비례 관계의 식**

  ① y가 x에 정비례하면 $y=ax(a\neq0)$가 성립한다.

  ② x와 y 사이에 $y=ax(a\neq0)$가 성립하면 y는 x에 정비례한다.

  참고 y가 x에 정비례할 때, $\dfrac{y}{x}$의 값은 항상 일정하다.

  예 $y=2x$에서 $\dfrac{y}{x}=2$(일정)

원리확인 한 개에 300원인 주스 x개의 가격이 y원일 때, 다음 표를 완성하고 □ 안에 알맞은 것을 써넣으시오.

❶
x(개)	1	2	3	4	5
y(원)	300				

❷ x의 값이 2배가 되면 y의 값도 □배, x의 값이 3배가 되면 y의 값도 □배, …가 된다.

  → y는 x에 □ 한다.

❸ x와 y 사이의 관계를 식으로 나타내면

  → $\dfrac{y}{x}=$ □ , 즉 $y=$ □

비율이 일정한 정비례

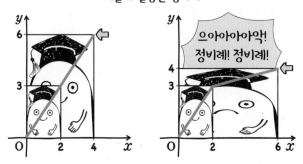

1st ─ 정비례일 때 관계식 구하기

• y가 x에 정비례할 때 다음 표를 완성하고 x와 y 사이의 관계식을 구하시오.

1
x	1	2	3	4	5	⋯
y	2	4	6	8	10	⋯
$\dfrac{y}{x}$						⋯

$\dfrac{y}{x}=$ ……… → $y=$ ……… x

2
x	1	2	3	4	5	⋯
y	-2	-4	-6	-8	-10	⋯
$\dfrac{y}{x}$						⋯

$\dfrac{y}{x}=$ ……… → $y=$ ……… x

3
x	1	2	3	4	5	⋯
y	3	6				⋯
$\dfrac{y}{x}$						⋯

$\dfrac{y}{x}=$ ……… → $y=$ ……… x

4
x	1	2	3	4	5	⋯
y	-3	-6				⋯
$\dfrac{y}{x}$						⋯

$\dfrac{y}{x}=$ ……… → $y=$ ……… x

☺ 내가 발견한 개념   정비례는 x와 y의 비율이 일정해!

- y가 x에 정비례하면 $\dfrac{y}{x}=a$(단, a는 상수)로 □ 하다.

  따라서 정비례 관계식은 $y=$ □ 꼴이다.

2nd 정비례 관계인지 아닌지 판단하기

- 다음 중 y가 x에 정비례하는 것은 ○를, 아닌 것은 ×를 ( ) 안에 써넣으시오.

5 $y=3x$ $y=ax$ 꼴을 찾아봐! ( )

6 $y=2x$ ( )

7 $y=-2x$ ( )

8 $y=x+1$ ( )

9 $y=\dfrac{1}{3}x$ ( )

10 $y=x$ ( )

11 한 변의 길이가 x cm인 정사각형의 둘레의 길이 y cm ( )
(정사각형의 둘레의 길이)=4×(한 변의 길이)

12 나이가 x살인 동생보다 4살 많은 오빠의 나이 y살 ( )

13 한 개에 1000원인 사과 x개의 가격 y원 ( )

14 가로의 길이가 3 cm, 세로의 길이가 x cm인 직사각형의 넓이 y cm^2 ( )

- y가 x에 정비례하고 다음 조건을 만족시킬 때, x와 y 사이의 관계식을 구하시오.

15 $x=2$일 때, $y=6$

→ $y=ax$라 하고 $x=2$, $y=6$을 대입하면

$\boxed{}=\boxed{}a$이므로 $a=\boxed{}$

따라서 $y=\boxed{}x$

16 $x=2$일 때, $y=-6$

17 $x=-5$일 때, $y=10$

18 $x=6$일 때, $y=3$

19 $x=-8$일 때, $y=12$

개념모음문제
20 y가 x에 정비례하고 $x=5$일 때, $y=-30$이다. $x=4$일 때 y의 값과 $y=-42$일 때 x의 값을 차례대로 구한 것은?

① -24, -7 ② -24, 7 ③ 24, -7
④ -12, 14 ⑤ 12, -14

정비례 관계인 점들이 모이면 결국 직선!

정비례 관계 그래프 그리기

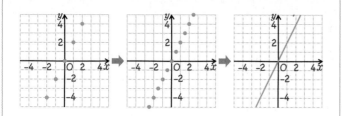

x의 값의 간격을 좀 더 촘촘히 하면 그래프의 모양은
점점 직선에 가까워지게 된다.

- **정비례 관계 $y=ax(a\neq0)$의 그래프 그리기**

  정비례 관계 $y=ax(a\neq0)$에서 x, y가 모두 정수인 순서쌍을 찾아
  좌표평면 위에 점을 찍은 후, 직선으로 연결한다.

  참고 ① x의 값의 범위가 주어지지 않으면 x의 값의 범위를 수 전체로 생
  각한다.

  ② 정비례 관계 $y=ax(a\neq0)$의 그래프를 쉽게 그리려면 원점 O와
  그래프가 지나는 또 다른 한 점을 찾아 직선으로 연결하면 된다.

1st — 정비례 관계의 그래프 그리기

1 정비례 관계 $y=-2x$에 대하여 다음 물음에 답
하시오.

(1) 표를 완성하고, 좌표평면 위에 나타내시오.

x	-4	-2	0	2	4
y					

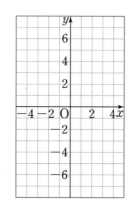

(2) 표를 완성하고, 좌표평면 위에 나타내시오.

x	-4	-3	-2	-1	0	1	2	3	4
y									

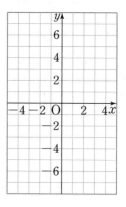

(3) x의 값이 수 전체일 때, $y=-2x$의 그래프
를 (2)의 좌표평면 위에 그리시오.

2 정비례 관계 $y=\dfrac{1}{2}x$에 대하여 다음 물음에 답하
시오.

(1) 표를 완성하고, 좌표평면 위에 나타내시오.

x	-4	-3	-2	-1	0	1	2	3	4
y									

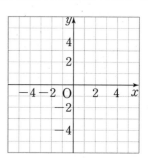

(2) x의 값이 수 전체일 때, $y=\dfrac{1}{2}x$의 그래프를
(1)의 좌표평면 위에 그리시오.

● 다음 정비례 관계의 그래프가 지나는 두 점을 찾고, 두 점을 이용하여 그래프를 그리시오.

(단, x의 값의 범위는 수 전체이다.)

3 $y=x$ → $(0, \boxed{})$, $(1, \boxed{})$

❶ 두 점의 좌표를 구해!

서로 다른 두 점을 지나는 직선은 오직 하나뿐이야.

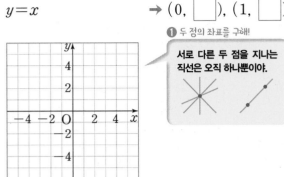

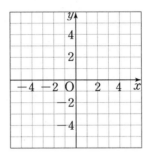

❷ 두 점을 표시하고 자로 이어서 직선을 그려!

4 $y=2x$ → $(0, \boxed{})$, $(1, \boxed{})$

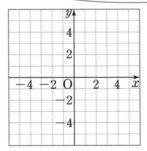

5 $y=\dfrac{1}{2}x$ → $(0, \boxed{})$, $(2, \boxed{})$

x의 계수가 분수일 때, x의 계수인 분수의 분모를 x에 대입하면 정수가 되므로 편리해!

6 $y=-3x$ → $(0, \boxed{})$, $(1, \boxed{})$

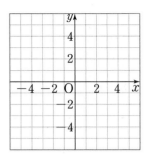

7 $y=-\dfrac{1}{2}x$ → $(0, \boxed{})$, $(2, \boxed{})$

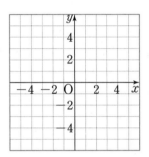

8 $y=-\dfrac{3}{4}x$ → $(0, \boxed{})$, $(4, \boxed{})$

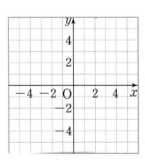

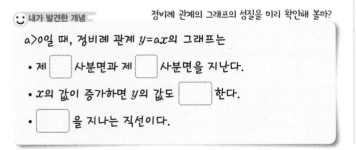

😊 내가 발견한 개념   정비례 관계의 그래프의 성질을 미리 확인해 볼까?

$a>0$일 때, 정비례 관계 $y=ax$의 그래프는

• 제 $\boxed{}$ 사분면과 제 $\boxed{}$ 사분면을 지난다.

• x의 값이 증가하면 y의 값도 $\boxed{}$ 한다.

• $\boxed{}$ 을 지나는 직선이다.

😊 내가 발견한 개념   정비례 관계의 그래프의 성질을 미리 확인해 볼까?

$a<0$일 때, 정비례 관계 $y=ax$의 그래프는

• 제 $\boxed{}$ 사분면과 제 $\boxed{}$ 사분면을 지난다.

• x의 값이 증가하면 y의 값은 $\boxed{}$ 한다.

• 원점을 지나는 $\boxed{}$ 이다.

원점을 지나 올라가거나 내려가는 직선이야.

정비례 관계 그래프의 성질

① $a>0$일 때

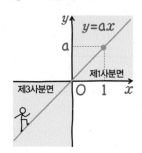

② $a<0$일 때

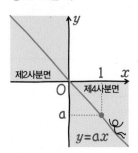

정비례 관계 $y=ax(a\neq0)$의 그래프는 원점을 지나는 직선이다.

· $a>0$일 때

① 왼쪽 아래에서 오른쪽 위로 향하는 직선이다.

② 제1사분면과 제3사분면을 지난다.

③ x의 값이 증가하면 y의 값도 증가한다.

· $a<0$일 때

① 왼쪽 위에서 오른쪽 아래로 향하는 직선이다.

② 제2사분면과 제4사분면을 지난다.

③ x의 값이 증가하면 y의 값은 감소한다.

참고 정비례 관계 $y=ax(a\neq0)$의 그래프는

① a의 값에 관계없이 항상 두 점 $(0,0)$과 $(1,a)$를 지난다.

② $|a|$가 클수록 y축에 가까워지고, $|a|$가 작을수록 x축에 가까워진다.

원리확인 세 정비례 관계의 그래프가 다음과 같을 때, 다음 중 옳은 것에 ○를 하고, □ 안에는 알맞은 것을 써넣으시오.

[❶~❺]

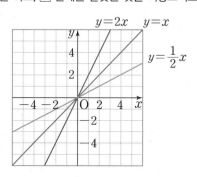

❶ 오른쪽 (위, 아래)로 향하는 □을 지나는 직선이다.

❷ 제□사분면과 제□사분면을 지난다.

❸ x의 값이 증가하면 y의 값은 (증가, 감소)한다.

❹ y축에 가장 가까운 그래프는 $y=\boxed{}x$이다.

❺ x축에 가장 가까운 그래프는 $y=\boxed{}x$이다.

[❻~❿]

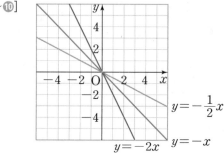

❻ 오른쪽 (위, 아래)로 향하는 □을 지나는 직선이다.

❼ 제□사분면과 제□사분면을 지난다.

❽ x의 값이 증가하면 y의 값은 (증가, 감소)한다.

❾ y축에 가장 가까운 그래프는 $y=\boxed{}x$이다.

❿ x축에 가장 가까운 그래프는 $y=\boxed{}x$이다.

1st — 정비례 관계의 그래프의 성질 파악하기

● 다음 정비례 관계의 그래프는 어느 사분면을 지나는지 구하시오.

1 $y=x$ → 제____사분면, 제____사분면

> $y=ax$에서 a>0 → 제1, 3사분면
> a<0 → 제2, 4사분면

2 $y=2x$ → 제____사분면, 제____사분면

3 $y=\dfrac{1}{2}x$ → 제____사분면, 제____사분면

4 $y=\dfrac{2}{3}x$ → 제____사분면, 제____사분면

5 $y=-3x$ → 제____사분면, 제____사분면

6 $y=-7x$ → 제____사분면, 제____사분면

7 $y=-\dfrac{1}{5}x$ → 제____사분면, 제____사분면

8 $y=-\dfrac{9}{2}x$ → 제____사분면, 제____사분면

:) **내가 발견한 개념**   정비례 관계의 그래프의 특징을 다시 확인해 봐!

정비례 관계 $y=ax$의 그래프는
• a>0일 때, 제 ☐ 사분면과 제 ☐ 사분면을 지난다.
• a<0일 때, 제 ☐ 사분면과 제 ☐ 사분면을 지난다.

● 다음 정비례 관계의 그래프에 대한 설명 중 옳은 것에 ○를 하시오.

9 $y=2x$

> $y=ax$에서 a>0 → 증가
> a<0 → 감소

→ 오른쪽 (위, 아래)로 향하는 직선이고, x의 값이 증가할 때 y의 값은(도) (증가, 감소) 한다.

10 $y=-3x$

→ 오른쪽 (위, 아래)로 향하는 직선이고, x의 값이 증가할 때 y의 값은(도) (증가, 감소) 한다.

11 $y=5x$

→ 오른쪽 (위, 아래)로 향하는 직선이고, x의 값이 증가할 때 y의 값은(도) (증가, 감소) 한다.

12 $y=-7x$

→ 오른쪽 (위, 아래)로 향하는 직선이고, x의 값이 증가할 때 y의 값은(도) (증가, 감소) 한다.

13 $y=\dfrac{1}{2}x$

→ 오른쪽 (위, 아래)로 향하는 직선이고, x의 값이 증가할 때 y이 값은(도) (증가, 감소) 한다.

14 $y=-\dfrac{1}{5}x$

→ 오른쪽 (위, 아래)로 향하는 직선이고, x의 값이 증가할 때 y의 값은(도) (증가, 감소) 한다.

● 다음 정비례 관계의 그래프 중에서 y축에 가장 가까운 것을 구하시오.

15 $y=x$, $y=4x$

정비례 $y=ax$의 그래프는 절댓값 a의 값이 클수록 y축에 가까워!

16 $y=5x$, $y=7x$

17 $y=\dfrac{1}{2}x$, $y=\dfrac{1}{3}x$

18 $y=-2x$, $y=-3x$

$|-2|$와 $|-3|$의 크기를 비교해봐!

19 $y=-\dfrac{1}{3}x$, $y=-\dfrac{2}{3}x$

20 $y=2x$, $y=-3x$

21 $y=x$, $y=4x$, $y=\dfrac{1}{4}x$

22 $y=-x$, $y=2x$, $y=-\dfrac{1}{2}x$

☺ 내가 발견한 개념 y축에 가까워지는 정비례 관계 그래프의 특징은?

• $a\neq0$일 때, 정비례 관계 $y=ax$의 그래프는 [ ]의 값이

클수록 y축에 가까워진다.

2ⁿᵈ ─ 조건을 만족시키는 정비례 관계의 그래프 찾기

23 **보기**의 정비례 관계의 그래프에 대하여 다음을 구하시오.

┌ **보기** ┐
ㄱ. $y=x$ ㄴ. $y=3x$
ㄷ. $y=-2x$ ㄹ. $y=-4x$
└────────────────┘

(1) 오른쪽 위로 향하는 직선인 그래프

(2) 오른쪽 아래로 향하는 직선인 그래프

(3) 제1사분면을 지나는 그래프

(4) 그래프가 y축에 가까운 순서대로 쓰시오.

24 **보기**의 정비례 관계의 그래프에 대하여 다음을 구하시오.

┌ **보기** ┐
ㄱ. $y=2x$ ㄴ. $y=\dfrac{1}{4}x$
ㄷ. $y=-x$ ㄹ. $y=-\dfrac{1}{3}x$
└────────────────┘

(1) x의 값이 증가할 때, y의 값도 증가하는 그래프

(2) x의 값이 증가할 때, y의 값은 감소하는 그래프

(3) 제2사분면을 지나는 그래프

(4) 그래프가 y축에 가까운 순서대로 쓰시오.

25 **보기**의 정비례 관계의 그래프에 대하여 다음을 구하시오.

┌─ **보기** ────────────────────┐
ㄱ. $y = \dfrac{5}{2}x$　　　　ㄴ. $y = \dfrac{1}{3}x$

ㄷ. $y = -\dfrac{2}{3}x$　　　　ㄹ. $y = -2x$
└──────────────────────────┘

(1) x의 값이 증가할 때, y의 값도 증가하는 그래프

(2) 오른쪽 아래로 향하는 직선인 그래프

(3) 제3사분면을 지나는 그래프

(4) 그래프가 y축에 가까운 순서대로 쓰시오.

26 다음은 $a > 0$일 때, 정비례 관계 $y = ax$의 그래프에 대한 설명이다. 설명 중 옳은 것에 ◯를 하고, □ 안에 알맞은 것을 써넣으시오.

　　　　　　　　　　　　　　(단, a는 상수)

(1) 두 점 $(0, \boxed{})$과 $(1, \boxed{})$를 지나는 직선이다.

(2) 오른쪽 (위, 아래)로 향하는 직선이고 제 $\boxed{}$사분면과 제 $\boxed{}$사분면을 지난다.

(3) x의 값이 증가할 때 y의 값은(도) (증가, 감소) 한다.

(4) a의 절댓값이 (클수록, 작을수록) y축에 가까워진다.

27 다음은 $a < 0$일 때, 정비례 관계 $y = ax$의 그래프에 대한 설명이다. 설명 중 옳은 것에 ◯를 하고, □ 안에 알맞은 것을 써넣으시오.

　　　　　　　　　　　　　　(단, a는 상수)

(1) 두 점 $(0, \boxed{})$과 $(1, \boxed{})$를 지나는 직선이다.

(2) 오른쪽 (위, 아래)로 향하는 직선이고 제 $\boxed{}$사분면과 제 $\boxed{}$사분면을 지난다.

(3) x의 값이 증가할 때 y의 값은(도) (증가, 감소) 한다.

(4) a의 절댓값이 (클수록, 작을수록) y축에 가까워진다.

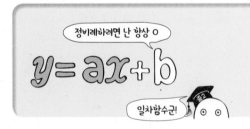

┌ 개념모음문제 ┐
28 다음 그래프가 나타내는 정비례 관계의 식을 **보기**에서 찾으시오.

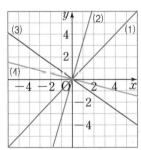

┌─ **보기** ────────────────────┐
ㄱ. $y = x$　　　　　ㄴ. $y = 3x$

ㄷ. $y = -\dfrac{2}{3}x$　　　　ㄹ. $y = -\dfrac{1}{4}x$
└──────────────────────────┘

(1) _____　　(2) _____

(3) _____　　(4) _____

04

점은 그래프일 수도, 식일 수도!

정비례 관계 그래프 위의 점

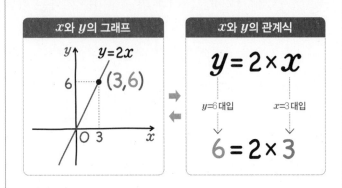

x와 y의 그래프	x와 y의 관계식

$$y=2\times x$$

$y=6$ 대입 $x=3$ 대입

$$6=2\times 3$$

점 (m, n)이 정비례 관계 $y=ax(a\neq 0)$의 그래프 위의 점이면
① 정비례 관계 $y=ax(a\neq 0)$의 그래프가 점 (m, n)을 지난다.
② $y=ax$에 $x=m$, $y=n$을 대입하면 (좌변)=(우변)이다.

원리확인 다음 점이 정비례 관계 $y=-3x$의 그래프 위의 점이 되도록 □ 안에 알맞은 수를 써넣으시오.

❶ $(-1, a)$ ➜ $y=-3x$에 대입 ➜ $a=\boxed{}$

❷ $(0, b)$ ➜ $y=-3x$에 대입 ➜ $b=\boxed{}$

❸ $(c, -3)$ ➜ $y=-3x$에 대입 ➜ $c=\boxed{}$

❹ $(d, -6)$ ➜ $y=-3x$에 대입 ➜ $d=\boxed{}$

❺ $(e, 1)$ ➜ $y=-3x$에 대입 ➜ $e=\boxed{}$

1st — 정비례 관계의 그래프 위의 점인지 아닌지 판단하기

● 다음 정비례 관계식에 대하여 주어진 점이 그래프 위의 점인 것은 ○를, 아닌 것은 ×를 ( ) 안에 써넣으시오.

1 $y=3x$

(1) $(2, 6)$ (   )

(2) $(-1, -3)$ (   )

(3) $(0, 0)$ (   )
정비례 관계의 그래프는 항상 원점을 지나!

2 $y=-2x$

(1) $(2, -4)$ (   )

(2) $(0, -2)$ (   )

(3) $\left(-\dfrac{1}{2}, 1\right)$ (   )

3 $y=-\dfrac{1}{3}x$

(1) $(-1, 3)$ (   )

(2) $(6, -2)$ (   )

(3) $\left(-5, -\dfrac{5}{3}\right)$ (   )

2nd ― 그래프 위의 점을 이용하여 상수 구하기

- 다음 정비례 관계의 그래프가 주어진 점을 지날 때, 상수 a 의 값을 구하시오.

4 $y=2x$ $(3, a)$

→ $y=2x$에 $x=$ ☐ , $y=$ ☐ 를 대입하면

$a=$ ☐

5 $y=3x$ $(-3, a)$

6 $y=\dfrac{1}{2}x$ $(6, a)$

7 $y=-4x$ $(a, -8)$

8 $y=\dfrac{5}{2}x$ $(4, a)$

9 $y=-\dfrac{3}{2}x$ $(a, 0)$

10 $y=\dfrac{3}{7}x$ $\left(a, \dfrac{9}{7}\right)$

11 $y=-\dfrac{4}{3}x$ $\left(a, \dfrac{8}{3}\right)$

- 정비례 관계 $y=ax$의 그래프가 다음 점을 지날 때, 상수 a 의 값을 구하시오.

12 $(1, 2)$

→ $y=ax$에 $x=1$, $y=2$를 대입하면

☐ $=$ ☐ a이므로 $a=$ ☐

13 $(3, 6)$

14 $(2, -4)$

15 $(-1, -5)$

16 $(-4, 2)$

17 $(2, 5)$

18 $\left(\dfrac{2}{3}, 6\right)$

19 $\left(3, -\dfrac{1}{9}\right)$

• y가 x에 정비례하고 그 그래프가 다음 점을 지날 때, x와 y 사이의 관계식을 구하시오.

20 $(1, -7)$ ➡ 식: _____

➡ $y=ax$라 하고 $x=1$, $y=-7$을 대입하면

□ = □ a이므로 $a=$ □

따라서 $y=$ □ x

21 $(-2, 6)$ ➡ 식: _____

22 $(-4, -2)$ ➡ 식: _____

23 $(2, 5)$ ➡ 식: _____

24 $(4, -3)$ ➡ 식: _____

25 $\left(\dfrac{6}{5}, 8\right)$ ➡ 식: _____

26 $\left(-3, \dfrac{1}{5}\right)$ ➡ 식: _____

• 다음 정비례 관계의 그래프가 나타내는 식을 구하시오.

27   ➡ 식: _____

28   ➡ 식: _____

29   ➡ 식: _____

30   ➡ 식: _____

31   ➡ 식: _____

● 정비례 관계 $y=ax$의 그래프가 다음 두 점을 지날 때, k의 값을 구하시오. (단, a는 상수)

32 $(1, -5)$, $(-2, k)$

➡ $y=ax$에 $x=\boxed{}$, $y=\boxed{}$를 대입하면

$a=\boxed{}$

$y=\boxed{}x$에 $x=\boxed{}$, $y=k$를 대입하면

$k=\boxed{}$

33 $(3, 2)$, $(k, -2)$

34 $(-1, -3)$, $(2, k)$

35 $(-6, 4)$, $(k, -4)$

36 $(21, 15)$, $\left(k, \dfrac{15}{7}\right)$

37 $(-12, 10)$, $\left(k, -\dfrac{5}{3}\right)$

● 정비례 관계의 그래프가 다음과 같을 때, k의 값을 구하시오.

38
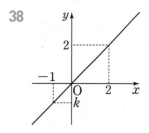

39
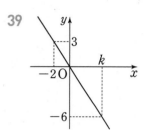

40
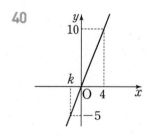

41
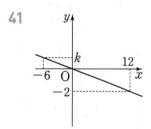

42
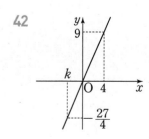

05 x의 값이 2배, 3배, …될 때, y의 값은 $\frac{1}{2}$배, $\frac{1}{3}$배, …되면 반비례!

반비례 관계

x	1	2	3	4	…
y	12	6	4	3	…

2배, 3배, 4배
$\frac{1}{2}$배, $\frac{1}{3}$배, $\frac{1}{4}$배

• **반비례**

두 변수 x, y에 대하여 x가 2배, 3배, 4배, …가 됨에 따라 y는 $\frac{1}{2}$배, $\frac{1}{3}$배, $\frac{1}{4}$배, …가 되는 관계가 있을 때, y는 x에 반비례한다 한다.

• **반비례 관계의 식**

① y가 x에 반비례하면 $y=\dfrac{a}{x}(a\neq0)$가 성립한다.

② x와 y 사이에 $y=\dfrac{a}{x}(a\neq0)$가 성립하면 y는 x에 반비례한다.

참고 y가 x에 반비례할 때, xy의 값은 항상 일정하다.

예 $y=\dfrac{12}{x}$에서 $xy=12$(일정)

원리확인 과자 60개를 x명이 똑같이 나누어 먹을 때, 한 명이 먹는 과자의 개수를 y라 하자. 다음 표를 완성하고, □ 안에 알맞은 것을 써넣으시오.

❶
x	1	2	3	4	5
y	60				

❷ x의 값이 2배가 되면 y의 값은 □배, x의 값이 3배가 되면 y의 값은 □배, …가 된다.

→ y는 x에 □한다.

❸ x와 y 사이의 관계를 식으로 나타내면

→ $xy=$□, 즉 $y=$□

1st — 반비례일 때 관계식 구하기

• y가 x에 반비례할 때 다음 표를 완성하고 x와 y 사이의 관계식을 구하시오.

1
x	1	2	3	6	…
y	6	3	2	1	…
xy					…

$xy=$⋯⋯ → $y=\dfrac{⋯⋯}{x}$

2
x	1	2	3	6	…
y	-6	-3	-2	-1	…
xy					…

$xy=$⋯⋯ → $y=\dfrac{⋯⋯}{x}$

3
x	1	2	3	4	6	12	…
y	12	6					…
xy							…

$xy=$⋯⋯ → $y=\dfrac{⋯⋯}{x}$

4
x	1	2	3	4	6	12	…
y	-12	-6					…
xy							…

$xy=$⋯⋯ → $y=\dfrac{⋯⋯}{x}$

☺ 내가 발견한 개념   반비례는 x와 y의 곱이 일정해!

• y가 x에 반비례하면 $xy=a$(단, a는 상수)로 □하다.

따라서 반비례 관계식은 $y=$□꼴이다.

2nd 반비례 관계인지 아닌지 판단하기

● 다음 중 y가 x에 반비례하는 것은 ○를, 아닌 것은 ×를 (   ) 안에 써넣으시오.

5 $y = \dfrac{12}{x}$ $y=\dfrac{a}{x}$ 꼴을 찾아봐!   (   )

6 $y = -\dfrac{12}{x}$ (   )

7 $y = \dfrac{24}{x}$ (   )

8 $y = \dfrac{x}{30}$ (   )

9 케이크 $600\,\mathrm{g}$을 x조각으로 나눌 때, 1조각의 무게 $y\,\mathrm{g}$ (   )

(1조각의 무게)$=\dfrac{(전체\ 케이크의\ 무게)}{(나누는\ 조각의\ 수)}$

10 넓이가 $18\,\mathrm{cm}^2$인 삼각형의 밑변의 길이가 $x\,\mathrm{cm}$일 때, 높이 $y\,\mathrm{cm}$ (   )

11 $100\,\mathrm{L}$의 물이 들어있는 물통에서 $x\,\mathrm{L}$가 빠져나가고 남은 물의 양 $y\,\mathrm{L}$ (   )

12 낮의 길이가 x시간일 때, 밤의 길이 y시간   (   )

● y가 x에 반비례하고 다음 조건을 만족시킬 때, x와 y 사이의 관계식을 구하시오.

13 $x=9$일 때, $y=3$

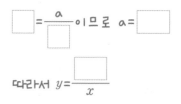

→ $y=\dfrac{a}{x}$라 하고 $x=9$, $y=3$을 대입하면

$\boxed{} = \dfrac{a}{\boxed{}}$ 이므로 $a=\boxed{}$

따라서 $y=\dfrac{\boxed{}}{x}$

14 $x=-8$일 때, $y=2$

15 $x=10$일 때, $y=-5$

16 $x=3$일 때, $y=6$

17 $x=4$일 때, $y=-10$

개념모음문제
18 y가 x에 반비례하고 $x=2$일 때 $y=-15$이다. $x=3$일 때 y의 값은?

① -10 ② -5 ③ -3

④ 5 ⑤ 10

반비례 관계인 점들이 모이면 한 쌍의 곡선!

반비례 관계 그래프 그리기

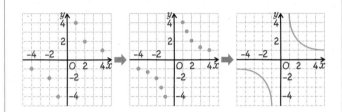

x의 값의 간격을 좀 더 촘촘히 하면 그래프의 모양은 점점 곡선에 가까워지게 된다.

• 반비례 관계 $y=\dfrac{a}{x}\,(a\neq0)$의 그래프 그리기

반비례 관계 $y=\dfrac{a}{x}(a\neq0)$에서 $x,\,y$가 모두 정수인 순서쌍을 찾아 좌표평면 위에 점을 찍은 후, 부드러운 곡선으로 연결한다.

참고 x의 값의 범위가 주어지지 않으면 x의 값의 범위를 수 전체로 생각한다.

1st 반비례 관계의 그래프 그리기

1 반비례 관계 $y=-\dfrac{6}{x}$에 대하여 다음 물음에 답하시오.

(1) 표를 완성하고, 좌표평면 위에 나타내시오.

x	-6	-3	-1	1	3	6
y						

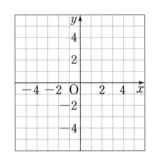

(2) 표를 완성하고, 좌표평면 위에 나타내시오.

x	-6	-4	-3	-2	-1	1	2	3	4	6
y										

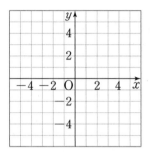

(3) x의 값이 수 전체일 때, $y=-\dfrac{6}{x}$의 그래프를 (2)의 좌표평면 위에 그리시오.

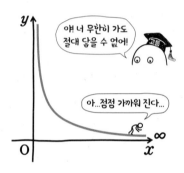

얘 너 무한히 가도 절대 닿을 수 없어!

아...점점 가까워 진다...

2 반비례 관계 $y=\dfrac{2}{x}$에 대하여 다음 물음에 답하시오.

(1) 표를 완성하고, 좌표평면 위에 나타내시오.

x	-4	-3	-2	-1	$-\dfrac{1}{2}$	$\dfrac{1}{2}$	1	2	3	4
y										

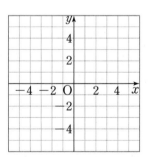

(2) x의 값이 수 전체일 때, $y=\dfrac{2}{x}$의 그래프를 (1)의 좌표평면 위에 그리시오.

• 다음 반비례 관계의 그래프가 지나는 점을 찾고, 점들을 이용하여 그래프를 그리시오.

(단, x의 값의 범위는 수 전체이다.)

3 $y = \dfrac{4}{x}$

→ $(-4, \square)$, $(-2, \square)$

$(-1, \square)$, $(1, \square)$, $(2, \square)$

$(4, \square)$ ❶ x, y좌표가 정수인 점들의 좌표를 구해!

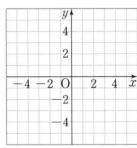

여러 개의 점을 찍어야만 곡선의 모양이 드러나기 때문에 정비례 관계의 그래프처럼 두 점으로는 그릴 수 없어.

❷ 점들을 표시하고 곡선으로 부드럽게 이어!

4 $y = \dfrac{12}{x}$

→ $(-6, \square)$, $(-4, \square)$

$(-3, \square)$, $(-2, \square)$, $(2, \square)$

$(3, \square)$, $(4, \square)$, $(6, \square)$

면적이 일정한 반비례

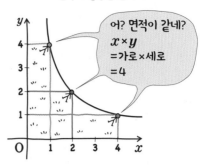

어? 면적이 같네?
$x \times y$
$=$가로$\times$세로
$=4$

5 $y = -\dfrac{4}{x}$

→ $(-4, \square)$, $(-2, \square)$, $(-1, \square)$

$(1, \square)$, $(2, \square)$, $(4, \square)$

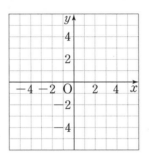

6 $y = -\dfrac{12}{x}$

→ $(-6, \square)$, $(-4, \square)$, $(-3, \square)$

$(-2, \square)$, $(2, \square)$, $(3, \square)$

$(4, \square)$, $(6, \square)$

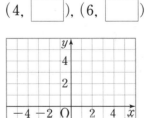

😊 내가 발견한 개념 반비례 관계의 그래프의 성질을 미리 확인해 볼까?

$a>0$일 때, 반비례 관계 $y = \dfrac{a}{x}$의 그래프는

• 제 $\square$ 사분면과 제 $\square$ 사분면을 지난다.

• 각 사분면에서 x의 값이 증가하면 y의 값은 $\square$ 한다.

• $\square$ 을 지나지 않는 한 쌍의 곡선이다.

😊 내가 발견한 개념 반비례 관계의 그래프의 성질을 미리 확인해 볼까?

$a<0$일 때, 반비례 관계 $y = \dfrac{a}{x}$의 그래프는

• 제 $\square$ 사분면과 제 $\square$ 사분면을 지난다.

• 각 사분면에서 x의 값이 증가하면 y의 값도 $\square$ 한다.

• 원점을 지나지 않는 한 쌍의 $\square$ 이다.

07

원점을 지나지 않는 한 쌍의 곡선!

반비례 관계
그래프의 성질

① $a>0$일 때

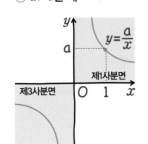

② $a<0$일 때

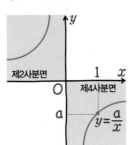

반비례 관계 $y=\dfrac{a}{x}\,(a\neq0)$의 그래프는 좌표축에 점점 가까워지면서 한없이 뻗어나가는 한 쌍의 매끄러운 곡선이다.

• $a>0$일 때

　① 제1사분면과 제3사분면을 지난다.

　② 각 사분면에서 x의 값이 증가하면 y의 값은 감소한다.

• $a<0$일 때

　① 제2사분면과 제4사분면을 지난다.

　② 각 사분면에서 x의 값이 증가하면 y의 값도 증가한다.

　참고 반비례 관계 $y=\dfrac{a}{x}\,(a\neq0)$의 그래프는

　　① a의 값에 관계없이 항상 점 $(1,\,a)$와 $(-1,\,-a)$를 지난다.

　　② $|a|$가 클수록 원점에서 멀어지고, $|a|$가 작을수록 원점에 가까워진다.

원리확인 세 반비례 관계의 그래프가 다음과 같을 때, 설명 중 옳은 것에 ◯를 하고, ☐ 안에는 알맞은 것을 써넣으시오.

[❶~❹]

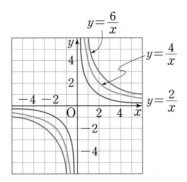

❶ ☐ 을 지나지 않는 한 쌍의 매끄러운 (직선, 곡선)이다.

❷ 제 ☐ 사분면과 제 ☐ 사분면을 지난다.

❸ 각 사분면에서 x의 값이 증가하면 y의 값은(도) (증가, 감소)한다.

❹ 원점에서 가장 먼 그래프는 $y=\dfrac{\square}{x}$ 이다.

[❺~❽]

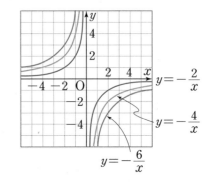

❺ ☐ 을 지나지 않는 한 쌍의 매끄러운 (직선, 곡선)이다.

❻ 제 ☐ 사분면과 제 ☐ 사분면을 지난다.

❼ 각 사분면에서 x의 값이 증가하면 y의 값은(도) (증가, 감소)한다.

❽ 원점에서 가장 먼 그래프는 $y=-\dfrac{\square}{x}$ 이다.

1st — 반비례 관계의 그래프의 성질 파악하기

● 다음 반비례 관계의 그래프는 어느 사분면을 지나는지 구하시오.

1 $y = \dfrac{2}{x}$ → 제____사분면, 제____사분면

> $y = \dfrac{a}{x}$에서 a > 0 → 제1, 3사분면
> a < 0 → 제2, 4사분면

2 $y = \dfrac{4}{x}$ → 제____사분면, 제____사분면

3 $y = \dfrac{12}{x}$ → 제____사분면, 제____사분면

4 $y = \dfrac{23}{x}$ → 제____사분면, 제____사분면

5 $y = -\dfrac{1}{x}$ → 제____사분면, 제____사분면

6 $y = -\dfrac{18}{x}$ → 제____사분면, 제____사분면

7 $y = -\dfrac{20}{x}$ → 제____사분면, 제____사분면

8 $y = -\dfrac{25}{x}$ → 제____사분면, 제____사분면

😊 내가 발견한 개념   반비례 관계의 그래프의 특징을 다시 확인해 봐!

반비례 관계 $y = \dfrac{a}{x}$의 그래프는

• a > 0일 때, 제 ☐ 사분면과 제 ☐ 사분면을 지난다.

• a < 0일 때, 제 ☐ 사분면과 제 ☐ 사분면을 지난다.

● 다음 반비례 관계의 그래프에 대한 설명 중 옳은 것에 ○를 하시오.

9 $y = \dfrac{2}{x}$

> $y = \dfrac{a}{x}$에서 a > 0 → 각 사분면에서 감소
> a < 0 → 각 사분면에서 증가

→ 각 사분면에서 x의 값이 증가할 때 y의 값은(도)
(증가, 감소)한다.

10 $y = -\dfrac{2}{x}$

→ 각 사분면에서 x의 값이 증가할 때 y의 값은(도)
(증가, 감소)한다.

11 $y = \dfrac{4}{x}$

→ 각 사분면에서 x의 값이 증가할 때 y의 값은(도)
(증가, 감소)한다.

12 $y = -\dfrac{8}{x}$

→ 각 사분면에서 x의 값이 증가할 때 y의 값은(도)
(증가, 감소)한다.

13 $y = -\dfrac{10}{x}$

→ 각 사분면에서 x의 값이 증가할 때 y의 값은(도)
(증가, 감소)한다.

14 $y = \dfrac{18}{x}$

→ 각 사분면에서 x의 값이 증가할 때 y의 값은(도)
(증가, 감소)한다.

● 다음 반비례 관계의 그래프 중에서 원점에서 가장 먼 것을 구하시오.

15 $y=\dfrac{2}{x}$, $y=\dfrac{6}{x}$

반비례 $y=\dfrac{a}{x}$의 그래프는 절댓값 a의 값이 클수록 원점에서 멀어져!

16 $y=\dfrac{6}{x}$, $y=\dfrac{12}{x}$

17 $y=-\dfrac{2}{x}$, $y=-\dfrac{6}{x}$

$|-2|$와 $|-6|$의 크기를 비교해봐!

18 $y=\dfrac{13}{x}$, $y=\dfrac{15}{x}$

19 $y=-\dfrac{20}{x}$, $y=-\dfrac{25}{x}$

20 $y=\dfrac{2}{x}$, $y=-\dfrac{6}{x}$

21 $y=\dfrac{1}{x}$, $y=\dfrac{2}{x}$, $y=\dfrac{3}{x}$

22 $y=-\dfrac{1}{x}$, $y=\dfrac{2}{x}$, $y=-\dfrac{3}{x}$

:) 내가 발견한 개념 원점에서 멀어지는 반비례 관계의 그래프의 특징은?

• $a\neq0$일 때, 반비례 관계 $y=\dfrac{a}{x}$의 그래프는 $\boxed{}$의 값이 클수록 원점에서 멀어진다.

2ⁿᵈ ─ 조건을 만족시키는 반비례 관계의 그래프 찾기

23 보기의 반비례 관계의 그래프에 대하여 다음을 구하시오.

┌ 보기 ┐
ㄱ. $y=\dfrac{1}{x}$ ㄴ. $y=\dfrac{3}{x}$

ㄷ. $y=-\dfrac{2}{x}$ ㄹ. $y=-\dfrac{4}{x}$
└────┘

(1) $x>0$에서 x의 값이 증가할 때 y의 값도 증가하는 그래프

(2) $x>0$에서 x의 값이 증가할 때 y의 값은 감소하는 그래프

(3) 제1사분면을 지나는 그래프

(4) 그래프가 원점에서 먼 순서대로 쓰시오.

24 보기의 반비례 관계의 그래프에 대하여 다음을 구하시오.

┌ 보기 ┐
ㄱ. $y=\dfrac{1}{5x}$ ㄴ. $y=\dfrac{3}{x}$

ㄷ. $y=-\dfrac{1}{3x}$ ㄹ. $y=-\dfrac{2}{x}$
└────┘

(1) 각 사분면에서 x의 값이 증가할 때 y의 값도 증가하는 그래프

(2) 각 사분면에서 x의 값이 증가할 때 y의 값은 감소하는 그래프

(3) 제2사분면을 지나는 그래프

(4) 그래프가 원점에서 먼 순서대로 쓰시오.

25 다음은 $a>0$일 때, 반비례 관계 $y=\dfrac{a}{x}$의 그래프에 대한 설명이다. 설명 중 옳은 것에 ◯를 하고, ☐ 안에 알맞은 것을 써넣으시오.

(단, a는 상수)

(1) 점 $(1, \boxed{})$를 지나고, $\boxed{}$을 지나지 않는 한 쌍의 매끄러운 곡선이다.

(2) 제 $\boxed{}$ 사분면과 제 $\boxed{}$ 사분면을 지난다.

(3) 각 사분면에서 x의 값이 증가할 때 y의 값은 (도) (증가, 감소)한다.

(4) a의 절댓값이 (클수록, 작을수록) 원점에 가까워진다.

26 다음은 $a<0$일 때, 반비례 관계 $y=\dfrac{a}{x}$의 그래프에 대한 설명이다. 설명 중 옳은 것에 ◯를 하고, ☐ 안에 알맞은 것을 써넣으시오.

(단, a는 상수)

(1) 점 $(1, \boxed{})$를 지나고, $\boxed{}$을 지나지 않는 한 쌍의 매끄러운 곡선이다.

(2) 제 $\boxed{}$ 사분면과 제 $\boxed{}$ 사분면을 지난다.

(3) 각 사분면에서 x의 값이 증가할 때 y의 값은 (도) (증가, 감소)한다.

(4) a의 절댓값이 (클수록, 작을수록) 원점에 가까워진다.

27 다음 그래프가 나타내는 반비례 관계의 식을 **보기**에서 찾으시오.

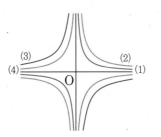

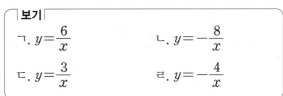

보기

ㄱ. $y=\dfrac{6}{x}$ ㄴ. $y=-\dfrac{8}{x}$

ㄷ. $y=\dfrac{3}{x}$ ㄹ. $y=-\dfrac{4}{x}$

(1) _____   (2) _____

(3) _____   (4) _____

반비례하려면 내가 0이면 안돼!

$y=\dfrac{a}{x}$

x가 분모에 있으면 유리함수!

개념모음문제

28 다음 그래프가 나타내는 정비례 또는 반비례 관계의 식을 **보기**에서 찾으시오.

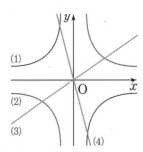

보기

ㄱ. $y=-5x$ ㄴ. $y=\dfrac{1}{2}x$

ㄷ. $y=-\dfrac{6}{x}$ ㄹ. $y=\dfrac{6}{x}$

(1) _____   (2) _____

(3) _____   (4) _____

08

점은 그래프일 수도, 식일 수도!

반비례 관계 그래프 위의 점

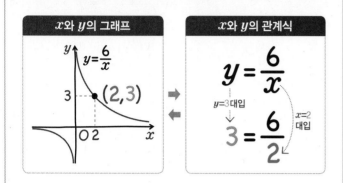

| x와 y의 그래프 | x와 y의 관계식 |

점 (m, n)이 반비례 관계 $y=\dfrac{a}{x}(a\neq 0)$의 그래프 위의 점이면

① 반비례 관계 $y=\dfrac{a}{x}(a\neq 0)$의 그래프가 점 (m, n)을 지난다.

② $y=\dfrac{a}{x}(a\neq 0)$에 $x=m$, $y=n$을 대입하면 (좌변)=(우변)이다.

원리확인 다음 점이 반비례 관계 $y=-\dfrac{4}{x}$의 그래프 위의 점이 되도록 □ 안에 알맞은 수를 써넣으시오.

❶ $(-8, a) \rightarrow y=-\dfrac{4}{x}$에 대입 $\rightarrow a=$ ☐

❷ $(-4, b) \rightarrow y=-\dfrac{4}{x}$에 대입 $\rightarrow b=$ ☐

❸ $(c, 4) \rightarrow y=-\dfrac{4}{x}$에 대입 $\rightarrow c=$ ☐

❹ $(d, 8) \rightarrow y=-\dfrac{4}{x}$에 대입 $\rightarrow d=$ ☐

❺ $\left(e, \dfrac{1}{3}\right) \rightarrow y=-\dfrac{4}{x}$에 대입 $\rightarrow e=$ ☐

1st 반비례 관계의 그래프 위의 점인지 아닌지 판단하기

● 다음 반비례 관계식에 대하여 주어진 점이 그래프 위의 점인 것은 ○를, 아닌 것은 ×를 ( ) 안에 써넣으시오.

1 $\quad y=\dfrac{12}{x}$

(1) $(6, 2)$ ( )

(2) $(3, 5)$ ( )

(3) $(-4, -3)$ ( )

2 $\quad y=-\dfrac{16}{x}$

(1) $(1, -16)$ ( )

(2) $(-2, 8)$ ( )

(3) $(-4, -4)$ ( )

3 $\quad y=\dfrac{4}{x}$

(1) $(4, 1)$ ( )

(2) $(-2, -2)$ ( )

(3) $\left(12, \dfrac{1}{3}\right)$ ( )

2ⁿᵈ 그래프 위의 점을 이용하여 상수 구하기

● 다음 반비례 관계의 그래프가 주어진 점을 지날 때, 상수 a 의 값을 구하시오.

4 $y=\dfrac{4}{x}$ $(2, a)$

➡ $y=\dfrac{4}{x}$ 에 $x=$ ☐ , $y=$ ☐ 를 대입하면

$a=\dfrac{4}{☐}=$ ☐

5 $y=\dfrac{6}{x}$ $(2, a)$

6 $y=-\dfrac{8}{x}$ $(-8, a)$

7 $y=\dfrac{10}{x}$ $(-5, a)$

8 $y=-\dfrac{12}{x}$ $(a, -3)$

9 $y=\dfrac{4}{x}$ $(6, a)$

10 $y=-\dfrac{15}{x}$ $(a, 9)$

● 반비례 관계 $y=\dfrac{a}{x}$ 의 그래프가 다음 점을 지날 때, 상수 a 의 값을 구하시오.

11 $(1, 2)$

➡ $y=\dfrac{a}{x}$ 에 $x=1$, $y=2$ 를 대입하면

$2=\dfrac{a}{☐}$ 이므로 $a=$ ☐

12 $(3, 6)$

13 $(2, -4)$

14 $(-1, -5)$

15 $(-4, 2)$

16 $(-4, -4)$

17 $\left(32, \dfrac{1}{8}\right)$

18 $\left(-12, \dfrac{1}{4}\right)$

• y가 x에 반비례하고 그 그래프가 다음 점을 지날 때, x와 y 사이의 관계식을 구하시오.

19 $(2, 1)$ ➡ 식: _____

➡ $y = \dfrac{a}{x}$ 라 하고 $x=2$, $y=1$을 대입하면

$\boxed{} = \dfrac{a}{\boxed{}}$ 이므로 $a = \boxed{}$

따라서 $y = \dfrac{\boxed{}}{x}$

20 $(9, 2)$ ➡ 식: _____

21 $(-1, 1)$ ➡ 식: _____

22 $(-1, -3)$ ➡ 식: _____

23 $\left(24, \dfrac{1}{3}\right)$ ➡ 식: _____

24 $\left(-16, \dfrac{1}{4}\right)$ ➡ 식: _____

• 반비례 관계의 그래프가 다음과 같을 때, x와 y 사이의 관계식을 구하시오.

25 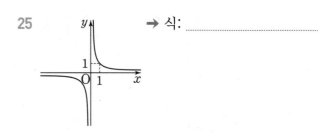 ➡ 식: _____

26 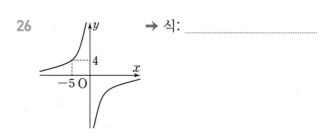 ➡ 식: _____

27 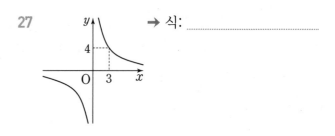 ➡ 식: _____

28 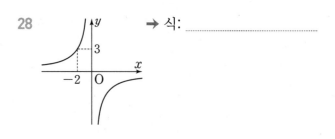 ➡ 식: _____

29 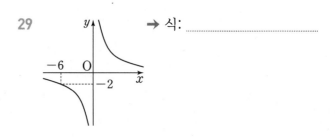 ➡ 식: _____

● 반비례 관계 $y=\dfrac{a}{x}$의 그래프가 다음 두 점을 지날 때, k의 값을 구하시오. (단, a는 상수)

30 $(3, 8), (6, k)$

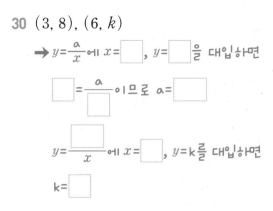

➡ $y=\dfrac{a}{x}$에 $x=\boxed{}$, $y=\boxed{}$을 대입하면

$\boxed{}=\dfrac{a}{\boxed{}}$이므로 $a=\boxed{}$

$y=\dfrac{\boxed{}}{x}$에 $x=\boxed{}$, $y=k$를 대입하면

$k=\boxed{}$

31 $(-2, 10), (k, -5)$

32 $(9, -4), (12, k)$

33 $(-3, -3), (k, 1)$

34 $(7, -5), (-10, k)$

35 $(3, -4), (k, 8)$

● 반비례 관계의 그래프가 다음과 같을 때, k의 값을 구하시오.

36

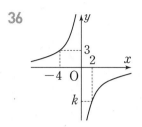

37

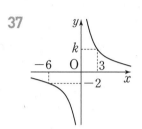

38

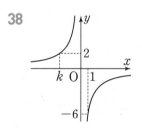

39

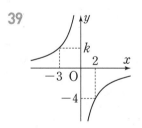

40

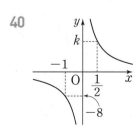

1 두 변수 x, y에 대하여 y가 x에 정비례할 때, x와 y 사이의 관계를 표로 나타내면 다음과 같다. 상수 a, b, c에 대하여 $a+b+c$의 값은?

x	-2	-1	a	5
y	b	c	-6	-10

① 3   ② 5   ③ 7
④ 9   ⑤ 11

2 다음 **보기**에서 x와 y 사이의 관계식의 그래프가 제1사분면과 제3사분면을 지나는 것의 개수는?

┌─ **보기** ─────────────────
ㄱ. $y=2x$ ㄴ. $y=-2x$ ㄷ. $y=\dfrac{1}{2}x$

ㄹ. $y=\dfrac{2}{x}$ ㅁ. $y=-\dfrac{2}{x}$ ㅂ. $y=\dfrac{1}{2x}$
└───────────────────────

① 2   ② 3   ③ 4
④ 5   ⑤ 6

3 다음 조건을 모두 만족시키는 x와 y 사이의 관계를 식으로 나타내시오.

┌──────────────────────────
(가) x가 2배, 3배, $\cdots$로 변함에 따라 y는 $\dfrac{1}{2}$배, $\dfrac{1}{3}$배, $\cdots$로 변한다.

(나) 점 $(2, 4)$를 y축에 대하여 대칭이동한 점은 x와 y 사이의 관계를 나타낸 그래프 위의 점이다.
└──────────────────────────

4 정비례 관계 $y=x$, $y=ax$의 그래프가 오른쪽 그림과 같을 때, 다음 중에서 상수 a의 값이 될 수 있는 것은?

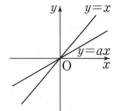

① $\dfrac{1}{2}$ ② $-\dfrac{1}{2}$

③ $\dfrac{3}{2}$ ④ $-\dfrac{3}{2}$

⑤ $\dfrac{5}{2}$

5 다음 **보기**에서 반비례 관계 $y=-\dfrac{8}{x}$의 그래프에 대한 설명으로 옳은 것만을 있는 대로 고르시오.

┌─ **보기** ─────────────────
ㄱ. 원점을 지난다.

ㄴ. 점 $(2, -4)$를 지난다.

ㄷ. 제2사분면과 제4사분면을 지난다.
└───────────────────────

6 정비례 관계 $y=2x$의 그래프와 반비례 관계 $y=\dfrac{a}{x}$의 그래프가 오른쪽 그림과 같을 때, 상수 a의 값은?

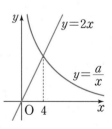

① 6   ② 8
③ 16   ④ 24
⑤ 32

대단원 TEST ⅣV. 좌표평면과 그래프

1 x축 위에 있고 x좌표가 -5인 점의 좌표는?

① $(-5, 0)$ ② $(5, 0)$

③ $(0, -5)$ ④ $(0, 5)$

⑤ $(-5, -5)$

2 좌표평면 위의 세 점 $A(-2, -1)$, $B(2, -1)$, $C(4, 3)$을 꼭짓점으로 하는 삼각형 ABC의 넓이는?

① 6   ② 7   ③ 8

④ 9   ⑤ 10

3 $a<b$, $ab<0$일 때, 점 $A(a, -b)$는 어느 사분면 위에 있는가?

① 제1사분면   ② 제2사분면

③ 제3사분면   ④ 제4사분면

⑤ 어느 사분면에도 속하지 않는다.

4 점 $(3, a)$와 x축에 대하여 대칭인 점의 좌표와 점 $(b, -5)$와 원점에 대하여 대칭인 점의 좌표가 같을 때, ab의 값을 구하시오.

5 다음 중 y가 x에 정비례하는 것은?

① 넓이가 $10 \, cm^2$인 삼각형의 밑변의 길이 $x \, cm$와 높이 $y \, cm$

② 하루 24시간 동안 잠을 자는 시간 x시간과 깨어 있는 시간 y시간

③ 올해 13살인 하린이의 x년 후의 나이 y살

④ 강아지 x마리의 다리 y개

⑤ 초속 $x \, m$로 $50 \, m$를 달릴 때 걸리는 시간 y초

6 두 정비례 관계 $y=x$, $y=ax$의 그래프가 오른쪽 그림과 같을 때, 다음 중 상수 a의 값이 될 수 있는 것은?

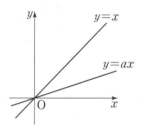

① -3 ② $-\dfrac{1}{2}$ ③ $\dfrac{3}{4}$

④ 1 ⑤ $\dfrac{4}{3}$

7 오른쪽 그림과 같은 정비례 관계 $y=ax$의 그래프 위의 점이 <u>아닌</u> 것은? (단, a는 상수이다.)

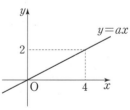

① $(-2, -1)$

② $\left(-\dfrac{1}{3}, \dfrac{1}{6}\right)$

③ $\left(\dfrac{1}{2}, \dfrac{1}{4}\right)$

④ $\left(1, \dfrac{1}{2}\right)$

⑤ $\left(3, \dfrac{3}{2}\right)$

8 다음 중 정비례 관계 $y=2x$의 그래프에 대한 설명으로 옳은 것을 모두 고르면? (정답 2개)

① 원점을 지나는 직선이다.
② 점 $(-1, 2)$를 지난다.
③ 오른쪽 아래로 향하는 직선이다.
④ 제2사분면과 제4사분면을 지난다.
⑤ x의 값이 증가하면 y의 값도 증가한다.

9 다음 반비례 관계의 그래프 중 원점으로부터 가장 멀리 떨어져 있는 것은?

① $y=-\dfrac{4}{x}$ ② $y=-\dfrac{2}{x}$ ③ $y=\dfrac{1}{x}$

④ $y=\dfrac{3}{x}$ ⑤ $y=\dfrac{5}{x}$

10 오른쪽 그림과 같은 반비례 관계의 그래프에서 k의 값은?

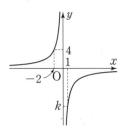

① -9 ② -8
③ -7 ④ -6
⑤ -5

11 오른쪽 그림은 무성이가 집에서 650 m 떨어진 도서관까지 걸어갈 때, 집을 출발한 후 흐른 시간 x분과 이동한 거리 y m 사이의 관계를 나타낸 그래프이다. 다음 물음에 답하시오.

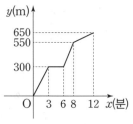

(1) 무성이가 집을 출발한 지 3분 동안 이동한 거리를 구하시오.

(2) 무성이가 집으로부터 550 m를 이동하였을 때는 집을 출발한 지 몇 분 후인지 구하시오.

(3) 무성이가 중간에 이동하지 않고 쉰 시간을 구하시오.

12 오른쪽 그림은 반비례 관계 $y=\dfrac{2}{x}$의 그래프의 일부이고 점 P는 이 그래프 위의 점이다. 직사각형 OAPB의 넓이는? (단, O는 원점이다.)

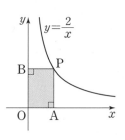

① $\dfrac{1}{4}$ ② $\dfrac{1}{2}$ ③ 1

④ 2 ⑤ 4

13 정비례 관계 $y=ax$의 그래프와 반비례 관계 $y=\dfrac{b}{x}$의 그래프가 점 $(2, 1)$에서 만날 때, $a+b$의 값을 구하시오. (단, a, b는 상수이다.)

빠른 정답

1 문자를 사용한 식

01 곱셈 기호의 생략   10쪽

원리확인 ❶ 3   ❷ y ❸ 2, 3

1 (ℓ $3x$)   2 $7x$ 3 $\frac{1}{3}x$ 또는 $\frac{x}{3}$

4 $-2b$ 5 $-\frac{2}{3}x$ 또는 $-\frac{2x}{3}$ 6 $5y$

7 $-3a$ 8 $-\frac{3}{2}x$ 또는 $-\frac{3x}{2}$ 9 (ℓ x)

10 y 11 $-y$ 12 $-a$ 13 $0.1a$

14 $0.01b$ 15 $-0.1c$ 16 $0.1y$

☺ 1, 1, -1, -1 17 (ℓ abc) 18 lmn

19 $5xy$ 20 $\frac{2}{3}ab$ 또는 $\frac{2ab}{3}$ 21 $0.3pq$

22 $-6abc$ 23 $-2xyz$ 24 (ℓ $2x^2$)   25 $-2a^3$

26 $\frac{2}{3}y^4$ 또는 $\frac{2y^4}{3}$ 27 $\frac{1}{3}p^4$ 또는 $\frac{p^4}{3}$

28 $-a^3b^2$ 29 $0.1xy^3$ 30 $-0.3p^2q^2$

31 $5ab^2c^2$ 32 (ℓ 2)   33 $7(2x-1)$

34 $3(a-b)$ 35 $-2(a+b)$ 36 $-2(x-3)$

37 $-(a+b)$ 38 $5x(y+z)$ 39 (ℓ $5a$, $2b$)

40 $3p-7q$ 41 $9x-y$ 42 $5a-0.1b$

43 $-a+5xy$ 44 $-3(x+y)+5z$

45 $3+5x^2$ 46 a^2+b^2 47 $x^2-\frac{1}{3}x$

48 $2b+3a^2y$ 49 $3(b-c)-x^2$

50 ③, ⑤

02 나눗셈 기호의 생략   14쪽

원리확인 ❶ y, 5   ❷ y, z, yz

1 (ℓ 3)   2 $\frac{a}{2}$ 3 $\frac{3}{x}$

4 $\frac{3}{4x}$ 5 $\frac{2}{x}$ ☺ $\frac{a}{bc}$, $\frac{ac}{b}$

6 (ℓ a, $\frac{3}{a}$)   7 $\frac{3}{x}+\frac{2}{y}$ 8 (ℓ $x+1$)

9 $\frac{5}{x+2}$ 10 $\frac{5}{a+b}$ 11 $-\frac{2}{a+b}$

12 $\frac{a}{b+c}$ 13 $\frac{x+1}{3}$ 14 $\frac{2x-1}{5}$

15 $-\frac{2x-1}{2}$ 16 (ℓ 4, b, b)   17 $-\frac{b}{4}$

18 $\frac{2}{x}$ 19 $\frac{3}{x}$ 20 $-\frac{3}{x}$

21 $\frac{2x}{y}$ 22 a 23 $-a$

24 (ℓ 2, 3, $\frac{x}{6}$) 25 $\frac{a}{12}$ 26 a

27 a 28 $\frac{a}{3b}$ 29 $-\frac{2}{xy}$

30 $\frac{a}{bc}$ 31 $\frac{a}{bc}$ 32 $\frac{3x}{y}$

33 $\frac{ac}{b}$ 34 $-\frac{ab}{3}$ 35 $-\frac{x}{yz}$

36 $\frac{x^2}{2y}$ 37 $\frac{a^2}{b^3}$ 38 $-\frac{2y}{x^2}$

39 $\frac{ac}{3b}$ 40 $\frac{3x}{y}$ 41 $\frac{3}{xy}$

42 $\frac{a}{bc}$ 43 $\frac{xz}{y}$ 44 $\frac{xy}{3}$

45 $-\frac{b}{a}$ 46 $\frac{2y}{x^3}$ 47 $-\frac{m}{abc}$

---

48 $\frac{5}{x}+\frac{3}{y}$ 49 $0.1a-\frac{6}{b}$ 50 $-\frac{p}{2}+3ab$

51 $-y^2+\frac{4a+b}{9}$ 52 $\frac{n-1}{m}+\frac{lm}{n}$

53 $-\frac{ab}{3}-\frac{x}{y^2}$ 54 ④

03 문자의 사용   18쪽

원리확인 ❶ 1   ❷ 2   ❸ 3   ❹ 4   ❺ x

1 $1000x$원   2 $7p$원

3 $(200a+300b)$원   4 $(10000-700a)$원

5 $\frac{x}{12}$원   6 $150x$ g

7 $4x+2y$ 8 $50+x$

9 $700+10p+q$ 10 $0.1a+0.01b$

11 $x+2$ 12 $a-4$

13 $(a+5)$살   14 $(y+14)$살

15 $\frac{a+b}{2}$점   16 $\frac{x+y+z}{3}$ cm

17 $60a$ km   18 $\frac{10}{x}$시간

19 시속 $\frac{5}{y}$ km   20 $\frac{x}{5}$%

21 $\frac{1000}{b}$%   22 $3a$ g

04 식의 값   20쪽

원리확인 ❶ 3, 15   ❷ $\frac{3}{2}$, 7   ❸ 2, 12

❹ -2, -6

1 (ℓ 6, 18)   2 -12 3 10

4 -1 5 -8 6 36   7 -30

8 (ℓ -2, -6)   9 -8 10 4

11 2   12 4   13 8   14 1

15 2   16 (ℓ $\frac{2}{3}$, $\frac{2}{3}$, $\frac{4}{9}$)   17 $\frac{8}{27}$

18 $\frac{16}{81}$ 19 $-\frac{4}{9}$ 20 $\frac{4}{9}$ 21 $\frac{2}{9}$

22 ⑤   23 (ℓ 4)   24 $\frac{7}{4}$ 25 $-\frac{3}{4}$

26 $\frac{1}{2}$ 27 1   28 2   29 $\frac{7}{8}$

30 (ℓ 3, 3, 3)   31 6   32 -12

33 (ℓ 3, $\frac{3}{2}$, $\frac{3}{2}$)   34 3   35 $-\frac{15}{2}$

36 (ℓ 2, -1, -6)   37 10   38 6

39 8   40 10   41 $-\frac{1}{2}$ 42 -3

43 -1 44 -6 45 $\frac{1}{12}$ 46 $-\frac{2}{3}$

47 2   48 -12 49 ①

50 (ℓ a, h, $\frac{1}{2}ah$), S의 값: 10 cm²

51 $S=ah$ cm², S의 값: 28 cm²

52 $S=5(a+b)$ cm², S의 값: 40 cm²

53 25℃   54 45 kg   55 84 m   56 112번

TEST 1. 문자를 사용한 식   25쪽

1 ⑤   2 ④   3 ④   4 ④

5 ②   6 ①

---

2 일차식과 그 계산

01 단항식과 다항식   28쪽

원리확인 ❶ 3   ❷ 1   ❸ 2   ❹ -3

1 $-x$ (ℓ $-x$)

2 $-3y$, -7, 항: $2x$, $-3y$, -7

3 $-9y$, -1, 항: $3x$, $-9y$, -1

4 $-3y$, -7, 항: $-2x$, $-3y$, -7

5 $-x$, $-3y$, 항: $-x$, $-3y$, 2

6 $-\frac{1}{2}x$, $-\frac{1}{3}$, 항: x^3, $3x^2$, $-\frac{1}{2}x$, $-\frac{1}{3}$

7 x의 계수: 5, y의 계수: 4

8 x의 계수: 2, y의 계수: 3

9 x의 계수: 1, y의 계수: 2

10 x의 계수: 3, y의 계수: -2

11 x의 계수: 4, y의 계수: 0

12 x^2의 계수: 5, x의 계수: -1

13 x의 계수: -1.7, y의 계수: 0.4

14 x의 계수: 2, y의 계수: $\frac{1}{5}$

15 x의 계수: 4, y의 계수: $\frac{1}{3}$

16 x의 계수: $\frac{1}{2}$, y의 계수: $\frac{2}{3}$

17 x의 계수: $\frac{5}{2}$, y의 계수: $-\frac{7}{2}$

☺ 1, 1, -1, -1, 2, 2

18 5   19 -5 20 7   21 $\frac{1}{2}$

22 4   23 -2 24 4   25 -0.1

26 $\frac{1}{4}$ 27 $\frac{1}{2}$ 28 $-\frac{5}{2}$

29 (1) $2x$, $-\frac{5}{2}y$, 1

    (2) x의 계수: 2, y의 계수: $-\frac{5}{2}$ (3) 1

30 단   31 단   32 단

☺ ×, 단항식, ÷, 곱   33 다   34 다

35 다   36 다   37 다   38 ③

02 차수와 일차식   32쪽

원리확인 ❶ ○   ❷ ○   ❸ ×   ❹ ×

1 (ℓ 5, x, x, 2)   2 3   3 4

4 5   5 6   6 1   7 0

☺ n, 0   8 1, 0, 1   9 1, 0, 1   10 1, 0, 1

11 2, 0, 2   12 2, 1, 0, 2   13 3, 1, 0, 3

14 ×   15 ○   16 ○   17 ○

18 ×   19 ×   20 ②

03 단항식과 수의 곱셈·나눗셈   34쪽

원리확인 ❶ 5, 10, $10x$ ❷ $\frac{1}{3}$, 2, $2x$

1 (ℓ 6)   2 $21y$ 3 $\frac{2}{5}x$ 4 $-8x$

5 $-30b$ 6 $4p$ 7 $-3y$ 8 (ℓ 5, $\frac{3}{5}$)

9 $\frac{20}{3}x$ 10 $\frac{16}{3}p$ 11 $\frac{3}{2}b$ 12 $-2y$

15 $y=4x$ **16** $y=7x$ **17** $y=\dfrac{1}{2}x$

18 $y=-3x$ **19** $y=-\dfrac{2}{3}x$ **20** $y=-3x$

21 $y=4x$ **22** $y=2x$ ☺ a

23 (1) ㄱ, ㄴ (2) ㄷ, ㄹ (3) ㄱ, ㄴ (4) ㄹ, ㄴ, ㄷ, ㄱ

24 (1) ㄱ, ㄴ (2) ㄷ, ㄹ (3) ㄷ, ㄹ (4) ㄱ, ㄷ, ㄹ, ㄴ

25 (1) ㄱ, ㄴ (2) ㄷ, ㄹ (3) ㄱ, ㄹ (4) ㄱ, ㄹ, ㄷ, ㄴ

26 (1) 0, a (2) 위, 1, 3 (3) 증가 (4) 클수록

27 (1) 0, a (2) 아래, 2, 4 (3) 감소 (4) 클수록

28 (1) ㄱ (2) ㄴ (3) ㄷ (4) ㄹ

04 정비례 관계 그래프 위의 점 140쪽

 원리확인 ❶ 3 ❷ 0 ❸ 1 ❹ 2 ❺ $-\dfrac{1}{3}$

1 (1) ○ (2) ○ (3) ○ **2** (1) ○ (2) × (3) ○

3 (1) × (2) ○ (3) × **4** (✎ 3, a, 6)

5 -9 **6** 3 **7** 2 **8** 10

9 0 **10** 3 **11** -2

12 (✎ 2, 1, 2) **13** 2 **14** -2

15 5 **16** $-\dfrac{1}{2}$ **17** $\dfrac{5}{2}$ **18** 9

19 $-\dfrac{1}{27}$ **20** $y=-7x$ (✎ -7, 1, -7, -7)

21 $y=-3x$ **22** $y=\dfrac{1}{2}x$ **23** $y=\dfrac{5}{2}x$

24 $y=-\dfrac{3}{4}x$ **25** $y=\dfrac{20}{3}x$ **26** $y=-\dfrac{1}{15}x$

27 $y=2x$ **28** $y=-3x$ **29** $y=3x$

30 $y=-\dfrac{2}{3}x$ **31** $y=\dfrac{1}{3}x$

32 (✎ 1, -5, -5, -5, -2, 10) **33** -3

34 6 **35** 6 **36** 3 **37** 2

38 -1 **39** 4 **40** -2 **41** 1

42 -3

05 반비례 관계 144쪽

원리확인 ❶

x	1	2	3	4	5
y	60	30	20	15	12

❷ $\dfrac{1}{2}$, $\dfrac{1}{3}$, 반비례 ❸ 60, $\dfrac{60}{x}$

1

xy	6	6	6	6	…

, 6, 6

2

xy	-6	-6	-6	-6	…

, -6, -6

3

x	1	2	3	4	6	12	…
y	12	6	4	3	2	1	…
xy	12	12	12	12	12	12	…

, 12, 12

4

x	1	2	3	4	6	12	…
y	-12	-6	-4	-3	-2	-1	…
xy	-12	-12	-12	-12	-12	-12	…

, -12, -12

☺ 일정, $\dfrac{a}{x}$ **5** ○ **6** ○ **7** ○

8 × **9** ○ **10** ○ **11** ×

12 × **13** (✎ 3, 9, 27, 27)

14 $y=-\dfrac{16}{x}$ **15** $y=-\dfrac{50}{x}$ **16** $y=\dfrac{18}{x}$

17 $y=-\dfrac{40}{x}$ **18** ①

06 반비례 관계 그래프 그리기 146쪽

1 (1)

x	-6	-3	-1	1	3	6
y	1	2	6	-6	-2	-1

(2)~(3)

x	-6	-4	-3	-2	-1	1	2	3	4	6
y	1	$\dfrac{3}{2}$	2	3	6	-6	-3	-2	$-\dfrac{3}{2}$	-1

2 (1)~(2)

x	-4	-3	-2	-1	$-\dfrac{1}{2}$	$\dfrac{1}{2}$	1	2	3	4
y	$\dfrac{1}{2}$	$\dfrac{2}{3}$	-1	-2	-4	4	2	1	$\dfrac{2}{3}$	$\dfrac{1}{2}$

3 $(-4, -1)$, $(-2, -2)$, $(-1, -4)$, $(1, 4)$, $(2, 2)$, $(4, 1)$

4 $(-6, -2)$, $(-4, -3)$, $(-3, -4)$, $(-2, -6)$ $(2, 6)$, $(3, 4)$, $(4, 3)$, $(6, 2)$

☺ 1, 3, 감소, 원점

5 $(-4, 1)$, $(-2, 2)$, $(-1, 4)$, $(1, -4)$, $(2, -2)$, $(4, -1)$

6 $(-6, 2)$, $(-4, 3)$, $(-3, 4)$, $(-2, 6)$ $(2, -6)$, $(3, -4)$, $(4, -3)$, $(6, -2)$

☺ 2, 4, 증가, 곡선

07 반비례 관계 그래프의 성질 148쪽

원리확인 ❶ 원점, 곡선 ❷ 1, 3 ❸ 감소 ❹ 6
❺ 원점, 곡선 ❻ 2, 4 ❼ 증가 ❽ 6

1 1, 3 **2** 1, 3 **3** 1, 3 **4** 1, 3

5 2, 4 **6** 2, 4 **7** 2, 4 **8** 2, 4

☺ 1, 3, 2, 4 **9** 감소 **10** 증가

11 감소 **12** 증가 **13** 증가 **14** 감소

15 $y=\dfrac{6}{x}$ **16** $y=\dfrac{12}{x}$ **17** $y=-\dfrac{6}{x}$

18 $y=\dfrac{15}{x}$ **19** $y=-\dfrac{25}{x}$ **20** $y=-\dfrac{6}{x}$

21 $y=\dfrac{3}{x}$ **22** $y=-\dfrac{3}{x}$ ☺ a

23 (1) ㄷ, ㄹ (2) ㄱ, ㄴ
　　(3) ㄱ, ㄴ (4) ㄹ, ㄴ, ㄷ, ㄱ

24 (1) ㄷ, ㄹ (2) ㄱ, ㄴ
　　(3) ㄷ, ㄹ (4) ㄴ, ㄹ, ㄷ, ㄱ

25 (1) a, 원점 (2) 1, 3 (3) 감소 (4) 작을수록

26 (1) a, 원점 (2) 2, 4 (3) 증가 (4) 작을수록

27 (1) ㄷ (2) ㄱ (3) ㄴ (4) ㄹ

28 (1) ㄷ (2) ㄹ (3) ㄴ (4) ㄱ

08 반비례 관계 그래프 위의 점 152쪽

원리확인 ❶ $\dfrac{1}{2}$ ❷ 1 ❸ -1 ❹ $-\dfrac{1}{2}$
❺ -12

1 (1) ○ (2) × (3) ○ **2** (1) ○ (2) ○ (3) ×

3 (1) ○ (2) ○ (3) ○ **4** (✎ 2, a, 2, 2)

5 3 **6** 1 **7** -2 **8** 4

9 $\dfrac{2}{3}$ **10** $-\dfrac{5}{3}$ **11** (✎ 1, 2)

12 18 **13** -8 **14** 5 **15** -8

16 16 **17** 4 **18** -3

19 $y=\dfrac{2}{x}$ (✎ 1, 2, 2) **20** $y=\dfrac{18}{x}$

21 $y=-\dfrac{1}{x}$ **22** $y=\dfrac{3}{x}$ **23** $y=\dfrac{8}{x}$

24 $y=-\dfrac{4}{x}$ **25** $y=\dfrac{1}{x}$ **26** $y=-\dfrac{20}{x}$

27 $y=\dfrac{12}{x}$ **28** $y=-\dfrac{6}{x}$ **29** $y=\dfrac{12}{x}$

30 (✎ 3, 8, 8, 3, 24, 24, 6, 4) **31** 4

32 -3 **33** 9 **34** $\dfrac{7}{2}$ **35** $-\dfrac{3}{2}$

36 -6 **37** 4 **38** -3 **39** $\dfrac{8}{3}$

40 16

TEST 6. 정비례와 반비례 156쪽

1 ④ **2** ③ **3** $y=-\dfrac{8}{x}$

4 ① **5** ㄴ, ㄷ **6** ⑤

대단원 TEST IV. 좌표평면과 그래프 157쪽

1 ① **2** ③ **3** ③ **4** 15

5 ④ **6** ③ **7** ② **8** ①, ⑤

9 ⑤ **10** ②

11 (1) 300 m (2) 8분 후 (3) 3분 **12** ④

13 $\dfrac{5}{2}$

8 $(4, -2), (4, 2), (-4, -2), (-4, 2)$
9 $(1, -1), (-1, 1), (-1, -1)$
10 $(1, -4), (-1, 4), (-1, -4)$
11 $(3, -2), (-3, 2), (-3, -2)$
12 $(4, -5), (-4, 5), (-4, -5)$
13 $(2, 4), (-2, -4), (-2, 4)$
14 $(5, 3), (-5, -3), (-5, 3)$
15 $(-2, -3), (2, 3), (2, -3)$
16 $(-1, -5), (1, 5), (1, -5)$
17 $(-1, 7), (1, -7), (1, 7)$
☺ x축 대칭: $(a, -b)$, y축 대칭: $(-a, b)$,
원점 대칭: $(-a, -b)$
18 $a=-3, b=-4$　　**19** $a=-5, b=1$
20 $a=-3, b=-5$　　**21** $a=-1, b=-2$
22 $a=-5, b=-3.5$　**23** $a=-3, b=-\dfrac{5}{2}$
24 $a=-4, b=-2$　　**25** $a=6, b=2$
26 $a=7, b=4$　　　**27** ④

06 그래프　　124쪽

원리확인 ❶ 　❷

1 (1) $(1, 1), (2, 2), (3, 2), (4, 3), (5, 2)$
(2)

2 (1) $(-2, 3), (-1, 2), (0, 1), (1, 0), (2, -1)$
(2)

3 (1) $(0, 0), (1, 2), (2, 4), (3, 8), (4, 14)$
(2)~(3)

4 (1) $(0, 0), (1, 2), (2, 4), (3, 6), (4, 8), (5, 10)$
(2)~(3)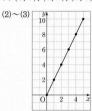

5 (1) $(0, 10), (1, 8), (2, 6), (3, 4), (4, 2), (5, 0)$
(2)~(3)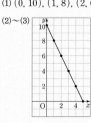

07 그래프의 해석　　126쪽

원리확인 ❶ ㄱ　❷ ㄴ　❸ ㄷ

1 (1) 6　(2) 6, 12　(3) -4　**2** (1) 2　(2) 2
3 (1) 3　(2) 10　(3) 20
4 (1) 400　(2) 5, 10　(3) 20
5 (1) 30　(2) 10　(3) 15, 20
6 (1) 400　(2) 4　(3) 4　(4) 8
7 ④　　**8** ㄴ　　**9** ㄱ　　**10** ㄷ
11 ㄱ　**12** ㄷ　**13** ㄴ　**14** ㄴ
15 ㄱ　**16** ㄷ

TEST 5. 좌표평면과 그래프　　129쪽

1 ③　　　**2** ④　　　**3** ①, ④
4 ⑤　　　**5** 24　　　**6** ⑤

6 정비례와 반비례
01 정비례 관계　　132쪽

원리확인 ❶

x(개)	1	2	3	4	5
y(원)	300	600	900	1200	1500

❷ 2, 3, 정비례　❸ 300, 300x

1

| $\dfrac{y}{x}$ | 2 | 2 | 2 | 2 | 2 | … |

2, 2

2

| $\dfrac{y}{x}$ | -2 | -2 | -2 | -2 | -2 | … |

$-2, -2$

3

x	1	2	3	4	5	…
y	3	6	9	12	15	…
$\dfrac{y}{x}$	3	3	3	3	3	…

3, 3

4

x	1	2	3	4	5	…
y	-3	-6	-9	-12	-15	…
$\dfrac{y}{x}$	-3	-3	-3	-3	-3	…

$-3, -3$　　☺ 일정, ax　**5** ○
6 ○　　**7** ○　　**8** ×
9 ○　　**10** ○　　**11** ○
12 ×　　**13** ○　　**14** ○
15 (✏ 6, 2, 3, 3)　　**16** $y=-3x$
17 $y=-2x$　**18** $y=\dfrac{1}{2}x$　**19** $y=-\dfrac{3}{2}x$
20 ②

02 정비례 관계 그래프 그리기　　134쪽

1 (1)

x	-4	-2	0	2	4
y	8	4	0	-4	-8

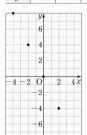

(2)~(3)

x	-4	-3	-2	-1	0	1	2	3	4
y	8	6	4	2	0	-2	-4	-6	-8

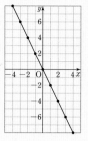

2 (1)~(2)

x	-4	-3	-2	-1	0	1	2	3	4
y	-2	$-\dfrac{3}{2}$	-1	$-\dfrac{1}{2}$	0	$\dfrac{1}{2}$	1	$\dfrac{3}{2}$	2

3 $(0, 0), (1, 1)$　**4** $(0, 0), (1, 2)$

5 $(0, 0), (2, 1)$　☺ 1, 3, 증가, 원점

6 $(0, 0), (1, -3)$　**7** $(0, 0), (2, -1)$

8 $(0, 0), (4, -3)$　☺ 2, 4, 감소, 직선

03 정비례 관계 그래프의 성질　　136쪽

원리확인 ❶ 위, 원점　❷ 1, 3　❸ 증가　❹ 2
❺ $\dfrac{1}{2}$　❻ 아래, 원점　❼ 2, 4　❽ 감소
❾ -2　❿ $-\dfrac{1}{2}$

1 1, 3　　　**2** 1, 3　　　**3** 1, 3
4 1, 3　　　**5** 2, 4　　　**6** 2, 4
7 2, 4　　　**8** 2, 4　　　☺ 1, 3, 2, 4
9 위, 증가　**10** 아래, 감소　**11** 위, 증가
12 아래, 감소　**13** 위, 증가　**14** 아래, 감소

13 $\left(\mathscr{D}\dfrac{2}{3}, \dfrac{10}{3}\right)$　　**14** $12x$　　**15** $2x$

16 $15y$　　**17** $-16a$　　**18** $-\dfrac{5}{2}b$　　**19** $4y$

20 $-\dfrac{3}{2}x$　　**21** ⑤

04 일차식과 수의 곱셈·나눗셈　36쪽

원리확인 ❶ 2, 2, $2x+6$　❷ $\dfrac{1}{2}$, $\dfrac{1}{2}$, $2x+3$

1 $10x+8$　　**2** $-2x-4$　　**3** $-3a+9$

4 $-y-3$　　**5** $10x-5$　　**6** $-4x-2$

7 $2-3b$　　**8** $-9x+6$　　**9** ($\mathscr{D}$3)

10 $\dfrac{3x-1}{7}$　　**11** ($\mathscr{D}$6, 3, 2)　**12** $\dfrac{-y+2}{3}$

13 $\dfrac{2b-1}{4}$　　**14** ($\mathscr{D}$3, 9x, 15)

15 $12y+8$　　**16** $-12a+9$　　**17** $48a-16$

18 $6+4y$　　**19** ④

05 동류항　38쪽

원리확인 ❶ 2, 3, $5x$　❷ 5, 2, $3x$

1 다르, 같으, 이 아니다　**2** 같, 같으, 이다

3 같, 다르, 이 아니다　**4** 같, 같으, 이다

5 상수항, 이다　　**6** ○　　**7** ○

8 ○　　**9** ×　　**10** ○　　**11** ×

12 ○　　**13** ○　　**14** $2x$와 $3x$

15 $-3x$와 $-8x$　　**16** a와 $4a$

17 $-2b$와 $8b$와 $-3b$　**18** $5y$와 y, -3과 7

19 $3a$와 $-\dfrac{1}{2}a$, b와 $5b$

20 $3x^2$과 $2x^2$, $4x$와 $-3x$　　**21** ④

22 ($\mathscr{D}$3, 2, 5)　　**23** $7x$　　**24** $9a$

25 $3x$　　**26** $4x$　　**27** $4x$　　**28** $6a$

29 $2x$　　**30** $2b$　　**31** $-11a$　**32** $-3x$

33 $7b$　　**34** $-2y$　　**35** $2x$　　**36** $9b$

37 $-2a$　**38** 0　　**39** $\dfrac{3}{5}x$　　**40** $\dfrac{5}{4}y$

41 $\dfrac{5}{6}b$　　☺ b, a, b　　**42** ($\mathscr{D}$7, 8)

43 $7x+4$　　**44** $-5x+6$　　**45** $7x+3$

46 $-5a+\dfrac{1}{2}$　**47** $-6x+y$　**48** ④

06 간단한 일차식의 덧셈·뺄셈　42쪽

1 ($\mathscr{D}$4x, 5, 5x, 8)　　**2** $3x+1$

3 $5x-2$　　**4** $6x-6$　　**5** $2x+2$

6 $4a+2$　　**7** $5x+3$　　**8** $4x-2$

9 $-2a+2$　　**10** $3b+1$　　**11** $12y-17$

12 $-a-7$　　**13** $7x+1$　　**14** $-5x+1$

☺ 1 또는 +1　　**15** ($\mathscr{D}$2x, 1, 2x, 2)

16 $3x+4$　　**17** $-3x-5$　　**18** $-2x+8$

19 $3x+6$　　**20** $4x-2$　　**21** $2b+1$

22 $-2x+6$　　**23** $-3y-8$　　**24** $2p+1$

25 $-7x-15$　　**26** $2a+9$　　**27** $11x-13$

28 $-4x+1$　**29** $\dfrac{3}{2}x+\dfrac{7}{6}$　☺ -1

30 $11p-6$　　**31** $5x+3$　　**32** $x+8$

---

33 $5x-2$　　**34** $5x+22$　　**35** $11x-13$

36 $-2x+2$　　**37** $-4x+7$　　**38** $5x+2$

39 $y+2$　　**40** $-5a-7$　　**41** $7b+1$

42 $x+1$　　**43** $5x-16$　　**44** $3x+3$

45 $2x+3$　　**46** $4x-1$　　**47** $-8x+4$

48 $\dfrac{1}{6}x+\dfrac{1}{6}$　**49** $\dfrac{5}{6}x+\dfrac{5}{6}$　**50** ⑤

07 복잡한 일차식의 덧셈·뺄셈　46쪽

원리확인 ❶ 3, 2, 3, $2x$, $5x+1$

❷ $3x$, 4, 7, $3x$, 7, 2, 2, 5, 2

1 ($\mathscr{D}$3, 2, 6, 4, 2, 1)　　**2** $\dfrac{17x-7}{6}$

3 $\dfrac{17x-5}{4}$　**4** $\dfrac{5x+12}{12}$　**5** $\dfrac{x+7}{15}$

6 $\dfrac{-b+13}{14}$　**7** ($\mathscr{D}$3, 2, 3, 4, 7)

8 $\dfrac{x+1}{6}$　**9** $\dfrac{-6x+19}{12}$　**10** $\dfrac{2x-12}{15}$

11 $\dfrac{14x-15}{12}$　**12** $\dfrac{x+1}{2}$　**13** $4x-2$

14 $3a-18$　　**15** $8x-13$　　**16** $3a-4b$

17 $-11x-2$　　**18** ⑤

08 조건을 만족하는 식　48쪽

원리확인 ❶ $3x$, 1, $3x$, 1, $5x$　❷ 2, 3, 2, 5

1 ($\mathscr{D}$1, 1, 1, 1, 3x)　　**2** $-x-2$

3 $x+2$　　**4** $-3x$　　**5** $-3x-3$

6 $4x+5$　　**7** $5x-2$　　**8** $5x-2$

9 $x+4$　　**10** $-5x+2$　　**11** $-4x-5$

12 $5x+9$　　☺ 교환　　**13** $x+3$

14 $x+3$　　**15** $9x-5$　　**16** $-11x+6$

17 $3x+1$　　☺ 결합　　**18** ②

19 ($\mathscr{D}-$, $3x$)　**20** $4x+5$　　**21** $-7x+9$

22 $-16x+12$　**23** $-3x+11$　**24** ($\mathscr{D}+$, $4x$)

25 $5x-3$　　**26** $x+1$　　**27** $5x-6$

28 $-4x$　　**29** ②

TEST 2. 일차식과 그 계산　51쪽

1 ⑤　　　**2** ④　　　**3** -8

4 $-2x+10$　**5** ③　　　**6** ⑤

3 일차방정식

01 등식　54쪽

1 ○　　**2** ○　　**3** ×　　**4** ×

5 ×　　**6** ○　　**7** 좌변: $4+2$, 우변: 6

8 좌변: $x+2$, 우변: 6　**9** 좌변: $x+2$, 우변: 0

10 좌변: $x+2$, 우변: $-x+3$

11 좌변: $2x+3$, 우변: $-3x+1$

12 좌변: $\dfrac{1}{2}x+\dfrac{2}{3}$, 우변: $\dfrac{5}{6}x+1$

13 $x-3=8$　　**14** $3x+4=10$

15 $2x-3=x+5$　　**16** $3x=15$

17 $5000-4x=600$　　**18** $32-3x=2$

19 $80x=150$　　**20** $2x=5$

21 ②

---

02 방정식　56쪽

원리확인 ❶

x의 값	좌변의 값	우변의 값	참, 거짓
-1	2	4	거짓
0	3	4	거짓
1	4	4	참

→ 방정식의 해: $x=1$

❷

x의 값	좌변의 값	우변의 값	참, 거짓
0	0	8	거짓
1	4	8	거짓
2	8	8	참

→ 방정식의 해: $x=2$

1 ×, ○, ×, 2　　**2** ×, ○, ×, 2

3 ○, ×, ×, 1　　**4** ×, ○, ×, 2

5 ×, ×, ○, 3　　**6** ×, ○, ×, 2

7 ○, ×, ×, 1　　**8** ×, ○, ×, 0

9 ○　　**10** ○　　**11** ×

12 ○　　**13** ○　　**14** ④

03 항등식　58쪽

1 ○, ○, ○　　**2** ○, ○, ○　　**3** ○

4 ○　　**5** ○　　**6** ○

7 ○　　**8** ×　　**9** ○

10 ○　　**11** ○　　**12** ○

13 ×　　**14** ×　　**15** $a=3, b=2$

16 $a=5, b=-3$　　**17** $a=4, b=2$

18 $a=5, b=-4$　**19** $a=\dfrac{1}{2}, b=\dfrac{3}{2}$

20 $a=9, b=-2$　　**21** $a=-3, b=1$

22 $a=-1, b=7$　　**23** $a=4, b=-6$

24 $a=3, b=-\dfrac{1}{2}$　☺ c, d

25 ④

04 등식의 성질　60쪽

원리확인 ❶ 3　❷ 3　❸ 3　❹ 3

1 ○　　**2** ○　　**3** ○

4 ○　　**5** ×　　**6** ○

7 ○　　**8** ○　　**9** 2

10 3　　**11** 1　　**12** 2

13 3　　**14** 2　　**15** $x=5$

16 $x=6$　**17** $x=7$　**18** $x=8$

19 $x=8$　**20** $x=\dfrac{4}{3}$　**21** $x=6$

22 $x=13$　**23** $x=3$　**24** $x=2$

25 $x=1$　**26** $x=2$　**27** $x=1$

28 $x=\dfrac{3}{2}$　**29** $x=2$　**30** $x=3$

☺ $-c, -c$　**31** $x=8$　**32** $x=12$

33 $x=-8$　**34** $x=-12$　**35** $x=15$

36 $x=-2$　**37** $x=4$　**38** $x=6$

39 $x=3$　**40** $x=4$　**41** $x=\dfrac{1}{2}$

42 $x=-\dfrac{1}{2}$　**43** $x=-2$　**44** $x=5$

45 $x=\dfrac{5}{3}$　☺ c, c

46 ($\mathscr{D}$5, 5, 8, 4)　　**47** $x=-3$

48 $x=1$　**49** $x=-2$　**50** $x=-2$

51 ⑤

05 이항

원리확인 **①** + **②** + **③** − **④** −

1 (⨂ 5)	2 $3x=5-2$
3 $2x-x=12$	4 $6x+2x=-12$
5 $5x+3x=-10-6$	6 $5x-x=18+2$
☺ −, +	7 $x=12$
8 $x=-4$	9 $2x=1$
10 $2x=16$	11 $-x=3$
12 $10x=2$	13 $5x=-20$
14 $-8x=-12$	15 $13x=3$
16 $3x=15$	17 $7x=14$
18 $3x=-4$	19 $2x=12$
20 ①	

06 일차방정식

원리확인 **①** ○ **②** ○ **③** ×

1 ○ (⨂ $x-3$)	2 $3x-9=0$, ○
3 $x+5=0$, ○	4 $-4x-4=0$, ○
5 $0=0$, ×	6 $2=0$, ×
7 $5x+6=0$, ○	8 $-3=0$, ×
9 $5x=0$, ○	10 $x^2-x+3=0$, ×
11 $4x+2=0$, ○	12 0, 0
13 0, 0, 2, 2	14 0, 0, 1, 1
15 0, 0	16 ②, ⑤

07 일차방정식의 풀이

원리확인 **①** $2x$, 5, 6 **②** x, 2, 10, 2

1 (⨂ 5, 8, 4)	2 $x=9$	3 $x=4$
4 $x=-5$	5 $x=-4$	6 $x=2$
7 $x=2$	8 (⨂ $2x$, $3x$, 1)	
9 $x=-1$	10 $x=\frac{1}{2}$	11 $x=6$
12 $x=-\frac{3}{2}$	13 $x=3$	14 $x=4$
☺ 2, 2	15 (⨂ x, 3, 8, 4)	
16 $x=-6$	17 $x=7$	18 $x=3$
19 $x=\frac{1}{2}$	20 $x=\frac{13}{6}$	21 ③
22 (⨂ 10, 10, -6, -3)		23 $x=-\frac{8}{5}$
24 $x=5$	25 $x=-1$	26 $x=-2$
27 $x=3$	28 $x=6$	29 $x=-5$
30 $x=3$	31 $x=-2$	32 $x=2$
33 $x=-8$	34 ④	

08 계수가 소수인 일차방정식

원리확인 **①** 6, 12 **②** 16, 18 **③** 10, 34

1 (⨂ 12, 4, 12, 8, 4)	2 $x=3$
3 $x=-7$	4 $x=1$	5 $x=-\frac{5}{2}$
6 $x=-2$	7 $x=-3$	8 $x=2$
9 $x=-4$	10 $x=-11$	11 $x=6$
12 $x=1$	13 $x=4$	14 $x=1$
15 $x=8$	16 $x=16$	17 $x=4$
18 $x=-3$	19 ①	

09 계수가 분수인 일차방정식

원리확인 **①** 21, $2x$ **②** 18, $3x$ **③** $18x$, 14

1 (⨂ 4, 1, 4, -3, -1)		2 $x=4$
3 $x=2$	4 $x=2$	5 $x=\frac{2}{5}$
6 $x=6$	7 $x=-13$	8 $x=-2$
9 $x=-2$	10 $x=-1$	11 $x=-2$
12 $x=-5$	13 (⨂ 6, 6, $x+4$, 8, 6, 2)	
14 $x=-11$	15 $x=9$	16 $x=-1$
17 $x=-6$	18 ①	

10 비례식으로 주어진 일차방정식

원리확인 **①** $x+4$ **②** $x-1$, $x+2$

1 (⨂ x, 6, 12, 4)		2 $x=5$
3 $x=6$	4 $x=3$	5 $x=3$
6 $x=2$	7 (⨂ $x-1$, 3, 2, 14, 7)	
8 $x=6$	9 $x=1$	10 $x=2$
11 $x=-\frac{4}{3}$	12 $x=-\frac{9}{10}$	13 $x=3$
14 $x=8$	15 $x=-5$	16 $x=-2$
17 $x=4$	18 $x=-4$	19 $x=6$
20 ⑤		

11 해가 주어졌을 때 상수 구하기

1 7	2 3	3 10
4 3	5 −2	6 −3
7 6	8 24	9 ④

TEST 3. 일차방정식

1 7	2 ③	3 $x-1$
4 ②	5 ③	6 ④

4 일차방정식의 활용
01 일차방정식의 활용

원리확인 **①** x, 16 **②** x, 3 **③** 45 **④** 700

1 (1) $x+9=2x+2$ (2) $x=7$ (3) 7
2 −3
3 7
4 9
5 (1) 5, 3500 (2) $1000x+3500=9500$
　(3) $x=6$ (4) 6개
6 11
7 5
8 (1) 2, $11-x$, $2(11-x)$
　(2) $4x+2(11-x)=30$
　(3) $x=4$ (4) 소: 4마리, 닭: 7마리
9 10개
10 3문제
11 (1) 2 (2) $x+(x+2)=28$
　(3) $x=13$ (4) 13세
12 14세
13 (1) x, x (2) $44+x=2(13+x)$
　(3) $x=18$ (4) 18년 후
14 3년 후
15 (1) x, 16, 12 (2) $x+4=2(x-12)$
　(3) $x=28$ (4) 28세

16 15세
17 (1) x, 58, 61 (2) $x+3=3(61-x)$
　(3) $x=45$ (4) 45세
18 12세
19 (1) 6 (2) $2(2x+6)=48$ (3) $x=9$
　(4) 135 cm^2
20 가로의 길이: 9 cm, 세로의 길이: 27 cm
21 9 cm
22 (1) x, 6 (2) $6(8+x)=84$ (3) $x=6$ (4) 6 cm
23 5 cm　　24 4 cm　　25 $3x$
26 $3x+1$　　27 $3x+2$　　28 $3x-1$
29 $3x-2$　　30 $3x-2$
31 (1) $3x+2$, $4x-6$ (2) $3x+2=4x-6$
　(3) $x=8$ (4) 학생 수: 8명, 공책 수: 26권
32 47개　　33 100개

02 연속하는 수에 대한 일차방정식의 활용

원리확인 **①** $x+1$ **②** $x-1$, $x+1$ **③** $x+2$
④ $x-2$, $x+2$

1 (1) $x-1$, $x+1$ (2) $3x=45$ (3) $x=15$
　(4) 14, 15, 16
2 20, 21, 22
3 (1) $x+2$ (2) $2x+2=28$ (3) $x=13$ (4) 13
4 25　　　　5 34, 36
6 (1) $x-2$, $x+2$ (2) $3x=171$ (3) $x=57$
　(4) 55, 57, 59
7 24, 26, 28　　8 11

03 자릿수에 대한 일차방정식의 활용

원리확인 **①** 2, 20 **②** 3, 30 **③** 10, $10x$

1 $40+x$	2 $50+y$	3 $60+b$
4 $10x+2$	5 $10a+9$	6 $10y$
☺ $100a$, $10b$, c		

7 (1) 8, x (2) $80+x=7(8+x)$ (3) $x=4$ (4) 84
8 62
9 (1) x, 5, x, 5 (2) $10x+5=x+77$
　(3) $x=8$ (4) 58
10 54

04 거리, 속력, 시간에 대한 일차방정식의 활용

원리확인 7, 1, 7, 7

1 시속 60 km	2 분속 5 km	3 초속 220 m
4 시속 5 km	5 분속 6 m	6 초속 60 m
☺ 거리, 시간		

7 (1) (⨂ 1, 50) (2) (⨂ 2, 100) (3) (⨂ 3, 150)
8 (1) 3 km (2) 30 km (3) 300 km
9 (1) 60 km (2) 30 km (3) 10 km
10 (1) 1000 m (2) 1500 m (3) 2000 m
☺ 속력, 시간　　　11 $\frac{x}{2}$시간
12 $\frac{x}{3}$시간　　　13 $\frac{x}{60}$시간

14 $\frac{5-x}{4}$ 시간 15 $\left(\frac{x}{6}+\frac{y}{3}\right)$ 시간

16 $\left(\frac{x}{2}+\frac{5-x}{4}\right)$ 시간 ☺ 거리, 속력

17 (1) $\frac{x}{2}$ 시간, $\frac{x}{3}$ 시간 (2) $\frac{x}{2}+\frac{x}{3}=5$

(3) $x=6$ (4) 6 km

18 $\frac{x}{3}$ 시간, $\frac{x}{6}$ 시간, 6 km

19 (1) $(5-x)$ km, $\frac{5-x}{4}$ 시간 (2) $\frac{5-x}{4}+\frac{x}{2}=2$

(3) $x=3$ (4) 3 km

20 $\frac{x}{100}$ 분, $\frac{x}{60}$ 분, 1800 m

21 (1) $(x-5)$ km, $\frac{x}{60}$ 시간, $\frac{x-5}{90}$ 시간

(2) $\frac{x}{60}+\frac{x-5}{90}=\frac{8}{3}$ (3) $x=98$ (4) 191 km

22 $(x+500)$ m, $\frac{x}{100}$ 분, $\frac{x+500}{50}$ 분, 600 m

23 (1) $\frac{x}{18}$ 시간, $\frac{x}{4}$ 시간 (2) $\frac{x}{4}-\frac{x}{18}=\frac{7}{12}$

(3) $x=3$ (4) 3 km

24 $\frac{x}{20}$ 시간, $\frac{x}{50}$ 시간, 15 km

05 농도에 대한 일차방정식의 활용 96쪽

원리확인 5, 100, 5, 5

1 10 % 2 12 % 3 20 % 4 10 %
5 12 % 6 20 %
☺ 소금, 소금물, 소금, 소금물
7 (1) ✏10, 8 (2) ✏20, 16 (3) ✏30, 24
8 (1) 3 g (2) 30 g (3) 300 g
9 (1) 50 g (2) 250 g (3) 500 g
10 (1) 12 g (2) 15 g (3) 18 g
☺ 소금물, 소금물
11 (1) $\frac{3x}{100}$ g (2) $\frac{3x}{100}$ g (3) $\frac{3x}{100}$ g
12 (1) $\frac{7x}{100}$ g (2) $\frac{7x}{100}$ g (3) $\frac{7x}{100}$ g
13 (1) 200, 200, x
(2) $\frac{5}{100}\times200=\frac{4}{100}(200+x)$
(3) $x=50$ (4) 50 g
14 100, 8, 100, 50 g
15 (1) 200, 200, x
(2) $\frac{4}{100}\times200=\frac{8}{100}(200-x)$
(3) $x=100$ (4) 100 g
16 500, 20, 500, 200 g
17 (1) 12, 300, x (2) $12+x=\frac{10}{100}(300+x)$
(3) $x=20$ (4) 20 g
18 4, 80, 24, 80, 20 g
19 (1) 2, $\frac{5}{100}x$, 100, x
(2) $2+\frac{5}{100}x=\frac{3}{100}(100+x)$
(3) $x=50$ (4) 50 g
20 18, 200, 8, 200, 100 g

06 일에 대한 일차방정식의 활용 100쪽

1 (1) $\frac{1}{4}$, $\frac{1}{12}$ (2) 3일 2 6일 3 3일
4 6일 5 4시간

TEST 4. 일차방정식의 활용 101쪽

1 ④ 2 10 3 76 4 ④
5 ⑤ 6 ①

대단원 TEST Ⅲ. 문자와 식 102쪽

1 ③, ⑤ 2 ① 3 2 4 ③
5 ② 6 ⑤ 7 $x=-\frac{1}{8}$
8 ① 9 ④ 10 6년 후 11 ②
12 ③ 13 ① 14 ④ 15 ③

5 좌표평면과 그래프

01 수직선과 좌표 108쪽

원리확인 ❶ −1 ❷ 2 ❸ 5 ❹ 0

1 (✏1) 2 B(2) 3 C$\left(\frac{5}{2}\right)$ 4 D(−1)
5 E(−4) 6 O(0) 7 A(−2), B(1), C(3)
8 A(−1), B(0), C(2)
9 A(−3), B$\left(-\frac{3}{2}\right)$, C$\left(\frac{1}{2}\right)$ 또는
A(−3), B(−1.5), C(0.5)
10 A$\left(-\frac{4}{3}\right)$, B$\left(\frac{1}{3}\right)$, C$\left(\frac{9}{4}\right)$
11 A$\left(-\frac{5}{2}\right)$, B$\left(-\frac{1}{3}\right)$, C$\left(\frac{7}{4}\right)$
12 A$\left(-\frac{9}{4}\right)$, B$\left(-\frac{2}{3}\right)$, C$\left(\frac{5}{2}\right)$

13 (수직선 −3 ~ 3) A(0), B(2), C(3)
14 (수직선 −3 ~ 3) C(−1), B(0), A(2)
15 (수직선 −3 ~ 3) C(−3), A(0), B(2)
16 (수직선 −3 ~ 3) B(0), A(2), C(3)
17 (수직선 −3 ~ 3) B(−1), C(0), A(2)
18 (수직선 −3 ~ 3) B(−2), A(3)

두 점 사이의 거리: 5

02 순서쌍과 좌표평면 110쪽

1 (✏2, 4) 2 −6, 1, B(−6, 1)
3 −3, −3, C(−3, −3)
4 1, −2, D(1, −2) 5 4, 0, E(4, 0)
6 0, −6, F(0, −6)
7 (✏3, 1, −1, 3, −2, −4, 2, −3)
8 A(3, 4), B(−3, 1), C(−4, −2), D(1, −4)
9 A(4, 2), B(−4, 4), C(−2, −4), D(0, −2)
10 A(1, 2), B(−2, 1), C(−3, 0), D(3, −2)

11~16

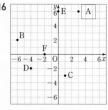

17 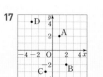 18

19 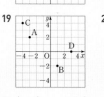 20

21 (1, 2) 22 (1, −2) 23 (−5, 2)
24 (−3, −6) 25 (0, 3) 26 (0, 0)
27 (1, 0) 28 (3, 0) 29 (−5, 0)
30 (0, 1) 31 (0, 7) 32 $\left(0, -\frac{1}{2}\right)$
☺ 0, 0, 0, 0, 0, 0

33 2 34 −1 35 $\frac{1}{2}$ 36 3
37 −3 38 $-\frac{1}{4}$ 39 ④

03 좌표평면 위의 도형의 넓이 114쪽

원리확인 ❶ 5 ❷ 6

1 12 2 21 3 8 4 4
5 6 6 8 7 24 8 25
9 12 10 10 11 20

04 사분면 위의 점 116쪽

원리확인

점	점의 위치	x좌표의 부호	y좌표의 부호
A	제1사분면	+	+
B	제2사분면	−	+
C	제3사분면	−	−
D	제4사분면	+	−

1 점 C, E 2 점 A, J 3 점 B, F 4 점 G, H
5 점 D, O, I 6 2 7 4
8 3 9 1 10 4 11 2
12 3 ☺ 1, 3, 4, 2 13 1
14 4 15 3 16 2 17 4
18 2 19 3
20 (1) ㄱ, ㅅ (2) ㄷ, ㅊ (3) ㅂ, ㅇ 21 1
22 2 23 3 24 1 25 4
26 1 27 2 28 4 29 3
30 1 31 4 32 3 33 2
34 4 35 1 36 2 37 4
38 2 39 4 40 2 41 1
42 3 43 4 44 3 45 1
46 2 47 2 48 3

05 대칭인 점의 좌표 120쪽

원리확인 ❶ Q ❷ R ❸ S

1 (4, 3), (4, −3), (−4, 3), (−4, −3)
2 (2, 1), (2, −1), (−2, 1), (−2, −1)
3 (−1, 1), (−1, −1), (1, 1), (1, −1)
4 (−3, 1), (−3, −1), (3, 1), (3, −1)
5 (−2, −3), (−2, 3), (2, −3), (2, 3)
6 (−4, −4), (−4, 4), (4, −4), (4, 4)
7 (2, −1), (2, 1), (−2, −1), (−2, 1)

수학은 개념이다!

디딤돌의 중학 수학 시리즈는
여러분의 수학 자신감을 높여 줍니다.

개념 이해
디딤돌수학 개념연산

다양한 이미지와 단계별 접근을 통해
개념이 쉽게 이해되는 교재

개념 적용
디딤돌수학 개념기본

개념 이해, 개념 적용, 개념 완성으로
개념에 강해질 수 있는 교재

개념 응용
최상위수학 라이트

개념을 다양하게 응용하여
문제해결력을 키워주는 교재

개념 완성

디딤돌수학 개념연산과 개념기본은 동일한 학습 흐름으로 구성되어 있습니다.
연계 학습이 가능한 개념연산과 개념기본을 통해
중학 수학 개념을 완성할 수 있습니다.

수학은 개념이다!

개념연산

중**1** **1 B**

2022 개정 교육과정

정답과 풀이

수학은 개념이다!

디딤돌 수학

개념연산

중1 1/B 정답과 풀이

디딤돌

1 문자를 사용한 식

01

곱셈 기호의 생략

원리확인

❶ 3 ❷ y ❸ 2, 3

1 ($\mathscr{\ell}$ $3x$)   2 $7x$ 3 $\frac{1}{3}x$ 또는 $\frac{x}{3}$

4 $-2b$ 5 $-\frac{2}{3}x$ 또는 $-\frac{2x}{3}$ 6 $5y$

7 $-3a$ 8 $-\frac{3}{2}x$ 또는 $-\frac{3x}{2}$ 9 ($\mathscr{\ell}$ x)

10 y 11 $-y$ 12 $-a$ 13 $0.1a$

14 $0.01b$ 15 $-0.1c$ 16 $0.1y$

☺ 1, 1, -1, -1 17 ($\mathscr{\ell}$ abc) 18 lmn

19 $5xy$ 20 $\frac{2}{3}ab$ 또는 $\frac{2ab}{3}$ 21 $0.3pq$

22 $-6abc$ 23 $-2xyz$ 24 ($\mathscr{\ell}$ $2x^2$) 25 $-2a^3$

26 $\frac{2}{3}y^4$ 또는 $\frac{2y^4}{3}$ 27 $\frac{1}{3}p^4$ 또는 $\frac{p^4}{3}$

28 $-a^3b^2$ 29 $0.1xy^3$ 30 $-0.3p^2q^2$

31 $5ab^2c^2$ 32 ($\mathscr{\ell}$ 2)   33 $7(2x-1)$

34 $3(a-b)$ 35 $-2(a+b)$ 36 $-2(x-3)$

37 $-(a+b)$ 38 $5x(y+z)$ 39 ($\mathscr{\ell}$ $5a$, $2b$)

40 $3p-7q$ 41 $9x-y$ 42 $5a-0.1b$

43 $-a+5xy$ 44 $-3(x+y)+5z$

45 $3+5x^2$ 46 a^2+b^2 47 $x^2-\frac{1}{3}x$

48 $2b+3a^2y$ 49 $3(b-c)-x^2$ 50 ③, ⑤

50 ① $x\times(-1)\times(x+y)=-x(x+y)$
   ② $-0.1\times a\times b\times a=-0.1a^2b$
   ④ $3\times x-y\times 2=3x-2y$
   따라서 옳은 것은 ③, ⑤이다.

02

나눗셈 기호의 생략

원리확인

❶ y, 5   ❷ y, z, yz

1 ($\mathscr{\ell}$ 3)   2 $\frac{a}{2}$ 3 $\frac{3}{x}$

4 $\frac{3}{4x}$ 5 $\frac{2}{x}$ ☺ $\frac{a}{bc}$, $\frac{ac}{b}$

6 ($\mathscr{\ell}$ a, $\frac{3}{a}$)   7 $\frac{3}{x}+\frac{2}{y}$ 8 ($\mathscr{\ell}$ $x+1$)

9 $\frac{5}{x+2}$ 10 $\frac{5}{a+b}$ 11 $-\frac{2}{a+b}$

12 $\frac{a}{b+c}$ 13 $\frac{x+1}{3}$ 14 $\frac{2x-1}{5}$

15 $-\frac{2x-1}{2}$ 16 ($\mathscr{\ell}$ 4, b, b) 17 $-\frac{b}{4}$

18 $\frac{2}{x}$ 19 $\frac{3}{x}$ 20 $-\frac{3}{x}$

21 $\frac{2x}{y}$ 22 a 23 $-a$

24 ($\mathscr{\ell}$ 2, 3, $\frac{x}{6}$)   25 $\frac{a}{12}$ 26 a

27 a 28 $\frac{a}{3b}$ 29 $-\frac{2}{xy}$

30 $\frac{a}{bc}$ 31 $\frac{a}{bc}$ 32 $\frac{3x}{y}$

33 $\frac{ac}{b}$ 34 $-\frac{ab}{3}$ 35 $-\frac{x}{yz}$

36 $\frac{x^2}{2y}$ 37 $\frac{a^2}{b^3}$ 38 $-\frac{2y}{x^2}$

39 $\frac{ac}{3b}$ 40 $\frac{3x}{y}$ 41 $\frac{3}{xy}$

42 $\frac{a}{bc}$ 43 $\frac{xz}{y}$ 44 $\frac{xy}{3}$

45 $-\frac{b}{a}$ 46 $\frac{2y}{x^3}$ 47 $-\frac{m}{abc}$

48 $\frac{5}{x}+\frac{3}{y}$ 49 $0.1a-\frac{6}{b}$ 50 $-\frac{p}{2}+3ab$

51 $-y^2+\frac{4a+b}{9}$ 52 $\frac{n-1}{m}+\frac{lm}{n}$ 53 $-\frac{ab}{3}-\frac{x}{y^2}$

54 ④

17 $b\div(-4)=b\times\left(-\frac{1}{4}\right)=-\frac{b}{4}$

18 $2 \div x = 2 \times \dfrac{1}{x} = \dfrac{2}{x}$

19 $3 \div x = 3 \times \dfrac{1}{x} = \dfrac{3}{x}$

20 $(-3) \div x = (-3) \times \dfrac{1}{x} = -\dfrac{3}{x}$

21 $2x \div y = 2x \times \dfrac{1}{y} = \dfrac{2x}{y}$

22 $a \div 1 = a \times \dfrac{1}{1} = a$

23 $a \div (-1) = a \times \dfrac{1}{-1} = a \times (-1) = -a$

25 $a \div 3 \div 4 = a \times \dfrac{1}{3} \times \dfrac{1}{4} = \dfrac{a}{12}$

26 $a \div 1 \div 1 = a \times \dfrac{1}{1} \times \dfrac{1}{1} = a$

27 $a \div (-1) \div (-1) = a \times \dfrac{1}{-1} \times \dfrac{1}{-1}$
$\qquad\qquad = a \times (-1) \times (-1) = a$

28 $a \div 3 \div b = a \times \dfrac{1}{3} \times \dfrac{1}{b} = \dfrac{a}{3b}$

29 $(-2) \div x \div y = (-2) \times \dfrac{1}{x} \times \dfrac{1}{y} = -\dfrac{2}{xy}$

30 $a \div b \div c = a \times \dfrac{1}{b} \times \dfrac{1}{c} = \dfrac{a}{bc}$

31 $a \div c \div b = a \times \dfrac{1}{c} \times \dfrac{1}{b} = \dfrac{a}{bc}$

32 $3 \times x \div y = 3 \times x \times \dfrac{1}{y} = \dfrac{3x}{y}$

33 $a \div b \times c = a \times \dfrac{1}{b} \times c = \dfrac{ac}{b}$

34 $a \div (-3) \times b = a \times \left(\dfrac{1}{-3}\right) \times b = -\dfrac{ab}{3}$

35 $x \div y \div z \times (-1) = x \times \dfrac{1}{y} \times \dfrac{1}{z} \times (-1) = -\dfrac{x}{yz}$

36 $x \times x \div 2 \div y = x \times x \times \dfrac{1}{2} \times \dfrac{1}{y} = \dfrac{x^2}{2y}$

37 $a \times a \div b \div b \div b = a \times a \times \dfrac{1}{b} \times \dfrac{1}{b} \times \dfrac{1}{b} = \dfrac{a^2}{b^3}$

38 $y \times (-2) \div x \div x = y \times (-2) \times \dfrac{1}{x} \times \dfrac{1}{x} = -\dfrac{2y}{x^2}$

39 $a \div b \times c \div 3 = a \times \dfrac{1}{b} \times c \times \dfrac{1}{3} = \dfrac{ac}{3b}$

40 $3 \times (x \div y) = 3 \times \left(x \times \dfrac{1}{y}\right) = 3 \times \dfrac{x}{y} = \dfrac{3x}{y}$

41 $3 \div (x \times y) = 3 \div xy = 3 \times \dfrac{1}{xy} = \dfrac{3}{xy}$

42 $a \div (c \times b) = a \div bc = a \times \dfrac{1}{bc} = \dfrac{a}{bc}$

43 $x \div \left(y \times \dfrac{1}{z}\right) = x \div \dfrac{y}{z} = x \times \dfrac{z}{y} = \dfrac{xz}{y}$

44 $x \div (3 \div y) = x \div \left(3 \times \dfrac{1}{y}\right) = x \div \dfrac{3}{y}$
$\qquad\qquad = x \times \dfrac{y}{3} = \dfrac{xy}{3}$

45 $(-1) \div (a \div b) = (-1) \div \left(a \times \dfrac{1}{b}\right) = (-1) \div \dfrac{a}{b}$
$\qquad\qquad = (-1) \times \dfrac{b}{a} = -\dfrac{b}{a}$

46 $y \times 2 \div (x \times x \times x) = 2y \div x^3 = 2y \times \dfrac{1}{x^3} = \dfrac{2y}{x^3}$

47 $(-1) \times m \div (b \times c \times a) = -m \div abc$
$\qquad\qquad = -m \times \dfrac{1}{abc} = -\dfrac{m}{abc}$

48 $5 \div x + 3 \div y = \dfrac{5}{x} + \dfrac{3}{y}$

49 $0.1 \times a - 6 \div b = 0.1a - 6 \times \dfrac{1}{b} = 0.1a - \dfrac{6}{b}$

50 $p \div (-2) + 3 \times b \times a = p \times \dfrac{1}{-2} + 3ab$

$\qquad\qquad\qquad\qquad = -\dfrac{p}{2} + 3ab$

51 $-1 \times y \times y + (4a+b) \div 9 = -y^2 + (4a+b) \times \dfrac{1}{9}$

$\qquad\qquad\qquad\qquad\qquad = -y^2 + \dfrac{4a+b}{9}$

52 $(n-1) \div m + m \times l \div n$

$\quad = (n-1) \times \dfrac{1}{m} + m \times l \times \dfrac{1}{n}$

$\quad = \dfrac{n-1}{m} + \dfrac{lm}{n}$

53 $a \times \left(-\dfrac{1}{3}\right) \times b - x \div y \div y = -\dfrac{ab}{3} - x \times \dfrac{1}{y} \times \dfrac{1}{y}$

$\qquad\qquad\qquad\qquad\qquad\quad = -\dfrac{ab}{3} - \dfrac{x}{y^2}$

54 ① $a \times \dfrac{1}{b} \div c = a \times \dfrac{1}{b} \times \dfrac{1}{c} = \dfrac{a}{bc}$

② $\dfrac{1}{b} \times \dfrac{1}{c} \times a = \dfrac{a}{bc}$

③ $a \div b \div c = a \times \dfrac{1}{b} \times \dfrac{1}{c} = \dfrac{a}{bc}$

④ $a \div (b \div c) = a \div \left(b \times \dfrac{1}{c}\right) = a \div \dfrac{b}{c} = a \times \dfrac{c}{b} = \dfrac{ac}{b}$

⑤ $a \div (c \times b) = a \div bc = a \times \dfrac{1}{bc} = \dfrac{a}{bc}$

따라서 나머지 넷과 다른 것은 ④이다.

문자의 사용

원리확인

❶ 1　　❷ 2　　❸ 3　　❹ 4　　❺ x

1 $1000x$원　　　　　　**2** $7p$원

3 $(200a+300b)$원　　**4** $(10000-700a)$원

5 $\dfrac{x}{12}$원　　　　　　　**6** $150x$ g

7 $4x+2y$　　　　　　**8** $50+x$

9 $700+10p+q$　　　**10** $0.1a+0.01b$

11 $x+2$　　　　　　　**12** $a-4$

13 $(a+5)$살　　　　　**14** $(y+14)$살

15 $\dfrac{a+b}{2}$점　　　　　　**16** $\dfrac{x+y+z}{3}$ cm

17 $60a$ km　　　　　　**18** $\dfrac{10}{x}$시간

19 시속 $\dfrac{5}{y}$ km　　　**20** $\dfrac{x}{5}$ %

21 $\dfrac{1000}{b}$ %　　　　　**22** $3a$ g

7 양의 다리의 수는 4이고 오리의 다리의 수는 2이므로
$4x+2y$

8 $5 \times 10 + x = 50 + x$

9 $7 \times 100 + 10 \times p + q = 700 + 10p + q$

10 $0.1 \times a + 0.01 \times b = 0.1a + 0.01b$

11 연속한 세 자연수 중에서 가장 작은 수가 x이므로 나머지 두 자연수는 $x+1$, $x+2$이다.

12 연속한 세 홀수 중에서 가장 큰 수가 a이므로 나머지 두 홀수는 $a-2$, $a-4$이다.

20 $\dfrac{x}{500} \times 100 = \dfrac{x}{5}$ (%)

21 $\dfrac{10}{b} \times 100 = \dfrac{1000}{b}$ (%)

22 $\dfrac{a}{100} \times 300 = 3a$ (g)

04

식의 값

원리확인

❶ 3, 15   ❷ $\dfrac{3}{2}$, 7   ❸ 2, 12   ❹ -2, -6

---

1 ($\mathscr{l}$ 6, 18)   2 -12 3 10

4 -1 5 -8 6 36   7 -30

8 ($\mathscr{l}$ -2, -6)   9 -8 10 4

11 2   12 4   13 8   14 1

15 2   16 $\left(\mathscr{l}\ \dfrac{2}{3},\ \dfrac{2}{3},\ \dfrac{4}{9}\right)$ 17 $\dfrac{8}{27}$

18 $\dfrac{16}{81}$ 19 $-\dfrac{4}{9}$ 20 $\dfrac{4}{9}$ 21 $\dfrac{2}{9}$

22 ⑤   23 ($\mathscr{l}$ 4)   24 $\dfrac{7}{4}$ 25 $-\dfrac{3}{4}$

26 $\dfrac{1}{2}$ 27 1   28 2   29 $\dfrac{7}{8}$

30 ($\mathscr{l}$ 3, 3, 3)   31 6   32 -12

33 $\left(\mathscr{l}\ 3,\ \dfrac{3}{2},\ \dfrac{3}{2}\right)$ 34 3   35 $-\dfrac{15}{2}$

36 ($\mathscr{l}$ 2, -1, -6)   37 10   38 6

39 8   40 10   41 $-\dfrac{1}{2}$ 42 -3

43 -1 44 -6 45 $\dfrac{1}{12}$ 46 $-\dfrac{2}{3}$

47 2   48 -12 49 ①

50 $\left(\mathscr{l}\ a,\ h,\ \dfrac{1}{2}ah\right)$, S의 값: 10 cm²

51 $S=ah$ cm², S의 값: 28 cm²

52 $S=5(a+b)$ cm², S의 값: 40 cm²

53 25 ℃   54 45 kg   55 84 m   56 112번

---

2 $\quad -2x=-2\times x=-2\times 6=-12$

3 $\quad \dfrac{1}{2}x+7=\dfrac{1}{2}\times x+7=\dfrac{1}{2}\times 6+7=10$

4 $\quad -x+5=-6+5=-1$

---

5 $\quad \begin{aligned}-3x+10&=-3\times x+10\\&=-3\times 6+10=-8\end{aligned}$

6 $\quad x^2=6^2=36$

7 $\quad -x^2+x=-6^2+6=-30$

9 $\quad 4a=4\times a=4\times(-2)=-8$

10 $\quad -2a=-2\times a=-2\times(-2)=4$

11 $\quad -a=-(-2)=2$

12 $\quad a^2=(-2)^2=4$

13 $\quad (-a)^3=\{-(-2)\}^3=2^3=8$

14 $\quad -a^2+5=-(-2)^2+5=-4+5=1$

15 $\quad 3p=3\times p=3\times\dfrac{2}{3}=2$

17 $\quad p^3=\left(\dfrac{2}{3}\right)^3=\dfrac{2}{3}\times\dfrac{2}{3}\times\dfrac{2}{3}=\dfrac{8}{27}$

18 $\quad p^4=\left(\dfrac{2}{3}\right)^4=\dfrac{2}{3}\times\dfrac{2}{3}\times\dfrac{2}{3}\times\dfrac{2}{3}=\dfrac{16}{81}$

19 $\quad -p^2=-\left(\dfrac{2}{3}\right)^2=-\dfrac{4}{9}$

20 $\quad (-p)^2=\left(-\dfrac{2}{3}\right)^2=\left(-\dfrac{2}{3}\right)\times\left(-\dfrac{2}{3}\right)=\dfrac{4}{9}$

21 $\quad \begin{aligned}p^2-\dfrac{1}{3}p&=p^2-\dfrac{1}{3}\times p\\&=\left(\dfrac{2}{3}\right)^2-\dfrac{1}{3}\times\dfrac{2}{3}\\&=\dfrac{4}{9}-\dfrac{2}{9}=\dfrac{2}{9}\end{aligned}$

22 $\quad \begin{aligned}2x-3xy&=2\times x-3\times x\times y\\&=2\times 2-3\times 2\times\dfrac{1}{3}\\&=4-2=2\end{aligned}$

26 $\dfrac{2}{x}=\dfrac{2}{4}=\dfrac{1}{2}$

27 $\dfrac{4}{x}=\dfrac{4}{4}=1$

28 $\dfrac{8}{x}=\dfrac{8}{4}=2$

29 $\dfrac{7}{2x}=\dfrac{7}{2\times x}=\dfrac{7}{2\times 4}=\dfrac{7}{8}$

31 $\dfrac{2}{a}=2\div a=2\div\dfrac{1}{3}=2\times 3=6$

32 $-\dfrac{4}{a}=(-4)\div a=(-4)\div\dfrac{1}{3}$
$\qquad =(-4)\times 3=-12$

34 $\dfrac{2}{b}=2\div b=2\div\dfrac{2}{3}=2\times\dfrac{3}{2}=3$

35 $-\dfrac{5}{b}=(-5)\div b=(-5)\div\dfrac{2}{3}$
$\qquad =(-5)\times\dfrac{3}{2}=-\dfrac{15}{2}$

37 $-5xy=-5\times x\times y$
$\qquad =-5\times 2\times(-1)=10$

38 $x-4y=x-4\times y$
$\qquad =2-4\times(-1)=6$

39 $3x-2y=3\times x-2\times y$
$\qquad =3\times 2-2\times(-1)=8$

40 $5xy^2=5\times x\times y^2=5\times 2\times(-1)^2$
$\qquad =5\times 2\times 1=10$

41 $\dfrac{y}{x}=\dfrac{-1}{2}=-\dfrac{1}{2}$

42 $\dfrac{4}{x}+\dfrac{5}{y}=\dfrac{4}{2}+\dfrac{5}{-1}$
$\qquad =2-5=-3$

43 $6ab=6\times a\times b$
$\qquad =6\times\left(-\dfrac{1}{2}\right)\times\dfrac{1}{3}=-1$

44 $6a-9b=6\times\left(-\dfrac{1}{2}\right)-9\times\dfrac{1}{3}$
$\qquad =-3-3=-6$

45 $a^2b=a^2\times b=\left(-\dfrac{1}{2}\right)^2\times\dfrac{1}{3}$
$\qquad =\dfrac{1}{4}\times\dfrac{1}{3}=\dfrac{1}{12}$

46 $\dfrac{b}{a}=b\div a=\dfrac{1}{3}\div\left(-\dfrac{1}{2}\right)$
$\qquad =\dfrac{1}{3}\times(-2)=-\dfrac{2}{3}$

47 $2a+\dfrac{1}{b}=2\times a+1\div b$
$\qquad =2\times\left(-\dfrac{1}{2}\right)+1\div\dfrac{1}{3}$
$\qquad =2\times\left(-\dfrac{1}{2}\right)+1\times 3$
$\qquad =-1+3=2$

48 $\dfrac{3}{a}-\dfrac{2}{b}=3\div a-2\div b$
$\qquad =3\div\left(-\dfrac{1}{2}\right)-2\div\dfrac{1}{3}$
$\qquad =3\times(-2)-2\times 3$
$\qquad =-6-6=-12$

49 $\dfrac{3}{x}+\dfrac{4}{y}=3\div x+4\div y$
$\qquad =3\div 3+4\div\left(-\dfrac{2}{3}\right)$
$\qquad =3\times\dfrac{1}{3}+4\times\left(-\dfrac{3}{2}\right)$
$\qquad =1+(-6)=-5$

52 $S = \dfrac{1}{2} \times (a+b) \times 10$

$ = 5(a+b)(\text{cm}^2)$

53 $\dfrac{5}{9}(x-32) = \dfrac{5}{9} \times (x-32)$

$\phantom{\dfrac{5}{9}(x-32)} = \dfrac{5}{9} \times (77-32)$

$\phantom{\dfrac{5}{9}(x-32)} = \dfrac{5}{9} \times 45 = 25(℃)$

54 $0.9(x-100) = 0.9 \times (x-100)$

$ = 0.9 \times (150-100)$

$ = 0.9 \times 50 = 45(\text{kg})$

55 $40t - 4t^2 = 40 \times t - 4 \times t^2$

$ = 40 \times 3 - 4 \times 3^2$

$ = 120 - 36$

$ = 84(\text{m})$

56 $\dfrac{36}{5}x - 32 = \dfrac{36}{5} \times 20 - 32$

$\phantom{\dfrac{36}{5}x-32} = 144 - 32$

$\phantom{\dfrac{36}{5}x-32} = 112(번)$

1 ⑤	**2** ④	**3** ④	**4** ④
5 ②	**6** ①		

1 ① $1 \times x = x$

② $x \times 1 = x$

③ $(-1) \times x = -x$

④ $x \times (-1) = -x$

⑤ $0.1 \times x = 0.1x$

2 ① $x \times y \div z = x \times y \times \dfrac{1}{z}$

$ = \dfrac{xy}{z}$

② $x \div (y \times z) = x \div yz$

$ = x \times \dfrac{1}{yz} = \dfrac{x}{yz}$

③ $x \div y \div z = x \times \dfrac{1}{y} \times \dfrac{1}{z}$

$ = \dfrac{x}{yz}$

④ $-1 \times x \div y \times (-z) = -1 \times x \times \dfrac{1}{y} \times (-z)$

$ = \dfrac{xz}{y}$

⑤ $-1 \times (-x) \div (y \times z) = -1 \times (-x) \div yz$

$ = -1 \times (-x) \times \dfrac{1}{yz} = \dfrac{x}{yz}$

3 ④ 십의 자리의 숫자가 x, 일의 자리의 숫자가 y인 두 자리 자연수는 $10x+y$이다.

4 ① $3a + 4b = 3 \times (-2) + 4 \times 4$

$ = 10$

② $-a + 2b = -(-2) + 2 \times 4$

$ -10$

③ $\dfrac{-5b}{a} = \dfrac{-5 \times 4}{-2}$

$\phantom{\dfrac{-5b}{a}} = \dfrac{-20}{-2} = 10$

④ $-a^2 b = -(-2)^2 \times 4$

$ = -16$

⑤ $\dfrac{a^2 + b^2}{-a} = \dfrac{(-2)^2 + 4^2}{-(-2)}$

$\phantom{\dfrac{a^2+b^2}{-a}} = \dfrac{4+16}{2} = \dfrac{20}{2} = 10$

따라서 식의 값이 나머지 넷과 다른 것은 ④이다.

5
$$① \ -a = -(-1)$$
$$= 1$$
$$② \ -a^2 = -(-1)^2$$
$$= -1$$
$$③ \ (-a)^2 = \{-(-1)\}^2$$
$$= 1^2 = 1$$
$$④ \ (-a)^3 = \{-(-1)\}^3$$
$$= 1^3 = 1$$
$$⑤ \ -(-a^2) = -\{-(-1)^2\}$$
$$= -(-1) = 1$$
따라서 식의 값이 나머지 넷과 다른 것은 ②이다.

6 도형의 넓이를 식으로 나타내면
$$\frac{1}{2} \times x \times y + \frac{1}{2} \times 10 \times 6 = \frac{1}{2}xy + 30$$
$\frac{1}{2}xy + 30$에 $x = 6$, $y = 8$을 대입하면
$$\frac{1}{2} \times 6 \times 8 + 30 = 24 + 30$$
$$= 54$$

2 일차식과 그 계산

01
본문 28쪽

단항식과 다항식

원리확인

❶ 3　　　❷ 1　　　❸ 2　　　❹ −3

1 $-x$ (✎ $-x$)

2 $-3y$, -7, 항: $2x$, $-3y$, -7

3 $-9y$, -1, 항: $3x$, $-9y$, -1

4 $-3y$, -7, 항: $-2x$, $-3y$, -7

5 $-x$, $-3y$, 항: $-x$, $-3y$, 2

6 $-\frac{1}{2}x$, $-\frac{1}{3}$, 항: x^3, $3x^2$, $-\frac{1}{2}x$, $-\frac{1}{3}$

7 x의 계수: 5, y의 계수: 4

8 x의 계수: 2, y의 계수: 3

9 x의 계수: 1, y의 계수: 2

10 x의 계수: 3, y의 계수: -2

11 x의 계수: 4, y의 계수: 0

12 x^2의 계수: 5, x의 계수: -1

13 x의 계수: -1.7, y의 계수: 0.4

14 x의 계수: 2, y의 계수: $\frac{1}{5}$

15 x의 계수: 4, y의 계수: $\frac{1}{3}$

16 x의 계수: $\frac{1}{2}$, y의 계수: $\frac{2}{3}$

17 x의 계수: $\frac{5}{2}$, y의 계수: $-\frac{7}{2}$

☺ 1, 1, −1, −1, 2, 2

18 5　　　19 −5　　　20 7　　　21 $\frac{1}{2}$

22 1　　　23 −2　　　24 5　　　25 −0.1

26 $\frac{1}{4}$　　　27 $\frac{1}{2}$　　　28 $-\frac{5}{2}$

29 (1) $2x$, $-\frac{5}{2}y$, 1　(2) x의 계수: 2, y의 계수: $-\frac{5}{2}$

　(3) 1

30 단　　　31 단　　　32 단

☺ ×, 단항식, ÷, 곱　　　33 다　　　34 다

35 다　　　36 다　　　37 다　　　38 ③

2 $2x-3y-7=2x+(-3y)+(-7)$

→ 항: $2x$, $-3y$, -7

3 $3x-9y-1=3x+(-9y)+(-1)$

→ 항: $3x$, $-9y$, -1

4 $-2x-3y-7=-2x+(-3y)+(-7)$

→ 항: $-2x$, $-3y$, -7

5 $-x-3y+2=-x+(-3y)+2$

→ 항: $-x$, $-3y$, 2

6 $x^3+3x^2-\dfrac{1}{2}x-\dfrac{1}{3}=x^3+3x^2+\left(-\dfrac{1}{2}x\right)+\left(-\dfrac{1}{3}\right)$

→ 항: x^3, $3x^2$, $-\dfrac{1}{2}x$, $-\dfrac{1}{3}$

38 ① 다항식이다.

② 항은 $3x^2$, $-\dfrac{x}{2}$, $-y$, 5이다.

④ y의 계수는 -1이다.

⑤ x의 계수는 $-\dfrac{1}{2}$이다.

따라서 옳은 것은 ③이다.

02

차수와 일차식

원리확인

❶ ○　　❷ ○　　❸ ×　　❹ ×

1 (✏5, x, x, 2)	2 3	3 4
4 5	5 6	6 1	7 0

☺ n, 0

8 1, 0, 다항식의 차수: 1

9 1, 0, 다항식의 차수: 1

10 1, 0, 다항식의 차수: 1

11 2, 0, 다항식의 차수: 2

12 2, 1, 0, 다항식의 차수: 2

13 3, 1, 0, 다항식의 차수: 3

| 14 × | 15 ○ | 16 ○ | 17 ○ |
| 18 × | 19 × | 20 ② | |

---

8 $\underset{\substack{\uparrow \\ 1차}}{6x} \quad \underset{\substack{\uparrow \\ 0차}}{-4}$ → 다항식의 차수: 1

9 $\underset{\substack{\uparrow \\ 1차}}{-2x} \quad \underset{\substack{\uparrow \\ 0차}}{+1}$ → 다항식의 차수: 1

10 $\underset{\substack{\uparrow \\ 1차}}{0.1x} \quad \underset{\substack{\uparrow \\ 0차}}{-3}$ → 다항식의 차수: 1

11 $\underset{\substack{\uparrow \\ 2차}}{3x^2} \quad \underset{\substack{\uparrow \\ 0차}}{+5}$ → 다항식의 차수: 2

12 $\underset{\substack{\uparrow \\ 2차}}{5x^2} \quad \underset{\substack{\uparrow \\ 1차}}{-2x} \quad \underset{\substack{\uparrow \\ 0차}}{-7}$ → 다항식의 차수: 2

13 $\underset{\substack{\uparrow \\ 3차}}{\dfrac{2}{3}x^3} \quad \underset{\substack{\uparrow \\ 1차}}{-\dfrac{x}{2}} \quad \underset{\substack{\uparrow \\ 0차}}{+\dfrac{5}{6}}$ → 다항식의 차수: 3

20 두 조건 ㈎, ㈏에 의하여 다항식은 $ax+b\,(a\neq0)$ 꼴이다. 조건 ㈐에 의하여 $a=-\dfrac{1}{2}$, 조건 ㈑에 의하여 $b=7$이므로 구하는 다항식은 $-\dfrac{1}{2}x+7$이다.

03

단항식과 수의 곱셈·나눗셈

원리확인

❶ 5, 10, $10x$　　　　❷ $\dfrac{1}{3}$, 2, $2x$

---

1 (✎ 6)　　2 $21y$　　3 $\dfrac{2}{5}x$　　4 $-8x$

5 $-30b$　　6 $4p$　　7 $-3y$　　8 $\left(✎\ 5,\ \dfrac{3}{5}\right)$

9 $\dfrac{20}{3}x$　　10 $\dfrac{16}{3}p$　　11 $\dfrac{3}{2}b$　　12 $-2y$

13 $\left(✎\ \dfrac{2}{3},\ \dfrac{10}{3}\right)$　　14 $12x$　　15 $2x$

16 $15y$　　17 $-16a$　　18 $-\dfrac{5}{2}b$　　19 $4y$

20 $-\dfrac{3}{2}x$　　21 ⑤

2 　$7 \times 3y = 7 \times 3 \times y = 21y$

3 　$2x \times \dfrac{1}{5} = 2 \times x \times \dfrac{1}{5} = 2 \times \dfrac{1}{5} \times x = \dfrac{2}{5}x$

4 　$4x \times (-2) = 4 \times x \times (-2) = 4 \times (-2) \times x = -8x$

5 　$5 \times (-6b) = 5 \times (-6) \times b = -30b$

6 　$(-12p) \times \left(-\dfrac{1}{3}\right) = (-12) \times p \times \left(-\dfrac{1}{3}\right)$
　　　　　　　　　　$= (-12) \times \left(-\dfrac{1}{3}\right) \times p = 4p$

7 　$\dfrac{1}{3} \times (-9y) = \dfrac{1}{3} \times (-9) \times y = -3y$

9 　$20x \div 3 = \dfrac{20x}{3} = \dfrac{20}{3}x$

10 　$32p \div 6 = \dfrac{32p}{6} = \dfrac{32}{6}p = \dfrac{16}{3}p$

11 　$(-15b) \div (-10) = \dfrac{-15b}{-10} = \dfrac{-15}{-10}b = \dfrac{3}{2}b$

12 　$12y \div (-6) = \dfrac{12y}{-6} = \dfrac{12}{-6}y = -2y$

14 　$9x \div \dfrac{3}{4} = 9x \times \dfrac{4}{3} = 9 \times \dfrac{4}{3} \times x = 12x$

15 　$\dfrac{3}{4}x \div \dfrac{3}{8} = \dfrac{3}{4}x \times \dfrac{8}{3} = \dfrac{3}{4} \times x \times \dfrac{8}{3}$
　　　　　　$= \dfrac{3}{4} \times \dfrac{8}{3} \times x = 2x$

16 　$5y \div \dfrac{1}{3} = 5y \times 3 = 5 \times y \times 3 = 5 \times 3 \times y = 15y$

17 　$(-8a) \div \dfrac{1}{2} = (-8a) \times 2 = (-8) \times a \times 2$
　　　　　　$= (-8) \times 2 \times a = -16a$

18 　$-6b \div \dfrac{12}{5} = -6b \times \dfrac{5}{12}$
　　　　　$= -6 \times b \times \dfrac{5}{12}$
　　　　　$= -6 \times \dfrac{5}{12} \times b$
　　　　　$= -\dfrac{5}{2}b$

19 　$-6y \div \left(-\dfrac{3}{2}\right) = -6y \times \left(-\dfrac{2}{3}\right)$
　　　　　$= (-6) \times y \times \left(-\dfrac{2}{3}\right)$
　　　　　$= (-6) \times \left(-\dfrac{2}{3}\right) \times y$
　　　　　$= 4y$

20 　$\dfrac{4}{3}x \div \left(-\dfrac{8}{9}\right) = \dfrac{4}{3}x \times \left(-\dfrac{9}{8}\right)$
　　　　　$= \dfrac{4}{3} \times x \times \left(-\dfrac{9}{8}\right)$
　　　　　$= \dfrac{4}{3} \times \left(-\dfrac{9}{8}\right) \times x$
　　　　　$= -\dfrac{3}{2}x$

21 　⑤ $(-12x) \div (-2) = \dfrac{-12x}{-2} = 6x$

일차식과 수의 곱셈·나눗셈

원리확인

❶ 2, 2, $2x+6$ ❷ $\frac{1}{2}$, $\frac{1}{2}$, $2x+3$

1 $10x+8$ 2 $-2x-4$ 3 $-3a+9$
4 $-y-3$ 5 $10x-5$ 6 $-4x-2$
7 $2-3b$ 8 $-9x+6$ 9 ($\mathscr{D}$3)
10 $\dfrac{3x-1}{7}$ 11 ($\mathscr{D}$6, 3, 2) 12 $\dfrac{-y+2}{3}$
13 $\dfrac{2b-1}{4}$ 14 ($\mathscr{D}$3, $9x$, 15)
15 $12y+8$ 16 $-12a+9$ 17 $48a-16$
18 $6+4y$ 19 ④

1 $2(5x+4)=2\times5x+2\times4$
$\qquad\qquad =10x+8$

2 $-2(x+2)=-2\times x+(-2)\times2$
$\qquad\qquad\ =-2x-4$

3 $9\left(-\dfrac{1}{3}a+1\right)=9\times\left(-\dfrac{1}{3}a\right)+9\times1$
$\qquad\qquad\qquad\ =-3a+9$

4 $-(y+3)=(-1)\times y+(-1)\times3$
$\qquad\qquad\ =-y-3$

5 $(2x-1)\times5=2x\times5-1\times5$
$\qquad\qquad\quad =10x-5$

6 $(2x+1)\times(-2)=2x\times(-2)+1\times(-2)$
$\qquad\qquad\qquad\ =-4x-2$

7 $(12-18b)\times\dfrac{1}{6}=12\times\dfrac{1}{6}-18b\times\dfrac{1}{6}$
$\qquad\qquad\qquad\quad =2-3b$

8 $\left(4x-\dfrac{8}{3}\right)\times\left(-\dfrac{9}{4}\right)=4x\times\left(-\dfrac{9}{4}\right)-\dfrac{8}{3}\times\left(-\dfrac{9}{4}\right)$
$\qquad\qquad\qquad\qquad =-9x+6$

12 $(-6y+12)\div18=\dfrac{-6y+12}{18}$
$\qquad\qquad\qquad\ =\dfrac{-y+2}{3}$

13 $(3-6b)\div(-12)=\dfrac{3-6b}{-12}$
$\qquad\qquad\qquad\quad =-\dfrac{1-2b}{4}$
$\qquad\qquad\qquad\quad =\dfrac{2b-1}{4}$

15 $(9y+6)\div\dfrac{3}{4}=(9y+6)\times\dfrac{4}{3}$
$\qquad\qquad\qquad =9y\times\dfrac{4}{3}+6\times\dfrac{4}{3}$
$\qquad\qquad\qquad =12y+8$

16 $(8a-6)\div\left(-\dfrac{2}{3}\right)=(8a-6)\times\left(-\dfrac{3}{2}\right)$
$\qquad\qquad\qquad\qquad =8a\times\left(-\dfrac{3}{2}\right)-6\times\left(-\dfrac{3}{2}\right)$
$\qquad\qquad\qquad\qquad =-12a+9$

17 $(12a-4)\div\dfrac{1}{4}=(12a-4)\times4$
$\qquad\qquad\qquad\ =12a\times4-4\times4$
$\qquad\qquad\qquad\ =48a-16$

18 $(-3-2y)\div\left(-\dfrac{1}{2}\right)=(-3-2y)\times(-2)$
$\qquad\qquad\qquad\qquad =(-3)\times(-2)-2y\times(-2)$
$\qquad\qquad\qquad\qquad =6+4y$

19 ④ $(-y+3)\div\left(-\dfrac{3}{2}\right)=(-y+3)\times\left(-\dfrac{2}{3}\right)$
$\qquad\qquad\qquad\qquad =-y\times\left(-\dfrac{2}{3}\right)+3\times\left(-\dfrac{2}{3}\right)$
$\qquad\qquad\qquad\qquad =\dfrac{2}{3}y-2$

따라서 옳지 않은 것은 ④이다.

동류항

❶ 2, 3, $5x$ ❷ 5, 2, $3x$

---

1 다르, 같으, 이 아니다 2 같, 같으, 이다

3 같, 다르, 이 아니다 4 같, 같으, 이다

5 상수항, 이다 6 ○ 7 ○

8 ○ 9 × 10 ○ 11 ×

12 ○ 13 ○ 14 $2x$와 $3x$

15 $-3x$와 $-8x$ 16 a와 $4a$

17 $-2b$와 $8b$와 $-3b$ 18 $5y$와 y, -3과 7

19 $3a$와 $-\dfrac{1}{2}a$, b와 $5b$ 20 $3x^2$과 $2x^2$, $4x$와 $-3x$

21 ④ 22 ($\diagdown$ 3, 2, 5) 23 $7x$

24 $9a$ 25 $3x$ 26 $4x$ 27 $4x$

28 $6a$ 29 $2x$ 30 $2b$ 31 $-11a$

32 $-3x$ 33 $7b$ 34 $-2y$ 35 $2x$

36 $9b$ 37 $-2a$ 38 0 39 $\dfrac{3}{5}x$

40 $\dfrac{5}{4}y$ 41 $\dfrac{5}{6}b$ ☺ b, a, b 42 ($\diagdown$ 7, 8)

43 $7x+4$ 44 $-5x+6$ 45 $7x+3$ 46 $-5a+\dfrac{1}{2}$

47 $-6x+y$ 48 ④

---

1 문자가 다르고, 차수가 같으므로 동류항이 아니다.

2 문자가 같고, 차수가 같으므로 동류항이다.

3 문자가 같고, 차수가 다르므로 동류항이 아니다.

4 문자가 같고, 차수가 같으므로 동류항이다.

5 둘 다 상수항이므로 동류항이다.

23 $5x+2x=(5+2)x=7x$

24 $4a+3a+2a=(4+3+2)a=9a$

25 $5x-2x=(5-2)x=3x$

26 $-3x+7x=(-3+7)x=4x$

27 $7x-x-2x=(7-1-2)x=4x$

28 $2a+4a=(2+4)a=6a$

29 $3x-x=(3-1)x=2x$

30 $-3b+5b=(-3+5)b=2b$

31 $-7a-4a=(-7-4)a=-11a$

32 $x-4x=(1-4)x=-3x$

33 $b+2b+4b=(1+2+4)b=7b$

34 $-5y+2y+y=(-5+2+1)y=-2y$

35 $x+4x+(-3x)=(1+4-3)x=2x$

36 $b-(-3b)+5b=b+3b+5b$
$=(1+3+5)b=9b$

37 $5a-3a-4a=(5-3-4)a=-2a$

38 $-2y+7y-5y=(-2+7-5)y=0\times y=0$

39 $\dfrac{1}{10}x+\dfrac{2}{10}x+\dfrac{3}{10}x=\left(\dfrac{1}{10}+\dfrac{2}{10}+\dfrac{3}{10}\right)x$
$=\dfrac{6}{10}x=\dfrac{3}{5}x$

40 $\dfrac{2}{3}y-\dfrac{1}{6}y+\dfrac{3}{4}y=\left(\dfrac{2}{3}-\dfrac{1}{6}+\dfrac{3}{4}\right)y$
$=\left(\dfrac{8}{12}-\dfrac{2}{12}+\dfrac{9}{12}\right)y$
$=\dfrac{15}{12}y=\dfrac{5}{4}y$

41 $-\dfrac{1}{2}b+2b-\dfrac{2}{3}b=\left(-\dfrac{1}{2}+2-\dfrac{2}{3}\right)b$
$=\left(-\dfrac{3}{6}+\dfrac{12}{6}-\dfrac{4}{6}\right)b=\dfrac{5}{6}b$

43
$$2x-3+5x+7=2x+5x-3+7$$
$$=(2+5)x-3+7$$
$$=7x+4$$

44
$$-2x+13-3x-7=-2x-3x+13-7$$
$$=(-2-3)x+13-7$$
$$=-5x+6$$

45
$$x+5+6x-2=x+6x+5-2$$
$$=(1+6)x+5-2$$
$$=7x+3$$

46
$$-3+4a+\frac{7}{2}-9a=4a-9a-3+\frac{7}{2}$$
$$=(4-9)a-3+\frac{7}{2}$$
$$=-5a+\frac{1}{2}$$

47
$$6x+\frac{y}{5}-12x+\frac{4}{5}y=6x-12x+\frac{y}{5}+\frac{4}{5}y$$
$$=(6-12)x+\left(\frac{1}{5}+\frac{4}{5}\right)y$$
$$=-6x+y$$

간단한 일차식의 덧셈·뺄셈

1 ($\varnothing\,4x,\ 5,\ 5x,\ 8$)　　　2 $3x+1$
3 $5x-2$　　4 $6x-6$　　5 $2x+2$
6 $4a+2$　　7 $5x+3$　　8 $4x-2$
9 $-2a+2$　　10 $3b+1$　　11 $12y-17$
12 $-a-7$　　13 $7x+1$　　14 $-5x+1$
☺ 1 또는 +1　　15 ($\varnothing\,2x,\ 1,\ 2x,\ 2$)
16 $3x+4$　　17 $-3x-5$　　18 $-2x+8$
19 $3x+6$　　20 $4x-2$　　21 $2b+1$
22 $-2x+6$　　23 $-3y-8$　　24 $2p+1$
25 $-7x-15$　　26 $2a+9$　　27 $11x-13$
28 $-4x+1$　　29 $\frac{3}{2}x+\frac{7}{6}$　　☺ -1
30 $11p-6$　　31 $5x+3$　　32 $x+8$
33 $5x-2$　　34 $5x+22$　　35 $11x-13$
36 $-2x+2$　　37 $-4x+7$　　38 $5x+2$
39 $y+2$　　40 $-5a-7$　　41 $7b+1$
42 $x+1$　　43 $5x-16$　　44 $3x+3$
45 $2x+3$　　46 $4x-1$　　47 $-8x+4$
48 $\frac{1}{6}x+\frac{1}{6}$　　49 $\frac{5}{6}x+\frac{5}{6}$　　50 ⑤

2
$$(x+2)+(2x-1)=x+2+2x-1$$
$$=x+2x+2-1=3x+1$$

3
$$(2x+3)+(3x-5)=2x+3+3x-5$$
$$=2x+3x+3-5=5x-2$$

4
$$(4x+1)+(2x-7)=4x+1+2x-7$$
$$=4x+2x+1-7=6x-6$$

5
$$(-x+4)+(3x-2)=-x+4+3x-2$$
$$=-x+3x+4-2=2x+2$$

6
$$(-a+3)+(5a-1)=-a+3+5a-1$$
$$=-a+5a+3-1$$
$$=4a+2$$

7
$$(2x+1)+(3x+2)=2x+1+3x+2$$
$$=2x+3x+1+2$$
$$=5x+3$$

8
$$(3x+2)+(x-4)=3x+2+x-4$$
$$=3x+x+2-4$$
$$=4x-2$$

9
$$(2a-2)+(-4a+4)=2a-2-4a+4$$
$$=2a-4a-2+4$$
$$=-2a+2$$

10
$$(5b-3)+(-2b+4)=5b-3-2b+4$$
$$=5b-2b-3+4$$
$$=3b+1$$

11
$$(5y-10)+(7y-7)=5y-10+7y-7$$
$$=5y+7y-10-7$$
$$=12y-17$$

12
$$(6a-3)+(-7a-4)=6a-3-7a-4$$
$$=6a-7a-3-4$$
$$=-a-7$$

13
$$(9x-15)+(-2x+16)=9x-15-2x+16$$
$$=9x-2x-15+16$$
$$=7x+1$$

14
$$\left(3x-\frac{3}{4}\right)+\left(-8x+\frac{7}{4}\right)=3x-\frac{3}{4}-8x+\frac{7}{4}$$
$$=3x-8x-\frac{3}{4}+\frac{7}{4}$$
$$=-5x+1$$

16
$$(5x+7)-(2x+3)=5x+7-2x-3$$
$$=3x+4$$

17
$$(x-6)-(4x-1)=x-6-4x+1$$
$$=-3x-5$$

18
$$(x+3)-(3x-5)=x+3-3x+5$$
$$=-2x+8$$

19
$$(x+8)-(-2x+2)=x+8+2x-2$$
$$=3x+6$$

20
$$(x-3)-(-3x-1)=x-3+3x+1$$
$$=4x-2$$

21
$$(b+2)-(-b+1)=b+2+b-1$$
$$=2b+1$$

22
$$(3x+4)-(5x-2)=3x+4-5x+2$$
$$=-2x+6$$

23
$$(-y-9)-(2y-1)=-y-9-2y+1$$
$$=-3y-8$$

24
$$(p+2)-(1-p)=p+2-1+p$$
$$=2p+1$$

25
$$(2x-18)-(9x-3)=2x-18-9x+3$$
$$=-7x-15$$

26
$$(8a-3)-(-12+6a)=8a-3+12-6a$$
$$=2a+9$$

27
$$(5x-9)-(-6x+4)=5x-9+6x-4$$
$$=11x-13$$

28
$$\left(-9x+\frac{5}{4}\right)-\left(-5x+\frac{1}{4}\right)=-9x+\frac{5}{4}+5x-\frac{1}{4}$$
$$=-9x+5x+\frac{5}{4}-\frac{1}{4}$$
$$=-4x+1$$

29
$$\left(\frac{5}{3}x+\frac{2}{3}\right)-\left(\frac{1}{6}x-\frac{1}{2}\right)=\frac{5}{3}x+\frac{2}{3}-\frac{1}{6}x+\frac{1}{2}$$
$$=\frac{5}{3}x-\frac{1}{6}x+\frac{2}{3}+\frac{1}{2}$$
$$=\frac{10}{6}x-\frac{1}{6}x+\frac{4}{6}+\frac{3}{6}$$
$$=\frac{3}{2}x+\frac{7}{6}$$

30
$$5(p-3)+3(2p+3)=5p-15+6p+9$$
$$=11p-6$$

31
$$3(x+1)+2x=3x+3+2x$$
$$=3x+2x+3$$
$$=5x+3$$

32 $4(x+2)-3x=4x+8-3x$
$\qquad\qquad\quad=4x-3x+8$
$\qquad\qquad\quad=x+8$

33 $-x+2(3x-1)=-x+6x-2$
$\qquad\qquad\qquad=5x-2$

34 $2(x+5)+3(x+4)=2x+10+3x+12$
$\qquad\qquad\qquad\quad=2x+3x+10+12$
$\qquad\qquad\qquad\quad=5x+22$

35 $3(2x-1)+5(x-2)=6x-3+5x-10$
$\qquad\qquad\qquad\quad=6x+5x-3-10$
$\qquad\qquad\qquad\quad=11x-13$

36 $2(x-1)+4(1-x)=2x-2+4-4x$
$\qquad\qquad\qquad\quad=2x-4x-2+4$
$\qquad\qquad\qquad\quad=-2x+2$

37 $-2(5x-2)+3(2x+1)=-10x+4+6x+3$
$\qquad\qquad\qquad\qquad=-10x+6x+4+3$
$\qquad\qquad\qquad\qquad=-4x+7$

38 $2(3x-1)-(x-4)=6x-2-x+4$
$\qquad\qquad\qquad\quad=5x+2$

39 $-(2y-5)+3(y-1)=-2y+5+3y-3$
$\qquad\qquad\qquad\quad=y+2$

40 $-2(a+2)-3(a+1)=-2a-4-3a-3$
$\qquad\qquad\qquad\qquad=-5a-7$

41 $3(b+1)-2(1-2b)=3b+3-2+4b$
$\qquad\qquad\qquad\quad=7b+1$

42 $3(5-2x)-7(2-x)=15-6x-14+7x$
$\qquad\qquad\qquad\quad=-6x+7x+15-14$
$\qquad\qquad\qquad\quad=x+1$

43 $-(x+4)-3(4-2x)=-x-4-12+6x$
$\qquad\qquad\qquad\quad=-x+6x-4-12$
$\qquad\qquad\qquad\quad=5x-16$

44 $\frac{1}{2}(2x+10)+2(x-1)=x+5+2x-2$
$\qquad\qquad\qquad\qquad=x+2x+5-2$
$\qquad\qquad\qquad\qquad=3x+3$

45 $2(2x+1)-\frac{1}{5}(10x-5)=4x+2-2x+1$
$\qquad\qquad\qquad\qquad=4x-2x+2+1$
$\qquad\qquad\qquad\qquad=2x+3$

46 $\frac{1}{2}(2x+8)+\frac{1}{3}(9x-15)=x+4+3x-5$
$\qquad\qquad\qquad\qquad=x+3x+4-5$
$\qquad\qquad\qquad\qquad=4x-1$

47 $\frac{1}{4}(4x-8)-\frac{3}{2}(6x-4)=x-2-9x+6$
$\qquad\qquad\qquad\qquad=x-9x-2+6$
$\qquad\qquad\qquad\qquad=-8x+4$

48 $\frac{1}{2}(x+1)-\frac{1}{3}(x+1)$
$\quad=\frac{1}{2}x+\frac{1}{2}-\frac{1}{3}x-\frac{1}{3}$
$\quad=\frac{1}{2}x-\frac{1}{3}x+\frac{1}{2}-\frac{1}{3}$
$\quad=\frac{3}{6}x-\frac{2}{6}x+\frac{3}{6}-\frac{2}{6}$
$\quad=\frac{1}{6}x+\frac{1}{6}$

49 $\frac{1}{2}(3x-1)+\frac{2}{3}(-x+2)$
$\quad=\frac{3}{2}x-\frac{1}{2}-\frac{2}{3}x+\frac{4}{3}$
$\quad=\frac{3}{2}x-\frac{2}{3}x-\frac{1}{2}+\frac{4}{3}$
$\quad=\frac{9}{6}x-\frac{4}{6}x-\frac{3}{6}+\frac{8}{6}$
$\quad=\frac{5}{6}x+\frac{5}{6}$

50 ⑤ $-\frac{1}{2}(4x+6)+\frac{1}{5}(10x+10)$
$\quad=-2x-3+2x+2$
$\quad=-1$

복잡한 일차식의 덧셈·뺄셈

원리확인

❶ $3, 2, 3, 2x, 5x+1$

❷ $3x, 4, 7, 3x, 7, 2, 2, 5, 2$

---

1 ($3, 2, 6, 4, 2, 1$)　　2 $\dfrac{17x-7}{6}$

3 $\dfrac{17x-5}{4}$　　4 $\dfrac{5x+12}{12}\left(=\dfrac{5x}{12}+1\right)$

5 $\dfrac{x+7}{15}$　　6 $\dfrac{-b+13}{14}$

7 ($3, 2, 3, 4, 7$)　　8 $\dfrac{x+1}{6}$

9 $\dfrac{-6x+19}{12}\left(=-\dfrac{x}{2}+\dfrac{19}{12}\right)$

10 $\dfrac{2x-12}{15}\left(=\dfrac{2x}{15}-\dfrac{4}{5}\right)$

11 $\dfrac{14x-15}{12}\left(=\dfrac{7x}{6}-\dfrac{5}{4}\right)$　　12 $\dfrac{x+1}{2}$

13 $4x-2$　　14 $3a-18$　　15 $8x-13$

16 $3a-4b$　　17 $-11x-2$　　18 ⑤

2 　$\dfrac{5x-3}{2}+\dfrac{x+1}{3}=\dfrac{3(5x-3)+2(x+1)}{6}$

　　　　　　　　　$=\dfrac{15x-9+2x+2}{6}$

　　　　　　　　　$=\dfrac{17x-7}{6}$

3 　$\dfrac{8x-3}{2}+\dfrac{x+1}{4}=\dfrac{2(8x-3)+(x+1)}{4}$

　　　　　　　　　$=\dfrac{16x-6+x+1}{4}$

　　　　　　　　　$=\dfrac{17x-5}{4}$

4 　$\dfrac{3x-2}{4}+\dfrac{-2x+9}{6}=\dfrac{3(3x-2)+2(-2x+9)}{12}$

　　　　　　　　　$=\dfrac{9x-6-4x+18}{12}$

　　　　　　　　　$=\dfrac{5x+12}{12}\left(=\dfrac{5x}{12}+1\right)$

5 　$\dfrac{-4x+2}{3}+\dfrac{7x-1}{5}=\dfrac{5(-4x+2)+3(7x-1)}{15}$

　　　　　　　　　$=\dfrac{-20x+10+21x-3}{15}$

　　　　　　　　　$=\dfrac{x+7}{15}$

6 　$\dfrac{3b-4}{7}+\dfrac{-b+3}{2}=\dfrac{2(3b-4)+7(-b+3)}{14}$

　　　　　　　　　$=\dfrac{6b-8-7b+21}{14}$

　　　　　　　　　$=\dfrac{-b+13}{14}$

8 　$\dfrac{x-2}{3}-\dfrac{x-5}{6}=\dfrac{2(x-2)-(x-5)}{6}$

　　　　　　　　　$=\dfrac{2x-4-x+5}{6}=\dfrac{x+1}{6}$

9 　$\dfrac{2x+1}{4}-\dfrac{3x-4}{3}=\dfrac{3(2x+1)-4(3x-4)}{12}$

　　　　　　　　　$=\dfrac{6x+3-12x+16}{12}$

　　　　　　　　　$=\dfrac{-6x+19}{12}\left(=-\dfrac{x}{2}+\dfrac{19}{12}\right)$

10 　$\dfrac{4x+1}{5}-\dfrac{2x+3}{3}=\dfrac{3(4x+1)-5(2x+3)}{15}$

　　　　　　　　　$=\dfrac{12x+3-10x-15}{15}$

　　　　　　　　　$=\dfrac{2x-12}{15}\left(=\dfrac{2x}{15}-\dfrac{4}{5}\right)$

11 　$\dfrac{4x-3}{6}-\dfrac{-2x+3}{4}=\dfrac{2(4x-3)-3(-2x+3)}{12}$

　　　　　　　　　$=\dfrac{8x-6+6x-9}{12}$

　　　　　　　　　$=\dfrac{14x-15}{12}\left(=\dfrac{7x}{6}-\dfrac{5}{4}\right)$

12 　$\dfrac{7x+3}{2}-(3x+1)=\dfrac{(7x+3)-2(3x+1)}{2}$

　　　　　　　　　$=\dfrac{7x+3-6x-2}{2}$

　　　　　　　　　$=\dfrac{x+1}{2}$

13 $5x-\{4x-(3x-2)\}=5x-(4x-3x+2)$
$\qquad\qquad\qquad\quad =5x-(x+2)$
$\qquad\qquad\qquad\quad =5x-x-2$
$\qquad\qquad\qquad\quad =4x-2$

14 $a-5-\{7+2(-a+3)\}=a-5-(7-2a+6)$
$\qquad\qquad\qquad\qquad\quad =a-5-(-2a+13)$
$\qquad\qquad\qquad\qquad\quad =a-5+2a-13$
$\qquad\qquad\qquad\qquad\quad =3a-18$

15 $3x-\{2x+7+(-7x+6)\}$
$=3x-(2x+7-7x+6)$
$=3x-(-5x+13)$
$=3x+5x-13=8x-13$

16 $2a-[3b-\{3a+5b-2(a+3b)\}]$
$=2a-\{3b-(3a+5b-2a-6b)\}$
$=2a-\{3b-(a-b)\}$
$=2a-(3b-a+b)$
$=2a-(-a+4b)$
$=2a+a-4b=3a-4b$

17 $-3(2x-1)-\left[8x+\dfrac{1}{2}\{7-(6x-3)\}\right]$
$=-3(2x-1)-\left\{8x+\dfrac{1}{2}(7-6x+3)\right\}$
$=-3(2x-1)-\left\{8x+\dfrac{1}{2}(-6x+10)\right\}$
$=-3(2x-1)-(8x-3x+5)$
$=-3(2x-1)-(5x+5)$
$=-6x+3-5x-5$
$=-11x-2$

18 $x-\{1-2(x-1)\}$
$=x-(1-2x+2)$
$=x-(-2x+3)$
$=x+2x-3=3x-3$
즉 $a=3$
$\dfrac{5y-2}{2}-\dfrac{9y+5}{5}=\dfrac{5(5y-2)-2(9y+5)}{10}$
$\qquad\qquad\qquad\quad =\dfrac{25y-10-18y-10}{10}$
$\qquad\qquad\qquad\quad =\dfrac{7y-20}{10}$
즉 $b=-\dfrac{20}{10}=-2$
따라서 $a-b=3-(-2)=3+2=5$

조건을 만족하는 식

원리확인

❶ $3x$, 1, $3x$, 1, $5x$ ❷ 2, 3, 2, 5

1 (✏ 1, 1, 1, 1, $3x$)		**2** $-x-2$
3 $x+2$	**4** $-3x$	**5** $-3x-3$
6 $4x+5$	**7** $5x-2$	**8** $5x-2$
9 $x+4$	**10** $-5x+2$	**11** $-4x-5$
12 $5x+9$	☺ 교환	**13** $x+3$
14 $x+3$	**15** $9x-5$	**16** $-11x+6$
17 $3x+1$	☺ 결합	**18** ②
19 (✏ $-$, $3x$)	**20** $4x+5$	**21** $-7x+9$
22 $-16x+12$	**23** $-3x+11$	**24** (✏ $+$, $4x$)
25 $5x-3$	**26** $x+1$	**27** $5x-6$
28 $-4x$	**29** ②	

2 $A-B=(x-1)-(2x+1)$
$\qquad\quad =x-1-2x-1$
$\qquad\quad =-x-2$

3 $-A+B=-(x-1)+(2x+1)$
$\qquad\qquad =-x+1+2x+1$
$\qquad\qquad =x+2$

4 $-A-B=-(x-1)-(2x+1)$
$\qquad\qquad =-x+1-2x-1$
$\qquad\qquad =-3x$

5 $A-2B=(x-1)-2(2x+1)$
$\qquad\qquad =x-1-4x-2$
$\qquad\qquad =-3x-3$

6 $-2A+3B=-2(x-1)+3(2x+1)$
$\qquad\qquad\quad =-2x+2+6x+3$
$\qquad\qquad\quad =4x+5$

7 $A+B=(2x-3)+(3x+1)$
$\qquad\quad =2x-3+3x+1$
$\qquad\quad =5x-2$

8
$$B+A=(3x+1)+(2x-3)$$
$$=3x+1+2x-3$$
$$=5x-2$$

9
$$-A+B=-(2x-3)+(3x+1)$$
$$=-2x+3+3x+1$$
$$=x+4$$

10
$$-A-B=-(2x-3)-(3x+1)$$
$$=-2x+3-3x-1$$
$$=-5x+2$$

11
$$A-2B=(2x-3)-2(3x+1)$$
$$=2x-3-6x-2$$
$$=-4x-5$$

12
$$-2A+3B=-2(2x-3)+3(3x+1)$$
$$=-4x+6+9x+3$$
$$=5x+9$$

13
$$(A+B)+C=\{(-4x+4)+(2x-1)\}+3x$$
$$=(-4x+4+2x-1)+3x$$
$$=(-2x+3)+3x$$
$$=-2x+3+3x$$
$$=x+3$$

14
$$A+(B+C)=(-4x+4)+\{(2x-1)+3x\}$$
$$=(-4x+4)+(2x-1+3x)$$
$$=(-4x+4)+(5x-1)$$
$$=-4x+4+5x-1$$
$$=x+3$$

15
$$-A+B+C=-(-4x+4)+(2x-1)+3x$$
$$=4x-4+2x-1+3x$$
$$=9x-5$$

16
$$A-2B-C=(-4x+4)-2(2x-1)-3x$$
$$=-4x+4-4x+2-3x$$
$$=-11x+6$$

17
$$\frac{1}{2}A+B+C=\frac{1}{2}(-4x+4)+(2x-1)+3x$$
$$=-2x+2+2x-1+3x$$
$$=3x+1$$

18
$$A-B+C=(2x-3)-(x+1)+(-3x+4)$$
$$=2x-3-x-1-3x+4$$
$$=-2x$$

20
$$\boxed{}=5x+3-(x-2)$$
$$=5x+3-x+2$$
$$=4x+5$$

21
$$\boxed{}=-5x+2-(2x-7)$$
$$=-5x+2-2x+7$$
$$=-7x+9$$

22
$$\boxed{}=-10x+7-(6x-5)$$
$$=-10x+7-6x+5$$
$$=-16x+12$$

23
$$\boxed{}=3x+7-2(3x-2)$$
$$=3x+7-6x+4$$
$$=-3x+11$$

25
$$\boxed{}=x-5+(4x+2)$$
$$=x-5+4x+2$$
$$=5x-3$$

26
$$\boxed{}=3x-4+(-2x+5)$$
$$=3x-4-2x+5$$
$$=x+1$$

27
$$\boxed{}=3x+4+2(x-5)$$
$$=3x+4+2x-10$$
$$=5x-6$$

28
$$\boxed{}=2x+3+3(-2x-1)$$
$$=2x+3-6x-3$$
$$=-4x$$

29 어떤 일차식을 □라 하면

□$+(3x+6)=4x+5$

이므로

□$=(4x+5)-(3x+6)$

$\quad=4x+5-3x-6$

$\quad=x-1$

따라서 어떤 일차식은 $x-1$이므로 바르게 계산하면

$x-1-(3x+6)=x-1-3x-6$

$\qquad\qquad\qquad\quad=-2x-7$

3 $(9x-27)\div\left(-\dfrac{3}{2}\right)^2=(9x-27)\div\dfrac{9}{4}$

$\qquad\qquad\qquad\qquad=(9x-27)\times\dfrac{4}{9}$

$\qquad\qquad\qquad\qquad=9x\times\dfrac{4}{9}-27\times\dfrac{4}{9}$

$\qquad\qquad\qquad\qquad=4x-12$

따라서 $a=4$, $b=-12$이므로

$a+b=-8$

4 □$+5x-6=3x+4$에서

□$=3x+4-(5x-6)$

$\quad=3x+4-5x+6$

$\quad=3x-5x+4+6$

$\quad=-2x+10$

5 $2a\times7-2\times(a-1)=14a-2a+2$

$\qquad\qquad\qquad\qquad\quad=12a+2$

6 $2A-5B-C$

$=2(4x+1)-5(x-2)-(-2x+5)$

$=8x+2-5x+10+2x-5$

$=8x-5x+2x+2+10-5$

$=5x+7$

따라서 $a=5$, $b=7$이므로

$ab=5\times7=35$

TEST   2. 일차식과 그 계산   본문 51쪽

1 ⑤	**2** ④	**3** -8	**4** $-2x+10$
5 ③	**6** ⑤		

1 ① ㉠의 상수항과 ㉡의 상수항은 모두 -7로 같다.

　② ㉠의 항의 개수는 3이고, ㉡의 항의 개수는 2이므로 ㉠의 항의 개수가 ㉡의 항의 개수보다 많다.

　③ $x=2$일 때 ㉠의 식의 값은

　　$2\times2^2-3\times2-7=-5$

　　이고, ㉡의 식의 값은

　　$5\times2-7=3$

　　이므로 ㉡의 식의 값이 더 크다.

　④ ㉠의 x의 계수는 -3, ㉡의 x의 계수는 5이므로 ㉠과 ㉡의 x의 계수의 합은

　　$-3+5=2$

　⑤ ㉠의 차수는 2이고, ㉡의 차수는 1이므로 두 다항식의 차수는 다르다.

2 $-4x+7+ax-2=-4x+ax+7-2$

$\qquad\qquad\qquad\qquad=(-4+a)x+5$

이때 $a=4$이면 주어진 식은

$0\times x+5=5$

이므로 일차식이 아니다.

3 일차방정식

01

등식

1 ○　　　　**2** ○　　　　**3** ×

4 ×　　　　**5** ×　　　　**6** ○

7 좌변: $4+2$, 우변: 6

8 좌변: $x+2$, 우변: 6

9 좌변: $x+2$, 우변: 0

10 좌변: $x+2$, 우변: $-x+3$

11 좌변: $2x+3$, 우변: $-3x+1$

12 좌변: $\frac{1}{2}x+\frac{2}{3}$, 우변: $\frac{5}{6}x+1$

13 $x-3=8$　　　　**14** $3x+4=10$

15 $2x-3=x+5$　　　　**16** $3x=15$

17 $5000-4x=600$　　　　**18** $32-3x=2$

19 $80x=150$　　　　**20** $2x=5$

21 ②

20 $\frac{x}{100}\times200=5$에서 $2x=5$

21 ② 100 g에 x원인 삼겹살 600 g의 가격은 $6x$원이므로 주어진 문장을 등식으로 나타내면 $6x=12000$

02

방정식

원리확인

❶

x의 값	좌변의 값	우변의 값	참, 거짓
-1	2	4	거짓
0	3	4	거짓
1	4	4	참

→ 방정식의 해: $x=1$

❷

x의 값	좌변의 값	우변의 값	참, 거짓
0	0	8	거짓
1	4	8	거짓
2	8	8	참

→ 방정식의 해: $x=2$

1 ×, ○, ×, 2　　　　**2** ×, ○, ×, 2

3 ○, ×, ×, 1　　　　**4** ×, ○, ×, 2

5 ×, ×, ○, 3　　　　**6** ×, ○, ×, 2

7 ○, ×, ×, 1　　　　**8** ×, ○, ×, 0

9 ○　　**10** ○　　**11** ×

12 ○　　**13** ○　　**14** ④

1 $x=1$일 때, $1+6\neq8$이므로 ×
　$x=2$일 때, $2+6=8$이므로 ○
　$x=3$일 때, $3+6\neq8$이므로 ×
　따라서 방정식의 해는 $x=2$

2 $x=1$일 때, $5-1\neq3$이므로 ×
　$x=2$일 때, $5-2=3$이므로 ○
　$x=3$일 때, $5-3\neq3$이므로 ×
　따라서 방정식의 해는 $x=2$

3 $x=1$일 때, $3\times1+1=4$이므로 ○
　$x=2$일 때, $3\times2+1\neq4$이므로 ×
　$x=3$일 때, $3\times3+1\neq4$이므로 ×
　따라서 방정식의 해는 $x=1$

4 $x=1$일 때, $2\times1+6\neq10$이므로 ×
　$x=2$일 때, $2\times2+6=10$이므로 ○
　$x=3$일 때, $2\times3+6\neq10$이므로 ×
　따라서 방정식의 해는 $x=2$

5 $x=1$일 때, $2\times1-3\neq1$이므로 $\times$
$x=2$일 때, $2\times2-3\neq2$이므로 $\times$
$x=3$일 때, $2\times3-3=3$이므로 $\bigcirc$
따라서 방정식의 해는 $x=3$

6 $x=1$일 때, $-2\times1\neq1-6$이므로 $\times$
$x=2$일 때, $-2\times2=2-6$이므로 $\bigcirc$
$x=3$일 때, $-2\times3\neq3-6$이므로 $\times$
따라서 방정식의 해는 $x=2$

7 $x=1$일 때, $3\times1+1=1+3$이므로 $\bigcirc$
$x=2$일 때, $3\times2+1\neq2+3$이므로 $\times$
$x=3$일 때, $3\times3+1\neq3+3$이므로 $\times$
따라서 방정식의 해는 $x=1$

8 $x=-1$일 때, $-3\times(-1)+2\neq5\times(-1)+2$이므로 $\times$
$x=0$일 때, $-3\times0+2=5\times0+2$이므로 $\bigcirc$
$x=1$일 때, $-3\times1+2\neq5\times1+2$이므로 $\times$
따라서 방정식의 해는 $x=0$

9 (좌변)$=5-2=3$, (우변)$=3$에서 (좌변)$=$(우변)이므로
$x=2$는 주어진 방정식의 해이다.

10 (좌변)$=2\times2-1=3$, (우변)$=3$에서 (좌변)$=$(우변)이므로 $x=2$는 주어진 방정식의 해이다.

11 (좌변)$=3\times1=3$, (우변)$=5\times1+2=7$에서 $3\neq7$이므로 $x=1$은 주어진 방정식의 해가 아니다.

12 (좌변)$=2\times3-8=-2$, (우변)$=7-3\times3=-2$에서 (좌변)$=$(우변)이므로 $x=3$은 주어진 방정식의 해이다.

13 (좌변)$=6\times2-7=5$, (우변)$=2+3=5$에서 (좌변)$=$(우변)이므로 $a=2$는 주어진 방정식의 해이다.

14 ㄱ. (좌변)$=3-4=-1$, (우변)$=7$에서 $-1\neq7$이므로 $x=3$은 주어진 방정식의 해가 아니다.
ㄴ. (좌변)$=3+3=6$, (우변)$=2\times3=6$에서 (좌변)$=$(우변)이므로 $x=3$은 주어진 방정식의 해이다.
ㄷ. (좌변)$=-3\times3+3=-6$, (우변)$=-3$에서 $-6\neq-3$이므로 $x=3$은 주어진 방정식의 해가 아니다.
ㄹ. (좌변)$=2\times3-1=5$, (우변)$=3+\dfrac{2}{3}\times3=5$에서 (좌변)$=$(우변)이므로 $x=3$은 주어진 방정식의 해이다.
따라서 해가 $x=3$인 것은 ㄴ, ㄹ이다.

항등식

1 ○, ○, ○	2 ○, ○, ○	3 ○
4 ○	5 ○	6 ○
7 ○	8 ×	9 ○
10 ○	11 ○	12 ○
13 ×	14 ×	15 $a=3, b=2$

16 $a=5, b=-3$ 17 $a=4, b=2$

18 $a=5, b=-4$ 19 $a=\dfrac{1}{2}, b=\dfrac{3}{2}$

20 $a=9, b=-2$ 21 $a=-3, b=1$

22 $a=-1, b=7$ 23 $a=4, b=-6$

24 $a=3, b=-\dfrac{1}{2}$ ☺ c, d

25 ④

11 (좌변)$=2x+3x=5x$
   즉 (좌변)$=$(우변)이므로 항등식이다.

12 (좌변)$=3x-x=2x$
   즉 (좌변)$=$(우변)이므로 항등식이다.

14 (우변)$=2(x+1)=2x+2$
   즉 (좌변)$\neq$(우변)이므로 항등식이 아니다.

19 $\dfrac{x+3}{2}=\dfrac{1}{2}x+\dfrac{3}{2}$이므로 $a=\dfrac{1}{2}, b=\dfrac{3}{2}$

21 $a+x=a+1\times x$이므로 $a=-3, b=1$

22 $-x+7=-1\times x+7$이므로 $a=-1, b=7$

23 $ax+6=4x-b$에서 $a=4, 6=-b$이므로
   $a=4, b=-6$

24 $\dfrac{x}{2}-a=\dfrac{1}{2}x-a$이므로 $a=3, \dfrac{1}{2}=-b$
   즉 $a=3, b=-\dfrac{1}{2}$

25 (좌변)$=4(x+1)-3=4x+1$이므로 □$=1$

등식의 성질

원리확인

❶ 3	❷ 3	❸ 3	❹ 3

1 ○	2 ○	3 ○
4 ○	5 ×	6 ○
7 ○	8 ○	9 2
10 3	11 1	12 2
13 3	14 2	15 $x=5$
16 $x=6$	17 $x=7$	18 $x=8$
19 $x=8$	20 $x=\dfrac{4}{3}$	21 $x=6$
22 $x=13$	23 $x=3$	24 $x=2$
25 $x=1$	26 $x=2$	27 $x=1$
28 $x=\dfrac{3}{2}$	29 $x=2$	30 $x=3$
☺ $-c, -c$	31 $x=8$	32 $x=12$
33 $x=-8$	34 $x=-12$	35 $x=15$
36 $x=-2$	37 $x=4$	38 $x=6$
39 $x=3$	40 $x=4$	41 $x=\dfrac{1}{2}$
42 $x=-\dfrac{1}{2}$	43 $x=-2$	44 $x=5$
45 $x=\dfrac{5}{3}$	☺ c, c	

46 (✏ 5, 5, 8, 4)   47 $x=-3$

48 $x=1$ 49 $x=-2$ 50 $x=-2$

51 ⑤

15 $x-1=4$의 양변에 1을 더하면
   $x-1+1=4+1, x=5$

16 $x-2=4$의 양변에 2를 더하면
   $x-2+2=4+2, x=6$

17 $x-3=4$의 양변에 3을 더하면
   $x-3+3=4+3, x=7$

18 $(-3)+x=5$의 양변에 3을 더하면
   $(-3)+x+3=5+3, x=8$

19 $(-2)+x=6$의 양변에 2를 더하면

$(-2)+x+2=6+2$, $x=8$

20 $x-\dfrac{1}{3}=1$의 양변에 $\dfrac{1}{3}$을 더하면

$x-\dfrac{1}{3}+\dfrac{1}{3}=1+\dfrac{1}{3}$, $x=\dfrac{4}{3}$

21 $5=x-1$의 양변에 1을 더하면

$5+1=x-1+1$, $x=6$

22 $10=x-3$의 양변에 3을 더하면

$10+3=x-3+3$, $x=13$

23 $x+1=4$의 양변에서 1을 빼면

$x+1-1=4-1$, $x=3$

24 $x+2=4$의 양변에서 2를 빼면

$x+2-2=4-2$, $x=2$

25 $x+3=4$의 양변에서 3을 빼면

$x+3-3=4-3$, $x=1$

26 $3+x=5$의 양변에서 3을 빼면

$3+x-3=5-3$, $x=2$

27 $4+x=5$의 양변에서 4를 빼면

$4+x-4=5-4$, $x=1$

28 $\dfrac{7}{2}+x=5$의 양변에서 $\dfrac{7}{2}$을 빼면

$\dfrac{7}{2}+x-\dfrac{7}{2}=5-\dfrac{7}{2}$, $x=\dfrac{3}{2}$

29 $4+x=6$의 양변에서 4를 빼면

$4+x-4=6-4$, $x=2$

30 $7=4+x$의 양변에서 4를 빼면

$7-4=4+x-4$, $x=3$

31 $\dfrac{1}{2}x=4$의 양변에 2를 곱하면

$\dfrac{1}{2}x\times2=4\times2$, $x=8$

32 $\dfrac{1}{3}x=4$의 양변에 3을 곱하면

$\dfrac{1}{3}x\times3=4\times3$, $x=12$

33 $-\dfrac{1}{2}x=4$의 양변에 -2를 곱하면

$-\dfrac{1}{2}x\times(-2)=4\times(-2)$, $x=-8$

34 $-\dfrac{1}{3}x=4$의 양변에 -3을 곱하면

$-\dfrac{1}{3}x\times(-3)=4\times(-3)$, $x=-12$

35 $\dfrac{x}{5}=3$의 양변에 5를 곱하면

$\dfrac{x}{5}\times5=3\times5$, $x=15$

36 $-x=2$의 양변에 -1을 곱하면

$-x\times(-1)=2\times(-1)$, $x=-2$

37 $\dfrac{3}{2}x=6$의 양변에 $\dfrac{2}{3}$를 곱하면

$\dfrac{3}{2}x\times\dfrac{2}{3}=6\times\dfrac{2}{3}$, $x=4$

38 $0.5=\dfrac{1}{2}$이므로 $0.5x=3$에서 $\dfrac{1}{2}x=3$

양변에 2를 곱하면 $\dfrac{1}{2}x\times2=3\times2$, $x=6$

39 $2x=6$의 양변을 2로 나누면

$\dfrac{2x}{2}=\dfrac{6}{2}$, $x=3$

40 $2x=8$의 양변을 2로 나누면

$\dfrac{2x}{2}=\dfrac{8}{2}$, $x=4$

41 $2x=1$의 양변을 2로 나누면

$\dfrac{2x}{2}=\dfrac{1}{2}$, $x=\dfrac{1}{2}$

42 $2x=-1$의 양변을 2로 나누면

$\dfrac{2x}{2}=-\dfrac{1}{2}$, $x=-\dfrac{1}{2}$

43 $-2x=4$의 양변을 -2로 나누면
$$\frac{-2x}{-2}=\frac{4}{-2},\ x=-2$$

44 $-2x=-10$의 양변을 -2로 나누면
$$\frac{-2x}{-2}=\frac{-10}{-2},\ x=5$$

45 $-3x=-5$의 양변을 -3으로 나누면
$$\frac{-3x}{-3}=\frac{-5}{-3},\ x=\frac{5}{3}$$

47 $3x+4=-5$의 양변에서 4를 빼면
$$3x+4-4=-5-4$$
$$3x=-9$$
양변을 3으로 나누면 $x=-3$

48 $7x-1=6$의 양변에 1을 더하면
$$7x-1+1=6+1$$
$$7x=7$$
양변을 7로 나누면 $x=1$

49 $-x+5=7$의 양변에서 5를 빼면
$$-x+5-5=7-5$$
$$-x=2$$
양변을 -1로 나누면 $x=-2$

50 $-2x-1=3$의 양변에 1을 더하면
$$-2x-1+1=3+1$$
$$-2x=4$$
양변을 -2로 나누면 $x=-2$

51 ㄱ. $a=b$의 양변에 2를 더하면 $a+2=b+2$
ㄴ. $a=b$의 양변에서 3을 빼면 $a-3=b-3$
　　따라서 $a-3\neq 3-b$
ㄷ. $a=b$의 양변에 2를 곱하면 $2a=2b$
　　$2a=2b$의 양변에 7을 더하면 $2a+7=2b+7$
ㄹ. $a=b$의 양변을 3으로 나누면 $\dfrac{a}{3}=\dfrac{b}{3}$
　　$\dfrac{a}{3}=\dfrac{b}{3}$의 양변에 1을 더하면 $\dfrac{a}{3}+1=1+\dfrac{b}{3}$
따라서 옳은 것은 ㄱ, ㄷ, ㄹ이다.

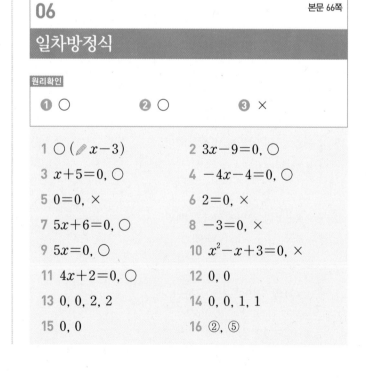

이항

원리확인
❶ $+$　　❷ $+$　　❸ $-$　　❹ $-$

1 ($\mathscr{p}$ 5)　　　　**2** $3x=5-2$
3 $2x-x=12$　　　**4** $6x+2x=-12$
5 $5x+3x=-10-6$　**6** $5x-x=18+2$
☺ $-,\ +$　　　　**7** $x=12$
8 $x=-4$　　　　**9** $2x=1$
10 $2x=16$　　　**11** $-x=3$
12 $10x=2$　　　**13** $5x=-20$
14 $-8x=-12$　　**15** $13x=3$
16 $3x=15$　　　**17** $7x=14$
18 $3x=-4$　　　**19** $2x=12$
20 ①

20 $7x+3=2x-4$에서 $7x-2x=-4-3$
$$5x=-7$$
따라서 $a=5,\ b=-7$이므로 $ab=-35$

일차방정식

원리확인
❶ ○　　　　❷ ○　　　　❸ ×

1 ○ ($\mathscr{p}$ $x-3$)　　**2** $3x-9=0,\ ○$
3 $x+5=0,\ ○$　　　**4** $-4x-4=0,\ ○$
5 $0=0,\ ×$　　　　**6** $2=0,\ ×$
7 $5x+6=0,\ ○$　　**8** $-3=0,\ ×$
9 $5x=0,\ ○$　　　**10** $x^2-x+3=0,\ ×$
11 $4x+2=0,\ ○$　　**12** $0,\ 0$
13 $0,\ 0,\ 2,\ 2$　　**14** $0,\ 0,\ 1,\ 1$
15 $0,\ 0$　　　　**16** ②, ⑤

16 ② $4x+7=x+5$에서
  $4x+7-x-5=0$
  $3x+2=0$
  ⑤ $x^2+x=x(x+3)$에서
  $x^2+x=x^2+3x$
  $x^2+x-x^2-3x=0$
  $-2x=0$
따라서 일차방정식인 것은 ②, ⑤이다.

07

일차방정식의 풀이

원리확인

❶ $2x$, 5, 6   ❷ x, 2, 10, 2

1 ($\mathscr{l}$ 5, 8, 4) 2 $x=9$ 3 $x=4$
4 $x=-5$ 5 $x=-4$ 6 $x=2$
7 $x=2$ 8 ($\mathscr{l}$ $2x$, $3x$, 1) 9 $x=-1$
10 $x=\dfrac{1}{2}$ 11 $x=6$ 12 $x=-\dfrac{3}{2}$
13 $x=3$ 14 $x=4$ ☺ 2, 2
15 ($\mathscr{l}$ x, 3, 8, 4)   16 $x=-6$
17 $x=7$ 18 $x=3$ 19 $x=\dfrac{1}{2}$
20 $x=\dfrac{13}{6}$ 21 ③
22 ($\mathscr{l}$ 10, 10, -6, -3)   23 $x=-\dfrac{8}{5}$
24 $x=5$ 25 $x=-1$ 26 $x=-2$
27 $x=3$ 28 $x=6$ 29 $x=-5$
30 $x=3$ 31 $x=-2$ 32 $x=2$
33 $x=-8$ 34 ④

2 $3x+5=32$에서 $3x=27$
  따라서 $x=9$

3 $5x-4=16$에서 $5x=20$
  따라서 $x=4$

4 $2x+11=1$에서 $2x=-10$
  따라서 $x=-5$

5 $-2x-3=5$에서 $-2x=8$
  따라서 $x=-4$

6 $5x-3=7$에서 $5x=10$
  따라서 $x=2$

7 $2-4x=-6$에서 $-4x=-8$
  따라서 $x=2$

9 $-x=3x+4$에서 $-4x=4$
  따라서 $x=-1$

10 $-2x=-4x+1$에서 $2x=1$
  따라서 $x=\dfrac{1}{2}$

11 $2x=7x-30$에서 $-5x=-30$
  따라서 $x=6$

12 $-3x=5x+12$에서 $-8x=12$
  따라서 $x=\dfrac{12}{-8}=-\dfrac{3}{2}$

13 $x=-2x+9$에서 $3x=9$
  따라서 $x=3$

14 $5x=3x+8$에서 $2x=8$
  따라서 $x=4$

16 $2x+1=7+3x$에서 $-x=6$
  따라서 $x=-6$

17 $x-4=10-x$에서 $2x=14$
  따라서 $x=7$

18 $-x-8=-4x+1$에서 $3x=9$

따라서 $x=3$

19 $6-10x=7-12x$에서 $2x=1$

따라서 $x=\dfrac{1}{2}$

20 $4x-8=5-2x$에서 $6x=13$

따라서 $x=\dfrac{13}{6}$

21 ① $2x=x-1$에서 $x=-1$

② $6x+3=4x+1$에서 $2x=-2$

　따라서 $x=-1$

③ $7x-11=2x-6$에서 $5x=5$

　따라서 $x=1$

④ $-4+x=-3x-8$에서 $4x=-4$

　따라서 $x=-1$

⑤ $5-3x=6x+14$에서 $-9x=9$

　따라서 $x=-1$

따라서 해가 나머지 넷과 다른 것은 ③이다.

23 $-(5x-10)=18$에서 $-5x+10=18$

$-5x=8$

따라서 $x=-\dfrac{8}{5}$

24 $5(x-2)-4=11$에서 $5x-10-4=11$

$5x=11+10+4$, $5x=25$

따라서 $x=5$

25 $3+2(x-4)=-7$에서 $3+2x-8=-7$

$2x=-7-3+8$, $2x=-2$

따라서 $x=-1$

26 $7x-3(2x-2)=4$에서 $7x-6x+6=4$

$7x-6x=4-6$

따라서 $x=-2$

27 $2(5x-7)=5x+1$에서 $10x-14=5x+1$

$10x-5x=1+14$, $5x=15$

따라서 $x=3$

28 $-2(x-5)=-8+x$에서 $-2x+10=-8+x$

$-2x-x=-8-10$, $-3x=-18$

따라서 $x=6$

29 $x+2=3(x+4)$에서 $x+2=3x+12$

$x-3x=12-2$, $-2x=10$

따라서 $x=-5$

30 $5-7x=-(7+3x)$에서 $5-7x=-7-3x$

$-7x+3x=-7-5$, $-4x=-12$

따라서 $x=3$

31 $2x=3(x+4)-10$에서 $2x=3x+12-10$

$2x-3x=12-10$, $-x=2$

따라서 $x=-2$

32 $-3(x+4)=2(x-11)$에서 $-3x-12=2x-22$

$-3x-2x=-22+12$, $-5x=-10$

따라서 $x=2$

33 $7(2-x)=-2(4x-3)$에서 $14-7x=-8x+6$

$-7x+8x=6-14$

따라서 $x=-8$

34 ④ ㉣에서는 양변을 5로 나누었다.

08

08

계수가 소수인 일차방정식

원리확인

❶ 6, 12   ❷ 16, 18   ❸ 10, 34

1 (✎ 12, 4, 12, 8, 4)		2 $x=3$
3 $x=-7$	4 $x=1$	5 $x=-\dfrac{5}{2}$
6 $x=-2$	7 $x=-3$	8 $x=2$
9 $x=-4$	10 $x=-11$	11 $x=6$
12 $x=1$	13 $x=4$	14 $x=1$
15 $x=8$	16 $x=16$	17 $x=4$
18 $x=-3$	19 ①	

2 $1.3x-1.6=2.3$의 양변에 10을 곱하면
$13x-16=23$, $13x=39$
따라서 $x=3$

3 $0.6x+3.5=-0.7$의 양변에 10을 곱하면
$6x+35=-7$, $6x=-42$
따라서 $x=-7$

4 $0.2x=0.3-0.1x$의 양변에 10을 곱하면
$2x=3-x$, $3x=3$
따라서 $x=1$

5 $-0.3x=-0.1x+0.5$의 양변에 10을 곱하면
$-3x=-x+5$, $-2x=5$
따라서 $x=-\dfrac{5}{2}$

6 $0.2x-0.6=0.5x$의 양변에 10을 곱하면
$2x-6=5x$, $-3x=6$
따라서 $x=-2$

7 $0.5x-0.6=0.3x-1.2$의 양변에 10을 곱하면
$5x-6=3x-12$
$5x-3x=-12+6$, $2x=-6$
따라서 $x=-3$

8 $0.2x-1.2=0.2-0.5x$의 양변에 10을 곱하면
$2x-12=2-5x$, $7x=14$
따라서 $x=2$

9 $2-0.2x=1.2-0.4x$의 양변에 10을 곱하면
$20-2x=12-4x$
$-2x+4x=12-20$, $2x=-8$
따라서 $x=-4$

10 $0.5x+2=0.2x-1.3$의 양변에 10을 곱하면
$5x+20=2x-13$, $3x=-33$
따라서 $x=-11$

11 $2.2x-3=x+4.2$의 양변에 10을 곱하면
$22x-30=10x+42$, $12x=72$
따라서 $x=6$

12 $0.1x+1=1.5-0.4x$의 양변에 10을 곱하면
$x+10=15-4x$, $5x=5$
따라서 $x=1$

13 $0.2(x+2)-0.8=0.4(x-3)$의 양변에 10을 곱하면
$2(x+2)-8=4(x-3)$
$2x+4-8=4x-12$
$-2x=-8$
따라서 $x=4$

14 $0.05x+0.07=0.15x-0.03$의 양변에 100을 곱하면
$5x+7=15x-3$, $-10x=-10$
따라서 $x=1$

15 $0.05x-0.17=0.15+0.01x$의 양변에 100을 곱하면
$5x-17=15+x$, $4x=32$
따라서 $x=8$

16 $0.07x-0.02=0.05x+0.3$의 양변에 100을 곱하면
$7x-2=5x+30$, $2x=32$
따라서 $x=16$

17 $0.3x-0.18=0.1x+0.62$의 양변에 100을 곱하면
$30x-18=10x+62$, $20x=80$
따라서 $x=4$

18 $0.1-0.04x=0.03x+0.31$의 양변에 100을 곱하면
$10-4x=3x+31$, $-7x=21$
따라서 $x=-3$

19 $0.2x=0.9x+7$의 양변에 10을 곱하면
$2x=9x+70$, $-7x=70$
따라서 $x=-10$
따라서 틀린 부분은 ㉮이고 바르게 계산한 해는
$x=-10$

09

본문 74쪽

계수가 분수인 일차방정식

원리확인

❶ 21, $2x$　　　❷ 18, $3x$　　　❸ $18x$, 14

1 ($\mathscr{l}$ 4, 1, 4, -3, -1)		2 $x=4$
3 $x=2$	4 $x=2$	5 $x=\dfrac{2}{5}$
6 $x=6$	7 $x=-13$	8 $x=-2$
9 $x=-2$	10 $x=-1$	11 $x=-2$
12 $x=-5$	13 ($\mathscr{l}$ 6, 6, $x+4$, 8, 6, 2)	
14 $x=-11$	15 $x=9$	16 $x=-1$
17 $x=-6$	18 ①	

2 $\dfrac{3}{4}x-\dfrac{1}{4}=\dfrac{11}{4}$의 양변에 4를 곱하면
$3x-1=11$, $3x=12$
따라서 $x=4$

3 $-\dfrac{5}{6}x+\dfrac{4}{3}=-\dfrac{1}{3}$의 양변에 6을 곱하면
$-5x+8=-2$, $-5x=-10$
따라서 $x=2$

4 $-\dfrac{1}{2}x+\dfrac{4}{3}=\dfrac{1}{6}x$의 양변에 6을 곱하면
$-3x+8=x$, $-4x=-8$
따라서 $x=2$

5 $\dfrac{1}{4}x+\dfrac{1}{6}=\dfrac{2}{3}x$의 양변에 12를 곱하면
$3x+2=8x$, $-5x=-2$
따라서 $x=\dfrac{2}{5}$

6 $\dfrac{1}{9}x+\dfrac{5}{6}=\dfrac{3}{2}$의 양변에 18을 곱하면
$2x+15=27$, $2x=12$
따라서 $x=6$

7 $\dfrac{1}{4}x-\dfrac{3}{4}=\dfrac{1}{2}x+\dfrac{5}{2}$의 양변에 4를 곱하면
$x-3=2x+10$, $-x=13$
따라서 $x=-13$

8 $\dfrac{7}{4}x+\dfrac{14}{3}=\dfrac{5}{3}+\dfrac{1}{4}x$의 양변에 12를 곱하면
$21x+56=20+3x$, $18x=-36$
따라서 $x=-2$

9 $\dfrac{1}{4}x+\dfrac{1}{3}=\dfrac{1}{2}x+\dfrac{5}{6}$의 양변에 12를 곱하면
$3x+4=6x+10$, $-3x=6$
따라서 $x=-2$

10 $\dfrac{3}{2}x+1=\dfrac{2}{5}x-\dfrac{1}{10}$의 양변에 10을 곱하면
$15x+10=4x-1$, $11x=-11$
따라서 $x=-1$

11 $\dfrac{x}{2}-\dfrac{7}{6}=\dfrac{x}{3}-\dfrac{3}{2}$의 양변에 6을 곱하면
$3x-7=2x-9$
따라서 $x=-2$

12 $\dfrac{1}{5}(x-10)=\dfrac{1}{2}(x-1)$의 양변에 10을 곱하면
$2(x-10)=5(x-1)$
$2x-20=5x-5$, $-3x=15$
따라서 $x=-5$

14 $\dfrac{x-1}{3}=\dfrac{x+3}{2}$의 양변에 6을 곱하면

$2(x-1)=3(x+3)$

$2x-2=3x+9,\ -x=11$

따라서 $x=-11$

15 $\dfrac{3x-15}{4}=\dfrac{x+6}{5}$의 양변에 20을 곱하면

$5(3x-15)=4(x+6)$

$15x-75=4x+24,\ 11x=99$

따라서 $x=9$

16 $\dfrac{2-x}{3}=\dfrac{3x+1}{2}+2$의 양변에 6을 곱하면

$2(2-x)=3(3x+1)+12$

$4-2x=9x+3+12,\ -11x=11$

따라서 $x=-1$

17 $\dfrac{x+6}{3}-0.8x=\dfrac{-3x+6}{5}$에서

$\dfrac{x+6}{3}-\dfrac{4}{5}x=\dfrac{-3x+6}{5}$이므로 양변에 15를 곱하면

$5(x+6)-12x=3(-3x+6)$

$5x+30-12x=-9x+18,\ 2x=-12$

따라서 $x=-6$

18 $0.6x+0.8=\dfrac{3}{10}x+\dfrac{1}{5}$에서

$\dfrac{6}{10}x+\dfrac{8}{10}=\dfrac{3}{10}x+\dfrac{1}{5}$이므로 양변에 10을 곱하면

$6x+8=3x+2,\ 3x=-6$

따라서 $x=-2$

비례식으로 주어진 일차방정식

원리확인

❶ $x+4$ ❷ $x-1,\ x+2$

1 $(\,\mathscr{D}\,x,\ 6,\ 12,\ 4\,)$		**2** $x=5$
3 $x=6$	**4** $x=3$	**5** $x=3$
6 $x=2$	**7** $(\,\mathscr{D}\,x-1,\ 3,\ 2,\ 14,\ 7\,)$	
8 $x=6$	**9** $x=1$	**10** $x=2$
11 $x=-\dfrac{4}{3}$	**12** $x=-\dfrac{9}{10}$	**13** $x=3$
14 $x=8$	**15** $x=-5$	**16** $x=-2$
17 $x=4$	**18** $x=-4$	**19** $x=6$
20 ⑤		

2 $x:2=5:2$에서 $2x=10$

따라서 $x=5$

3 $1:4=3:2x$에서 $2x=12$

따라서 $x=6$

4 $x:6=1:2$에서 $2x=6$

따라서 $x=3$

5 $x:9=1:3$에서 $3x=9$

따라서 $x=3$

6 $1:3=2:3x$에서 $3x=6$

따라서 $x=2$

8 $3:6=2:(x-2)$에서 $3(x-2)=12$

$3x-6=12,\ 3x=18$

따라서 $x=6$

9 $1:x=2:(x+1)$에서 $x+1=2x$

$-x=-1$

따라서 $x=1$

10 $x:2=(2x-1):3$에서 $3x=2(2x-1)$

$3x=4x-2$, $-x=-2$

따라서 $x=2$

11 $7:(x-1)=4:x$에서 $7x=4(x-1)$

$7x=4x-4$, $3x=-4$

따라서 $x=-\dfrac{4}{3}$

12 $(4x+3):2=x:3$에서 $3(4x+3)=2x$

$12x+9=2x$, $10x=-9$

따라서 $x=-\dfrac{9}{10}$

13 $2:(3x+1)=3:5x$에서 $10x=3(3x+1)$

$10x=9x+3$

따라서 $x=3$

14 $(x+1):3=(x-2):2$에서 $2(x+1)=3(x-2)$

$2x+2=3x-6$, $-x=-8$

따라서 $x=8$

15 $2:(x-1)=3:(2x+1)$에서 $2(2x+1)=3(x-1)$

$4x+2=3x-3$

따라서 $x=-5$

16 $(2x+1):3=(-x-6):4$에서

$4(2x+1)=3(-x-6)$

$8x+4=-3x-18$, $11x=-22$

따라서 $x=-2$

17 $(x+4):1=(7x-4):3$에서 $3(x+4)=7x-4$

$3x+12=7x-4$, $-4x=-16$

따라서 $x=4$

18 $(2x+14):3=(-x+6):5$에서

$5(2x+14)=3(-x+6)$

$10x+70=-3x+18$, $13x=-52$

따라서 $x=-4$

19 $(7-x):1=(2x-8):4$에서 $4(7-x)=2x-8$

$28-4x=2x-8$, $-6x=-36$

따라서 $x=6$

20 $3x:\dfrac{3}{2}=(5x-2):2$에서 $6x=\dfrac{3}{2}(5x-2)$

양변에 2를 곱하면 $12x=3(5x-2)$

$12x=15x-6$, $-3x=-6$

따라서 $x=2$

11

해가 주어졌을 때 상수 구하기

1 7	**2** 3	**3** 10
4 3	**5** -2	**6** -3
7 6	**8** 24	**9** ④

1 $2x+3=a$에 $x=2$를 대입하면

$2\times2+3=a$

따라서 $a=7$

2 $ax+2=5$에 $x=1$을 대입하면

$a\times1+2=5$

따라서 $a=3$

3 $-x+7=-2x+a$에 $x=3$을 대입하면

$-3+7=-2\times3+a$

따라서 $a=10$

4 $5x+a=2x-3a$에 $x=-4$를 대입하면

$5\times(-4)+a=2\times(-4)-3a$

$-20+a=-8-3a$, $4a=12$

따라서 $a=3$

5 $-2x+3=-3$에서 $-2x=-6$

따라서 $x=3$

$x=3$을 $ax+4=-2$에 대입하면

$3a+4=-2$, $3a=-6$

따라서 $a=-2$

6 $5x-2=8$에서 $5x=10$

따라서 $x=2$

$x=2$를 $ax+2=-4$에 대입하면

$2a+2=-4$, $2a=-6$

따라서 $a=-3$

7 $3x+10=-2-x$에서 $4x=-12$

따라서 $x=-3$

$x=-3$을 $3x+a=-x-a$에 대입하면

$3\times(-3)+a=-(-3)-a$

$-9+a=3-a$, $2a=12$

따라서 $a=6$

8 $-x+7=-2x+2$에서 $x=-5$

$x=-5$를 $-(x+a)=4x+1$에 대입하면

$-(-5+a)=4\times(-5)+1$

$5-a=-19$, $-a=-24$

따라서 $a=24$

9 $x-3=6x+7$에서 $-5x=10$

따라서 $x=-2$

$x=-2$를 $x-4=a$에 대입하면

$-2-4=a$, $a=-6$

$x=-2$를 $x+10=-2x+bx$에 대입하면

$-2+10=-2\times(-2)-2b$

$8=4-2b$, $2b=-4$, $b=-2$

따라서 $ab=12$

1 7	**2** ③	**3** $x-1$
4 ②	**5** ③	**6** ④

1 **보기**에서 등식의 개수는 ㄱ, ㄴ, ㄹ, ㅂ의 4이고, 방정식의 개수는 ㄴ, ㄹ, ㅂ의 3이므로 $a=4$, $b=3$

따라서 $a+b=7$

2 ① $3x-2=-1$에 $x=-1$을 대입하면

$3\times(-1)-2\neq-1$이므로 -1은 주어진 방정식의 해가 아니다.

② $4x=-7+x$에 $x=-2$를 대입하면

$4\times(-2)\neq-7-2$이므로 -2는 주어진 방정식의 해가 아니다.

③ $5x-2=x+2$에 $x=1$을 대입하면

$5\times1-2=1+2$이므로 $x=1$은 주어진 방정식의 해이다.

④ $6x+4=5x+3$에 $x=-3$을 대입하면

$6\times(-3)+4\neq5\times(-3)+3$이므로 -3은 주어진 방정식의 해가 아니다.

⑤ $3x=5(x+1)-3$에 $x=1$을 대입하면

$3\times1\neq5\times(1+1)-3$이므로 $x=1$은 주어진 방정식의 해가 아니다.

3 $5(x-1)+4=5x-5+4=5x-1$

이므로 $5x-1=4x+\boxed{}$

따라서 $\boxed{}=5x-1-4x=x-1$

4 $2x+3=7$ 양변에서 3을 뺀다.

$2x=4$ 양변을 2로 나눈다.

$x=2$

5 ① $-3x+6=0$, $-3x=-6$

따라서 $x=2$

② $-2(x+2)=2-5x$

$-2x-4=2-5x$, $3x=6$

따라서 $x=2$

③ $3(2x-1)=2(5x-4)$

$6x-3=10x-8$, $-4x=-5$

따라서 $x=\dfrac{5}{4}$

④ $0.2x+0.6=0.3x+0.4$의 양변에 10을 곱하면

$2x+6=3x+4$, $-x=-2$

따라서 $x=2$

⑤ $\dfrac{1}{2}x-2=\dfrac{1}{4}x-\dfrac{3}{2}$의 양변에 4를 곱하면

$2x-8=x-6$

따라서 $x=2$

즉 일차방정식 중 해가 나머지 넷과 다른 것은 ③이다.

6 $2:(2x-4)=3:(x+2)$에서

$2(x+2)=3(2x-4)$, $2x+4=6x-12$

$2x-6x=-12-4$, $-4x=-16$

따라서 $x=4$

4 일차방정식의 활용

01

본문 82쪽

일차방정식의 활용

원리확인

❶ x, 16
❷ x, 3
❸ 45
❹ 700

1 (1) $x+9=2x+2$ (2) $x=7$ (3) 7
2 -3　　　　　　3 7　　　　　　4 9
5 (1) 5, 3500 (2) $1000x+3500=9500$
　 (3) $x=6$ (4) 6개
6 11　　　　　　　　7 5
8 (1) 2, $11-x$, $2(11-x)$ (2) $4x+2(11-x)=30$
　 (3) $x=4$ (4) 소: 4마리, 닭: 7마리
9 10개　　　　　　10 3문제
11 (1) 2 (2) $x+(x+2)=28$
　 (3) $x=13$ (4) 13세
12 14세
13 (1) x, x (2) $44+x=2(13+x)$
　 (3) $x=18$ (4) 18년 후
14 3년 후
15 (1) x, 16, 12 (2) $x+4=2(x-12)$
　 (3) $x=28$ (4) 28세
16 15세
17 (1) x, 58, 61 (2) $x+3=3(61-x)$
　 (3) $x=45$ (4) 45세
18 12세
19 (1) 6 (2) $2(2x+6)=48$ (3) $x=9$ (4) 135 cm^2
20 가로의 길이: 9 cm, 세로의 길이: 27 cm
21 9 cm
22 (1) x, 6 (2) $6(8+x)=84$ (3) $x=6$ (4) 6 cm
23 5 cm　　　　24 4 cm　　　　25 $3x$
26 $3x+1$　　　27 $3x+2$　　　28 $3x-1$
29 $3x-2$　　　30 $3x-2$
31 (1) $3x+2$, $4x-6$ (2) $3x+2=4x-6$ (3) $x=8$
　 (4) 학생 수: 8명, 공책 수: 26권
32 47개　　　　33 100개

---

1 (2) $x+9=2x+2$에서 $-x=-7$
　 따라서 $x=7$

2 어떤 수를 x라 하면
　 $5x+4=2x-5$, $3x=-9$
　 따라서 $x=-3$
　 즉 어떤 수는 -3이다.

3 어떤 수를 x라 하면
　 $4(x-2)=2x+6$, $4x-8=2x+6$, $2x=14$
　 따라서 $x=7$
　 즉 어떤 수는 7이다.

4 어떤 수를 x라 하면
　 $\frac{1}{2}(x+3)=x-3$, $\frac{1}{2}x+\frac{3}{2}=x-3$
　 양변에 2를 곱하면
　 $x+3=2x-6$, $-x=-9$
　 따라서 $x=9$
　 즉 어떤 수는 9이다.

5 (3) $1000x+3500=9500$에서
　　 $1000x=6000$
　　 따라서 $x=6$

6 구입한 딸기 주스의 개수를 x라 하면
　 $1000\times x+1200\times 4=20000-4200$
　 $1000x+4800=20000-4200$, $1000x=11000$
　 따라서 $x=11$
　 즉 구입한 딸기 주스의 개수는 11이다.

7 구입한 초콜릿의 개수를 x라 하면 구입한 사탕의 개수는
　 $11-x$이므로
　 $800x+500(11-x)=7000$
　 $800x+5500-500x=7000$, $300x=1500$
　 따라서 $x=5$
　 즉 구입한 초콜릿의 개수는 5이다.

8 (3) $4x+2(11-x)=30$에서
　　 $4x+22-2x=30$, $2x=8$
　　 따라서 $x=4$

9 농구선수가 넣은 3점짜리 슛의 개수를 x라 하면
$$2 \times 9 + 3 \times x = 48$$
$$18 + 3x = 48,\ 3x = 30$$
따라서 $x = 10$
즉 농구선수는 3점짜리 슛 10개를 넣었다.

10 민주가 맞힌 3점짜리 문제 수를 x라 하면 민주가 맞힌 5점짜리 문제 수는 $10 - x$이므로
$$3x + 5(10 - x) = 44$$
$$3x + 50 - 5x = 44$$
$$-2x = -6$$
따라서 $x = 3$
즉 민주는 3점짜리 문제를 3문제 맞혔다.

11 (3) $x + (x + 2) = 28$에서
$$2x + 2 = 28,\ 2x = 26$$
따라서 $x = 13$

12 정훈이의 나이를 x세라 하면 정훈이의 동생의 나이는 $(x - 5)$세이므로
$$x + (x - 5) = 23$$
$$2x - 5 = 23,\ 2x = 28$$
따라서 $x = 14$
즉 정훈이의 나이는 14세이다.

13 (3) $44 + x = 2(13 + x)$에서
$$44 + x = 26 + 2x,\ -x = -18$$
따라서 $x = 18$

14 x년 후에 어머니의 나이가 지은이의 나이의 3배가 된다 하면
$$45 + x = 3(13 + x)$$
$$45 + x = 39 + 3x,\ -2x = -6$$
따라서 $x = 3$
즉 어머니의 나이가 지은이의 나이의 3배가 되는 것은 3년 후이다.

15 (3) $x + 4 = 2(x - 12)$에서
$$x + 4 = 2x - 24,\ -x = -28$$
따라서 $x = 28$

16 현재 누나의 나이를 x세라 하면 어머니의 나이는 $3x$세이므로
$$3x + 15 = 2(x + 15),\ 3x + 15 = 2x + 30$$
따라서 $x = 15$
즉 현재 누나의 나이는 15세이다.

17 (3) $x + 3 = 3(61 - x)$에서
$$x + 3 = 183 - 3x,\ 4x = 180$$
따라서 $x = 45$

18 현재 동생의 나이를 x세라 하면 고모의 나이는 $(47 - x)$세이므로 11년 후의 동생의 나이는 $(x + 11)$세, 고모의 나이는 $47 - x + 11 = 58 - x$(세)
따라서 $2(x + 11) = 58 - x$
$$2x + 22 = 58 - x$$
$$3x = 36$$
따라서 $x = 12$
즉 현재 동생의 나이는 12세이다.

19 (3) $2(2x + 6) = 48$에서
$$4x + 12 = 48,\ 4x = 36$$
따라서 $x = 9$
(4) 직사각형의 가로의 길이는 $15\,\mathrm{cm}$, 세로의 길이는 $9\,\mathrm{cm}$이므로 직사각형의 넓이는
$$15 \times 9 = 135(\mathrm{cm}^2)$$

20 직사각형의 가로의 길이를 $x\,\mathrm{cm}$라 하면 세로의 길이는 $3x\,\mathrm{cm}$이므로
$$2(x + 3x) = 72$$
$$2x + 6x = 72,\ 8x = 72$$
따라서 $x = 9$
즉 가로의 길이는 $9\,\mathrm{cm}$, 세로의 길이는 $27\,\mathrm{cm}$이다.

21 아랫변의 길이를 $x\,\mathrm{cm}$라 하면 윗변의 길이는 $(x - 2)\,\mathrm{cm}$이므로
$$(x + x - 2) \times 6 \times \frac{1}{2} = 48$$
$$(2x - 2) \times 3 = 48$$
$$6x - 6 = 48,\ 6x = 54$$
따라서 $x = 9$
즉 아랫변의 길이는 $9\,\mathrm{cm}$이다.

22 (3) $6(8+x)=84$에서
$48+6x=84$, $6x=36$
따라서 $x=6$

23 정사각형에서 세로의 길이를 $x\,\mathrm{cm}$만큼 늘였다 하면
$8(11+x)=11^2+7$
$88+8x=128$, $8x=40$
따라서 $x=5$
즉 세로의 길이는 $5\,\mathrm{cm}$만큼 늘였다.

24 처음 사다리꼴에서 아랫변의 길이를 $x\,\mathrm{cm}$만큼 줄였다 하면
$\dfrac{1}{2}\times\{10+(8-x)\}\times4=\dfrac{1}{2}\times(10+8)\times4-8$
$2(18-x)=28$
$36-2x=28$, $-2x=-8$
따라서 $x=4$
즉 아랫변의 길이는 $4\,\mathrm{cm}$만큼 줄였다.

31 (3) $3x+2=4x-6$에서 $-x=-8$
따라서 $x=8$
(4) 학생 수가 8명이므로 공책의 수는 $3x+2$에 $x=8$을 대입하여 $3\times8+2=26$(권)

32 선호가 초콜릿을 선물하려는 친구들의 수를 x명이라 하면
$4x+7=5x-3$, $-x=-10$
따라서 $x=10$
즉 선호가 초콜릿을 선물하려는 친구들의 수는 10명이고 초콜릿의 수는 $4x+7$에 $x=10$을 대입하여 47개이다.

33 학생 수를 x명이라 하면
$7x+9=8x-4$, $-x=-13$
따라서 $x=13$
즉 학생 수는 13명이고, 귤의 개수는 $7x+9$에 $x=13$을 대입하여 100개이다.

---

02 본문 88쪽

연속하는 수에 대한 일차방정식의 활용

원리확인

❶ $x+1$ ❷ $x-1$, $x+1$

❸ $x+2$ ❹ $x-2$, $x+2$

1 (1) $x-1$, $x+1$ (2) $3x=45$ (3) $x=15$
   (4) 14, 15, 16

2 20, 21, 22

3 (1) $x+2$ (2) $2x+2=28$ (3) $x=13$ (4) 13

4 25   **5** 34, 36

6 (1) $x-2$, $x+2$ (2) $3x=171$ (3) $x=57$
   (4) 55, 57, 59

7 24, 26, 28   **8** 11

1 (2) $(x-1)+x+(x+1)=45$에서 $3x=45$
(3) $3x=45$에서 $x=15$
(4) 가운데 자연수가 15이므로 연속하는 세 자연수는 14, 15, 16이다.

2 가운데 자연수를 x라 하면
$(x-1)+x+(x+1)=63$, $3x=63$
따라서 $x=21$
즉 가운데 자연수가 21이므로 연속하는 세 자연수는 20, 21, 22이다.

3 (2) $x+(x+2)=28$에서 $2x+2=28$
(3) $2x+2=28$에서 $2x=26$
따라서 $x=13$

4 연속하는 두 홀수 중 작은 수를 x라 하면
$x+(x+2)=48$
$2x+2=48$, $2x=46$
따라서 $x=23$
즉 연속하는 두 홀수 중 작은 수가 23이므로 큰 수는 25이다.

5 연속하는 두 짝수 중 작은 수를 x라 하면
$x+(x+2)=70$
$2x+2=70$, $2x=68$
따라서 $x=34$
즉 연속하는 두 짝수 중 작은 수가 34이므로 연속하는 두 짝수는 34, 36이다.

34 Ⅲ. 문자와 식

6 (2) $(x-2)+x+(x+2)=171$에서 $3x=171$

   (3) $3x=171$에서 $x=57$

   (4) 연속하는 세 홀수 중 가운데 수가 57이므로 연속하는
세 홀수는 55, 57, 59이다.

7 연속하는 세 짝수 중 가운데 수를 x라 하면

   $(x-2)+x+(x+2)=78$, $3x=78$

   따라서 $x=26$

   즉 연속하는 세 짝수 중 가운데 수가 26이므로 연속하는
세 짝수는 24, 26, 28이다.

8 연속하는 세 홀수를 $x-2$, x, $x+2$로 놓으면

   $3x=(x-2)+(x+2)+13$

   $3x=2x+13$

   $x=13$

   따라서 연속하는 세 홀수는 11, 13, 15이므로 가장 작은
홀수는 11이다.

---

03 자릿수에 대한 일차방정식의 활용

원리확인

❶ 2, 20   ❷ 3, 30   ❸ 10, $10x$

1 $40+x$ **2** $50+y$ **3** $60+b$

4 $10x+2$ **5** $10a+9$ **6** $10y$

☺ $100a$, $10b$, c

7 (1) 8, x (2) $80+x=7(8+x)$ (3) $x=4$ (4) 84

8 62

9 (1) x, 5, x, 5 (2) $10x+5-x+77$ (3) $x-8$ (4) 58

10 54

7 (3) $80+x=7(8+x)$에서

     $80+x=56+7x$, $-6x=-24$

     따라서 $x=4$

   (4) 두 자리의 자연수의 일의 자리가 4이므로 두 자리의
자연수는 84이다.

8 일의 자리의 숫자를 x라 하면

   $60+x=8(6+x)-2$

$60+x=48+8x-2$, $-7x=-14$

따라서 $x=2$

즉 일의 자리의 숫자가 2이므로 두 자리의 자연수는 62이다.

9 (2) $10x+5=50+x+27$에서

     $10x+5=x+77$

   (3) $10x+5=x+77$에서

     $9x=72$

     따라서 $x=8$

10 처음 수의 일의 자리의 숫자를 x라 하면

   (처음 수)$=50+x$, (바꾼 수)$=10x+5$이므로

   $10x+5=50+x-9$, $9x=36$

   따라서 $x=4$

   즉 처음 수의 일의 자리의 숫자가 4이므로 처음 수는 54
이다.

---

04 거리, 속력, 시간에 대한 일차방정식의 활용

원리확인

7, 1, 7, 7

1 시속 60 km   **2** 분속 5 km   **3** 초속 220 m

4 시속 5 km   **5** 분속 6 m   **6** 초속 60 m

☺ 거리, 시간

7 (1) ($\pen$ 1, 50) (2) ($\pen$ 2, 100) (3) ($\pen$ 3, 150)

8 (1) 3 km (2) 30 km (3) 300 km

9 (1) 60 km (2) 30 km (3) 10 km

10 (1) 1000 m (2) 1500 m (3) 2000 m

☺ 속력, 시간   **11** $\dfrac{x}{2}$시간   **12** $\dfrac{x}{3}$시간

13 $\dfrac{x}{60}$시간   **14** $\dfrac{5-x}{4}$시간   **15** $\left(\dfrac{x}{6}+\dfrac{y}{3}\right)$시간

16 $\left(\dfrac{x}{2}+\dfrac{5-x}{4}\right)$시간   ☺ 거리, 속력

17 (1) $\dfrac{x}{2}$시간, $\dfrac{x}{3}$시간 (2) $\dfrac{x}{2}+\dfrac{x}{3}=5$

   (3) $x=6$ (4) 6 km

18 $\dfrac{x}{3}$시간, $\dfrac{x}{6}$시간, 6 km

4. 일차방정식의 활용 **35**

17 (3) $\dfrac{x}{2}+\dfrac{x}{3}=5$의 양변에 6을 곱하면

  $3x+2x=30,\ 5x=30$

  따라서 $x=6$

18 집에서 공원까지의 거리를 x km라 하면

$\dfrac{x}{3}+\dfrac{x}{6}=3$

양변에 6을 곱하면

$2x+x=18,\ 3x=18$

따라서 $x=6$

즉 집에서 공원까지의 거리는 6 km이다.

19 (3) $\dfrac{5-x}{4}+\dfrac{x}{2}=2$의 양변에 4를 곱하면

  $(5-x)+2x=8,\ 5+x=8$

  따라서 $x=3$

20 민지네 집에서 도서관까지의 거리를 $2x$ m라 하면

$\dfrac{x}{100}+\dfrac{x}{60}=24$

양변에 300을 곱하면 $3x+5x=7200,\ 8x=7200$

따라서 $x=900$

즉 민지네 집에서 도서관까지의 거리는

$2\times 900=1800$(m)

21 (3) $\dfrac{x}{60}+\dfrac{x-5}{90}=\dfrac{8}{3}$의 양변에 180을 곱하면

  $3x+2(x-5)=480,\ 3x+2x-10=480$

  $5x=490$

  따라서 $x=98$

(4) 민준이가 공항을 갈 때 이동한 거리는 98 km, 돌아올 때 이동한 거리는 $98-5=93$(km)이므로 왕복할 때 이동한 거리는 $98+93=191$(km)

22 A 지점에서 B 지점으로 갈 때의 거리를 x m라 하면 B 지점에서 A 지점으로 돌아올 때의 거리는 $(x+500)$m 이므로

$\dfrac{x}{100}+\dfrac{x+500}{50}=28$

양변에 100을 곱하면

$x+2(x+500)=2800,\ x+2x+1000=2800$

$3x=1800$

따라서 $x=600$

즉 지호가 A 지점에서 B 지점으로 갈 때 이동한 거리는 600 m이다.

23 (2) 35분은 $\dfrac{35}{60}=\dfrac{7}{12}$(시간)이므로

  $\dfrac{x}{4}-\dfrac{x}{18}=\dfrac{7}{12}$

(3) $\dfrac{x}{4}-\dfrac{x}{18}=\dfrac{7}{12}$의 양변에 36을 곱하면

  $9x-2x=21,\ 7x=21$

  따라서 $x=3$

24 서점에서 은영이네 집까지의 거리를 x km라 할 때,

27분은 $\dfrac{27}{60}=\dfrac{9}{20}$(시간)이므로

$\dfrac{x}{20}-\dfrac{x}{50}=\dfrac{9}{20}$

양변에 100을 곱하면

$5x-2x=45,\ 3x=45$

따라서 $x=15$

즉 서점에서 은영이네 집까지의 거리는 15 km이다.

05

농도에 대한 일차방정식의 활용

원리확인

5, 100, 5, 5

1 10 %   2 12 %   3 20 %   4 10 %

5 12 %   6 20 %

☺ 소금, 소금물, 소금, 소금물

7 (1) ($\diagup$ 10, 8) (2) ($\diagup$ 20, 16) (3) ($\diagup$ 30, 24)

8 (1) 3 g (2) 30 g (3) 300 g

9 (1) 50 g (2) 250 g (3) 500 g

10 (1) 12 g (2) 15 g (3) 18 g

☺ 소금물, 소금물

11 (1) $\dfrac{3x}{100}$ g (2) $\dfrac{3x}{100}$ g (3) $\dfrac{3x}{100}$ g

12 (1) $\dfrac{7x}{100}$ g (2) $\dfrac{7x}{100}$ g (3) $\dfrac{7x}{100}$ g

13 (1) 200, 200, x (2) $\dfrac{5}{100} \times 200 = \dfrac{4}{100}(200+x)$

(3) $x=50$ (4) 50 g

14 100, 8, 100, 50 g

15 (1) 200, 200, x (2) $\dfrac{4}{100} \times 200 = \dfrac{8}{100}(200-x)$

(3) $x=100$ (4) 100 g

16 500, 20, 500, 200 g

17 (1) 12, 300, x (2) $12+x = \dfrac{10}{100}(300+x)$

(3) $x=20$ (4) 20 g

18 4, 80, 24, 80, 20 g

19 (1) 2, $\dfrac{5}{100}x$, 100, x (2) $2+\dfrac{5}{100}x = \dfrac{3}{100}(100+x)$

(3) $x=50$ (4) 50 g

20 18, 200, 8, 200, 100 g

8 (1) $\dfrac{1}{100} \times 300 = 3\,(\text{g})$

(2) $\dfrac{10}{100} \times 300 = 30\,(\text{g})$

(3) $\dfrac{100}{100} \times 300 = 300\,(\text{g})$

9 (1) $\dfrac{5}{100} \times 1000 = 50\,(\text{g})$

(2) $\dfrac{25}{100} \times 1000 = 250\,(\text{g})$

(3) $\dfrac{50}{100} \times 1000 = 500\,(\text{g})$

10 (1) $\dfrac{8}{100} \times 150 = 12\,(\text{g})$

(2) $\dfrac{10}{100} \times 150 = 15\,(\text{g})$

(3) $\dfrac{12}{100} \times 150 = 18\,(\text{g})$

13 (3) $\dfrac{5}{100} \times 200 = \dfrac{4}{100}(200+x)$에서 $10 = 8 + \dfrac{1}{25}x$

양변에 25를 곱하면

$250 = 200 + x$, $-x = -50$

따라서 $x=50$

14 더 넣어야 하는 물의 양을 x g이라 하면

$\dfrac{12}{100} \times 100 = \dfrac{8}{100}(100+x)$, $12 = 8 + \dfrac{2}{25}x$

양변에 25를 곱하면

$300 = 200 + 2x$, $-2x = -100$

따라서 $x=50$

즉 더 넣어야 하는 물의 양은 50 g이다.

15 (3) $\dfrac{4}{100} \times 200 = \dfrac{8}{100}(200-x)$에서 $8 = 16 - \dfrac{2}{25}x$

양변에 25를 곱하면

$200 = 400 - 2x$, $2x = 200$

따라서 $x=100$

16 증발시켜야 하는 물의 양을 x g이라 하면

$\dfrac{12}{100} \times 500 = \dfrac{20}{100}(500-x)$, $60 = 100 - \dfrac{1}{5}x$

양변에 5를 곱하면 $300 = 500 - x$

따라서 $x=200$

즉 증발시켜야 하는 물의 양은 200 g이다.

17 (3) $12 + x = \dfrac{10}{100}(300+x)$에서

$12 + x = \dfrac{1}{10}(300+x)$, $12 + x = 30 + \dfrac{1}{10}x$

양변에 10을 곱하면

$120 + 10x = 300 + x$, $9x = 180$

따라서 $x=20$

18 더 넣어야 하는 소금의 양을 $x\,\text{g}$이라 하면

$$4+x=\frac{24}{100}(80+x),\ 4+x=\frac{6}{25}(80+x)$$

양변에 25를 곱하면

$$100+25x=480+6x,\ 19x=380$$

따라서 $x=20$

즉 더 넣어야 하는 소금의 양은 20 g이다.

19 (3) $2+\dfrac{5}{100}x=\dfrac{3}{100}(100+x)$에서

$$2+\frac{5}{100}x=3+\frac{3}{100}x$$

양변에 100을 곱하면

$$200+5x=300+3x,\ 2x=100$$

따라서 $x=50$

20 6 %의 소금물의 양을 $x\,\text{g}$이라 하면

$$\frac{6}{100}x+18=\frac{8}{100}(x+200)$$

$$\frac{6}{100}x+18=\frac{8}{100}x+16$$

양변에 100을 곱하면

$$6x+1800=8x+1600,\ -2x=-200$$

따라서 $x=100$

즉 6 %의 소금물의 양은 100 g이다.

06

본문 100쪽

일에 대한 일차방정식의 활용

1 (1) $\dfrac{1}{4},\ \dfrac{1}{12}$ (2) 3일 **2** 6일 **3** 3일

4 6일 **5** 4시간

1 (2) 형제가 같이 일한 날수를 x라 하면

$$\left(\frac{1}{4}+\frac{1}{12}\right)x=1$$

$$\left(\frac{3}{12}+\frac{1}{12}\right)x=1,\ \frac{4}{12}x=1$$

따라서 $x=\dfrac{12}{4}=3$

즉 형제가 같이 한다면 3일이 걸린다.

2 전체 일의 양을 1이라 할 때, 아버지가 하루에 하는 일의 양은 $\dfrac{1}{10}$, 형이 하루에 하는 일의 양은 $\dfrac{1}{15}$이므로 아버지와 형이 같이 일한 날수를 x라 하면

$$\left(\frac{1}{10}+\frac{1}{15}\right)x=1,\ \left(\frac{3}{30}+\frac{2}{30}\right)x=1,\ \frac{5}{30}x=1$$

따라서 $x=\dfrac{30}{5}=6$

즉 아버지와 형이 일을 같이 한다면 6일이 걸린다.

3 전체 일의 양을 1이라 할 때, 진희가 하루에 하는 일의 양은 $\dfrac{1}{12}$, 수연이가 하루에 하는 일의 양은 $\dfrac{1}{18}$이므로 수연이가 일한 날수를 x라 하면

$$\frac{1}{12}\times10+\frac{1}{18}\times x=1$$

$$\frac{5}{6}+\frac{1}{18}x=1,\ \frac{1}{18}x=\frac{1}{6}$$

따라서 $x=3$

즉 수연이가 일한 날수는 3일이다.

4 전체 일의 양을 1이라 할 때, 엄마가 하루에 하는 일의 양은 $\dfrac{1}{15}$, 누나가 하루에 하는 일의 양은 $\dfrac{1}{20}$이므로 엄마와 누나가 함께 일한 날수를 x라 하면

$$\frac{1}{20}\times6+\left(\frac{1}{15}+\frac{1}{20}\right)x=1$$

$$\frac{3}{10}+\left(\frac{4}{60}+\frac{3}{60}\right)x=1$$

$$\frac{3}{10}+\frac{7}{60}x=1,\ \frac{7}{60}x=\frac{7}{10}$$

따라서 $x=6$

즉 엄마와 누나가 함께 일한 날수는 6일이다.

5 물통에 가득 채운 물의 양을 1이라 할 때, A 호스가 1시간에 채우는 물의 양은 $\dfrac{1}{10}$, B 호스가 1시간에 채우는 물의 양은 $\dfrac{1}{20}$이므로 A, B 호스를 함께 사용한 시간을 x시간이라 하면

$$\frac{1}{10}\times4+\left(\frac{1}{10}+\frac{1}{20}\right)x=1,\ \frac{2}{5}+\left(\frac{2}{20}+\frac{1}{20}\right)x=1$$

$$\frac{2}{5}+\frac{3}{20}x=1,\ \frac{3}{20}x=\frac{3}{5}$$

따라서 $x=4$

즉 A, B 호스를 함께 사용한 시간은 4시간이다.

38 Ⅲ. 문자와 식

1 ④	**2** 10	**3** 76	**4** ④
5 ⑤	**6** ①		

1 사다리꼴의 아랫변의 길이를 x cm라 하면

$\frac{1}{2} \times \{x + (x-2)\} \times 4 = 24$

$2(2x-2) = 24$, $4x - 4 = 24$, $4x = 28$

따라서 $x = 7$

즉 사다리꼴의 아랫변의 길이는 7 cm이다.

2 연속한 네 짝수를 $x-3$, $x-1$, $x+1$, $x+3$으로 놓으면

$(x-3) + (x-1) + (x+1) + (x+3) = 52$, $4x = 52$

따라서 $x = 13$

즉 연속한 네 짝수는 10, 12, 14, 16이고 이 중에서 가장 작은 수는 10이다.

3 처음 수의 일의 자리의 숫자를 x라 하면

(처음 수)$= 70 + x$, (바꾼 수)$= 10x + 7$이므로

$10x + 7 = 70 + x - 9$, $9x = 54$

따라서 $x = 6$

즉 처음 수는 76이다.

4 학생 수를 x라 하면

$3x + 8 = 4x - 2$, $-x = -10$

따라서 $x = 10$

즉 학생은 10명이고 $3x + 8$에 $x = 10$을 대입하면 연필은

$3 \times 10 + 8 = 38$(자루)

5 A, B 두 지점 사이의 거리를 x km라 하면 45분은

$\frac{45}{60} = \frac{3}{4}$(시간)이므로

$\frac{x}{15} + \frac{x}{12} = \frac{3}{4}$

양변에 60을 곱하면 $4x + 5x = 45$, $9x = 45$

따라서 $x = 5$

즉 두 지점 A, B 사이의 거리는 5 km이다.

6 증발시켜야 하는 물의 양을 x g이라 하면

$\frac{12}{100} \times 300 = \frac{18}{100}(300 - x)$, $36 = 54 - \frac{9}{50}x$

양변에 50을 곱하면

$1800 = 2700 - 9x$, $9x = 900$

따라서 $x = 100$

즉 증발시켜야 하는 물의 양은 100 g이다.

대단원

TEST Ⅲ. 문자와 식   본문 102쪽

1 ③, ⑤	**2** ①	**3** 2
4 ③	**5** ②	**6** ⑤
7 $x = -\frac{1}{8}$	**8** ①	**9** ④
10 6년 후	**11** ②	**12** ③
13 ①	**14** ④	**15** ③

1 ① $0.1 \times x = 0.1x$

② $\frac{2}{5} \div x \div (-y) = -\frac{2}{5xy}$

③ $3 \times x \times x \times y = 3x^2y$

④ $\frac{2}{3}x \div y = \frac{2x}{3y}$

⑤ $x \times (y+1) \times (-2) = -2x(y+1)$

따라서 곱셈 기호와 나눗셈 기호를 생략하여 바르게 나타낸 것은 ③, ⑤이다.

2 ② 항의 개수는 $\frac{x^2}{3}$, $-\frac{x}{2}$, 3의 3이다.

③ 다항식의 차수는 2이다.

④ x의 계수는 $-\frac{1}{2}$이다.

⑤ x^2의 계수는 $\frac{1}{3}$, 상수항은 3이므로 그 곱은 $\frac{1}{3} \times 3 = 1$

따라서 옳은 것은 ①이다.

3 $(6x-9) \div \left(-\dfrac{3}{2}\right) = (6x-9) \times \left(-\dfrac{2}{3}\right)$

$\qquad\qquad\qquad = 6x \times \left(-\dfrac{2}{3}\right) - 9 \times \left(-\dfrac{2}{3}\right)$

$\qquad\qquad\qquad = -4x + 6$

따라서 x의 계수는 -4, 상수항은 6이므로 그 합은
$-4+6=2$

4 $\dfrac{y}{2}$와 동류항인 것의 개수는 $3y$, $\dfrac{1}{4}y$의 2이다.

5 $3A-(A+B)=3A-A-B=2A-B$

$\qquad\qquad\quad = 2(-x+2)-(3x+1)$

$\qquad\qquad\quad = -2x+4-3x-1=-5x+3$

따라서 $a=-5$, $b=3$이므로
$a+b=-5+3=-2$

6 $(2+a)x-3=4x-b$가 x에 대한 항등식이므로
$2+a=4$, $-3=-b$
$a=2$, $b=3$
따라서 $ab=2\times3=6$

7 $0.5x-\dfrac{3}{4}=\dfrac{5}{2}(x-0.2)$에서

$\dfrac{1}{2}x-\dfrac{3}{4}=\dfrac{5}{2}\left(x-\dfrac{1}{5}\right)$, $\dfrac{1}{2}x-\dfrac{3}{4}=\dfrac{5}{2}x-\dfrac{1}{2}$

양변에 4를 곱하면
$2x-3=10x-2$, $8x=-1$
따라서 $x=-\dfrac{1}{8}$

8 $x=2$를 $3x-2=5x+a$에 대입하면
$3\times2-2=5\times2+a$, $4=10+a$
따라서 $a=-6$

9 $2x-3=\dfrac{1}{3}x+1$의 양변에 3을 곱하면

$6x-9=x+3$, $5x=12$, 즉 $x=\dfrac{12}{5}$

따라서 $a=\dfrac{12}{5}$이므로

$5a-4=5\times\dfrac{12}{5}-4=12-4=8$

10 x년 후의 언니의 나이는 $(16+x)$살, 동생의 나이는 $(12+x)$살이므로

$12+x=\dfrac{1}{2}(16+x)+7$, $12+x=8+\dfrac{1}{2}x+7$, $\dfrac{1}{2}x=3$

따라서 $x=6$

즉 동생의 나이가 언니의 나이의 반보다 7살이 더 많게 되는 것은 6년 후이다.

11 처음 수의 십의 자리의 숫자를 x라 하면
(처음 수)$=10x+5$, (바꾼 수)$=50+x$이므로
$50+x=2(10x+5)+2$, $50+x=20x+10+2$, $19x=38$
따라서 $x=2$
즉 처음 수는 25이다.

12 두 지점 A, B 사이의 거리를 x km라 하면

1시간 30분은 $\dfrac{3}{2}$(시간)이고

(갈 때 걸린 시간)$+$(올 때 걸린 시간)$=\dfrac{3}{2}$(시간)

이므로

$\dfrac{x}{8}+\dfrac{x}{4}=\dfrac{3}{2}$

양변에 8을 곱하면
$x+2x=12$, $3x=12$
따라서 $x=4$
즉 두 지점 A, B 사이의 거리는 4 km이다.

13 $\dfrac{1}{x}+\dfrac{2}{y}+\dfrac{3}{z}$

$= 1\div x+2\div y+3\div z$

$= 1\div\dfrac{1}{4}+2\div\left(-\dfrac{1}{6}\right)+3\div\dfrac{1}{3}$

$= 1\times4+2\times(-6)+3\times3$

$= 4-12+9=1$

14 연속하는 두 짝수 중 작은 수를 x라 하면
두 짝수의 합이 작은 수의 3배보다 8만큼 작으므로
$x+(x+2)=3x-8$, $2x+2=3x-8$
따라서 $x=10$
즉 연속하는 두 짝수 중 작은 수가 10이므로 큰 수는 12
이다.

15 30 %의 설탕물의 양을 x g이라 하면

$\dfrac{20}{100}\times200+\dfrac{30}{100}\times x=\dfrac{25}{100}\times(200+x)$

$4000+30x=5000+25x$, $5x=1000$
따라서 $x=200$
즉 30 %의 설탕물의 양은 200 g이다.

5 좌표평면과 그래프

01

수직선과 좌표

원리확인

❶ -1 ❷ 2 ❸ 5 ❹ 0

1 ($\diagup$1) 2 $B(2)$ 3 $C\left(\dfrac{5}{2}\right)$ 4 $D(-1)$

5 $E(-4)$ 6 $O(0)$ 7 $A(-2), B(1), C(3)$

8 $A(-1), B(0), C(2)$

9 $A(-3), B\left(-\dfrac{3}{2}\right), C\left(\dfrac{1}{2}\right)$ 또는

　$A(-3), B(-1.5), C(0.5)$

10 $A\left(-\dfrac{4}{3}\right), B\left(\dfrac{1}{3}\right), C\left(\dfrac{9}{4}\right)$

11 $A\left(-\dfrac{5}{2}\right), B\left(-\dfrac{1}{3}\right), C\left(\dfrac{7}{4}\right)$

12 $A\left(-\dfrac{9}{4}\right), B\left(-\dfrac{2}{3}\right), C\left(\dfrac{5}{2}\right)$

13
```
      A       B    C
 -3 -2 -1  0  1  2  3
```

14
```
          C  B    A
 -3 -2 -1  0  1  2  3
```

15
```
  C       A       B
 -3 -2 -1  0  1  2  3
```

16
```
     B       A  C
 -3 -2 -1  0  1  2  3
```

17
```
     B    C    A
 -3 -2 -1  0  1  2  3
```

18
```
     B              A
 -3 -2 -1  0  1  2  3
```
두 점 사이의 거리: 5

02

순서쌍과 좌표평면

1 ($\diagup$2, 4)

2 $-6, 1, B(-6, 1)$

3 $-3, -3, C(-3, -3)$

4 $1, -2, D(1, -2)$

5 $4, 0, E(4, 0)$

6 $0, -6, F(0, -6)$

7 ($\diagup$3, 1, -1, 3, -2, -4, 2, -3)

8 $A(3, 4), B(-3, 1), C(-4, -2), D(1, -4)$

9 $A(4, 2), B(-4, 4), C(-2, -4), D(0, -2)$

10 $A(1, 2), B(-2, 1), C(-3, 0), D(3, -2)$

11~16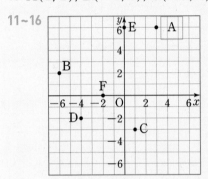

17 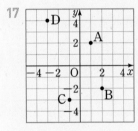 18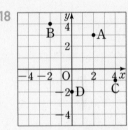

19 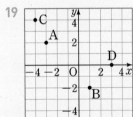 20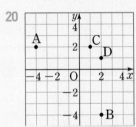

21 $(1, 2)$　22 $(1, -2)$　23 $(-5, 2)$

24 $(-3, -6)$　25 $(0, 3)$　26 $(0, 0)$

27 $(1, 0)$　28 $(3, 0)$　29 $(-5, 0)$

30 $(0, 1)$　31 $(0, 7)$　32 $\left(0, -\dfrac{1}{2}\right)$

☺ $0, 0, 0, 0, 0, 0$

33 2　　34 -1　　35 $\dfrac{1}{2}$　　36 3

37 -3　　38 $-\dfrac{1}{4}$　　39 ④

33 x축 위의 점은 y좌표가 0이므로 $a-2=0$
따라서 $a=2$

34 x축 위의 점은 y좌표가 0이므로 $a+1=0$
따라서 $a=-1$

35 x축 위의 점은 y좌표가 0이므로 $2a-1=0$
따라서 $a=\dfrac{1}{2}$

36 y축 위의 점은 x좌표가 0이므로 $a-3=0$
따라서 $a=3$

37 y축 위의 점은 x좌표가 0이므로 $2a+6=0$
따라서 $a=-3$

38 y축 위의 점은 x좌표가 0이므로 $4a+1=0$
따라서 $a=-\dfrac{1}{4}$

39 점 $(-a+1,\ b-3)$이 x축 위의 점이므로 y좌표가 0이다. 즉 $b-3=0$이므로 $b=3$
점 $(2a-1,\ b)$가 y축 위의 점이므로 x좌표가 0이다. 즉 $2a-1=0$이므로 $a=\dfrac{1}{2}$
따라서 $a+b=\dfrac{7}{2}$

03

본문 114쪽

좌표평면 위의 도형의 넓이

원리확인

❶ 5 ❷ 6

1 12	2 21	3 8	4 4
5 6	6 8	7 24	8 25
9 12	10 10	11 20	

1

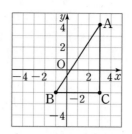

(삼각형 ABC의 넓이)$=\dfrac{1}{2}\times4\times6=12$

2

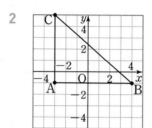

(삼각형 ABC의 넓이)$=\dfrac{1}{2}\times7\times6=21$

3

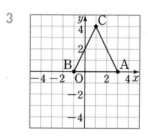

(삼각형 ABC의 넓이)$=\dfrac{1}{2}\times4\times4=8$

4

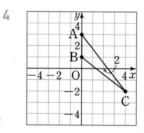

(삼각형 ABC의 넓이)$=\dfrac{1}{2}\times2\times4=4$

5

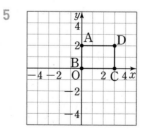

(사각형 ABCD의 넓이)$=3\times2=6$

6

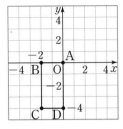

(사각형 ABCD의 넓이)=2×4=8

7

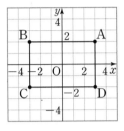

(사각형 ABCD의 넓이)=6×4=24

8

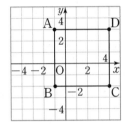

(사각형 ABCD의 넓이)=5×5=25

9

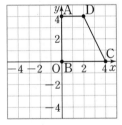

(사각형 ABCD의 넓이)=$\frac{1}{2}$×(4+2)×4=12

10

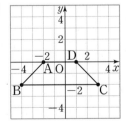

(사각형 ABCD의 넓이)=$\frac{1}{2}$×(7+3)×2=10

11

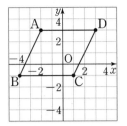

(사각형 ABCD의 넓이)=5×4=20

04

본문 116쪽

사분면 위의 점

원리확인

점	점의 위치	x좌표의 부호	y좌표의 부호
A	제1사분면	+	+
B	제2사분면	−	+
C	제3사분면	−	−
D	제4사분면	+	−

1 점 C, E	2 점 A, J	3 점 B, F	4 점 G, H
5 점 D, O, I		6 2	7 4
8 3	9 1	10 4	11 2
12 3	☺ 1, 3, 4, 2		13 1
14 4	15 3	16 2	17 4
18 2	19 3		
20 (1) ㄱ, ㅅ (2) ㄷ, ㅊ (3) ㅂ, ㅇ			21 1
22 2	23 3	24 1	25 4
26 1	27 2	28 4	29 3
30 1	31 4	32 3	33 2
34 4	35 1	36 2	37 4
38 2	39 4	40 2	41 1
42 3	43 4	44 3	45 1
46 2	47 2	48 3	

6~12

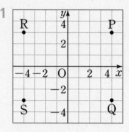

37 $ab<0$이므로 a, b의 부호가 다르다. 이때 $a>b$이므로
$a>0$, $b<0$
따라서 점 (a, b)는 제4사분면 위의 점이다.

38 $ab<0$이므로 a, b의 부호가 다르다. 이때 $a<b$이므로
$a<0$, $b>0$
따라서 점 (a, b)는 제2사분면 위의 점이다.

39 $\dfrac{b}{a}<0$이므로 a, b의 부호가 다르다. 이때 $a>b$이므로
$a>0$, $b<0$
따라서 점 (a, b)는 제4사분면 위의 점이다.

40 $\dfrac{b}{a}<0$이므로 a, b의 부호가 다르다. 이때 $a<b$이므로
$a<0$, $b>0$
따라서 점 (a, b)는 제2사분면 위의 점이다.

41 $ab>0$이므로 a, b의 부호가 같다. 이때 $a+b>0$이므로
$a>0$, $b>0$
따라서 점 (a, b)는 제1사분면 위의 점이다.

42 $ab>0$이므로 a, b의 부호가 같다. 이때 $a+b<0$이므로
$a<0$, $b<0$
따라서 점 (a, b)는 제3사분면 위의 점이다.

43~48

$ab<0$이므로 a, b의 부호가 다르다. 이때 $a>b$이므로
$a>0$, $b<0$

대칭인 점의 좌표

원리확인

❶ Q   ❷ R   ❸ S

1
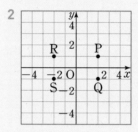

$(4, 3)$, $(4, -3)$, $(-4, 3)$, $(-4, -3)$

2
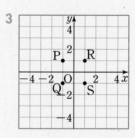

$(2, 1)$, $(2, -1)$, $(-2, 1)$, $(-2, -1)$

3
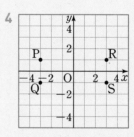

$(-1, 1)$, $(-1, -1)$, $(1, 1)$, $(1, -1)$

4
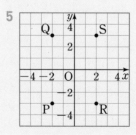

$(-3, 1)$, $(-3, -1)$, $(3, 1)$, $(3, -1)$

5

$(-2, -3)$, $(-2, 3)$, $(2, -3)$, $(2, 3)$

6

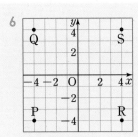

$(-4, -4), (-4, 4), (4, -4), (4, 4)$

7

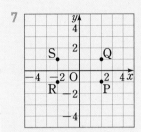

$(2, -1), (2, 1), (-2, -1), (-2, 1)$

8

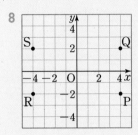

$(4, -2), (4, 2), (-4, -2), (-4, 2)$

9 $(1, -1), (-1, 1), (-1, -1)$

10 $(1, -4), (-1, 4), (-1, -4)$

11 $(3, -2), (-3, 2), (-3, -2)$

12 $(4, -5), (-4, 5), (-4, -5)$

13 $(2, 4), (-2, -4), (-2, 4)$

14 $(5, 3), (-5, -3), (-5, 3)$

15 $(-2, -3), (2, 3), (2, -3)$

16 $(-1, -5), (1, 5), (1, -5)$

17 $(-1, 7), (1, -7), (1, 7)$

☺ x축 대칭: $(a, -b)$, y축 대칭: $(-a, b)$,
원점 대칭: $(-a, -b)$

18 $a=-3, b=-4$ **19** $a=-5, b=1$

20 $a=-3, b=-5$ **21** $a=-1, b=-2$

22 $a=-5, b=-3.5$ **23** $a=-3, b=-\dfrac{5}{2}$

24 $a=-4, b=-2$ **25** $a=6, b=2$

26 $a=7, b=4$ **27** ④

27 주어진 조건을 만족시키는 정사각형 ABCD를 좌표평면 위에 나타내면 다음 그림과 같다.

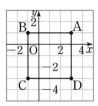

따라서 두 꼭짓점 C, D의 좌표는
$C(-1, -3), D(3, -3)$

06

본문 124쪽

그래프

원리확인

❶
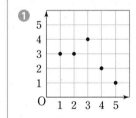

❷
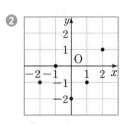

1 (1)

x	1	2	3	4	5
y	1	2	2	3	2

$(1, 1), (2, 2), (3, 2), (4, 3), (5, 2)$

(2)
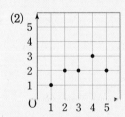

2 (1)

x	-2	-1	0	1	2
y	3	2	1	0	-1

$(-2, 3), (-1, 2), (0, 1), (1, 0), (2, -1)$

(2)
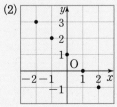

3 (1) $(0, 0)$, $(1, 2)$, $(2, 4)$, $(3, 8)$, $(4, 14)$

(2)~(3)

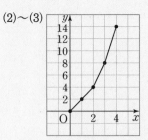

4 (1)

x(분)	0	1	2	3	4	5
y(cm)	0	2	4	6	8	10

$(0, 0)$, $(1, 2)$, $(2, 4)$, $(3, 6)$, $(4, 8)$, $(5, 10)$

(2)~(3)

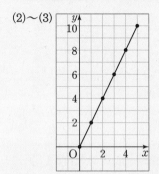

5 (1)

x(시간)	0	1	2	3	4	5
y(cm)	10	8	6	4	2	0

$(0, 10)$, $(1, 8)$, $(2, 6)$, $(3, 4)$, $(4, 2)$, $(5, 0)$

(2)~(3)

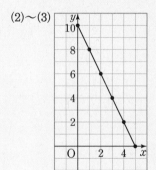

그래프의 해석

원리확인

❶ ㄱ   ❷ ㄴ   ❸ ㄷ

1 (1) 6 (2) 6, 12 (3) -4 **2** (1) 2 (2) 2

3 (1) 3 (2) 10 (3) 20 **4** (1) 400 (2) 5, 10 (3) 20

5 (1) 30 (2) 10 (3) 15, 20 **6** (1) 400 (2) 4 (3) 4 (4) 8

7 ④   **8** ㄴ   **9** ㄱ   **10** ㄷ

11 ㄱ   **12** ㄷ   **13** ㄴ   **14** ㄴ

15 ㄱ   **16** ㄷ

7 ① ㈎: 점점 느리게 이동하고 있다.

② ㈏: 멈추어 있다.

③ ㈐: 일정한 속력으로 이동하고 있다.

⑤ ㈒: 점점 빠르게 이동하고 있다.

8 원기둥 모양의 빈 물병에 매초 일정한 양의 물을 똑같이 넣을 때, 같은 시간이 지난 후 물병 속의 물의 높이가 가장 높은 것은 밑면의 넓이가 가장 작은 것이고, 물의 높이가 가장 낮은 것은 밑면의 넓이가 가장 큰 것이다. 따라서 물병의 밑면의 반지름의 길이가 가장 짧은 물병에 해당하는 그래프는 물의 높이가 빠르게 상승하는 ㄴ이다.

9 물병의 밑면의 반지름의 길이가 두 번째로 짧으므로 물의 높이가 중간 정도로 상승하는 ㄱ이다.

10 물병의 밑면의 반지름의 길이가 가장 기므로 물의 높이가 느리게 상승하는 ㄷ이다.

11 기둥 모양의 빈 물병에 매초 일정한 양의 물을 똑같이 넣을 때, 밑면의 넓이가 넓을수록 물의 높이가 천천히 증가한다. 물병의 밑면의 반지름의 길이가 일정하므로 물의 높이가 일정하게 상승한다.

12 물병의 밑면의 반지름의 길이가 점점 길어지므로 물의 높이는 점점 천천히 상승한다.

13 물병의 밑면의 반지름의 길이가 점점 짧아지므로 물의 높이는 점점 빠르게 상승한다.

14 물병의 아랫부분은 폭이 넓고, 윗부분은 폭이 좁기 때문에 처음에는 물의 높이가 느리게 상승하다가 나중에는 물의 높이가 빠르게 상승한다.

15 물병의 아랫부분은 폭이 좁고, 윗부분은 폭이 넓기 때문에 처음에는 물의 높이가 빠르게 상승하다가 나중에는 물의 높이가 느리게 상승한다.

16 물병의 아랫부분은 폭이 일정하고 윗부분은 폭이 점점 늘어나므로 물의 높이는 일정하게 상승하다가 나중에는 점점 느리게 상승한다.

TEST
5. 좌표평면과 그래프 본문 129쪽

1 ③	**2** ④	**3** ①, ④
4 ⑤	**5** 24	**6** ⑤

1 ③ $C\left(-\dfrac{1}{3}\right)$

2 $a=1$, $b=-2$, $c=-3$이므로 $a+b+c=-4$

3 ② 점 $(-5, 0)$은 x축 위에 있다.
③ 점 $(1, 5)$는 제1사분면 위에 있다.
⑤ 두 점 $(2, -4)$와 $(-4, 2)$는 서로 다른 점이다.

4 ⑤ 점 P와 원점에 대하여 대칭인 점의 좌표는 $(-2, -3)$이다.

5
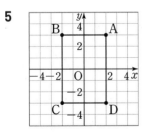

(사각형 ABCD의 넓이)$=4\times6=24$

6 ⑤ A, B, C 구간 모두에서 40 m씩 이동하였다.

6 정비례와 반비례

01
본문 132쪽

정비례 관계

원리확인

❶

x(개)	1	2	3	4	5
y(원)	300	600	900	1200	1500

❷ 2, 3, 정비례   **❸** 300, $300x$

1

$\dfrac{y}{x}$	2	2	2	2	2	⋯

2, 2

2

$\dfrac{y}{x}$	-2	-2	-2	-2	-2	⋯

-2, -2

3

x	1	2	3	4	5	⋯
y	3	6	9	12	15	⋯
$\dfrac{y}{x}$	3	3	3	3	3	⋯

3, 3

4

x	1	2	3	4	5	⋯
y	-3	-6	-9	-12	-15	⋯
$\dfrac{y}{x}$	-3	-3	-3	-3	-3	⋯

-3, -3 ☺ 일정, ax **5** ○
6 ○   **7** ○   **8** ×
9 ○   **10** ○   **11** ○
12 ×   **13** ○   **14** ○
15 ($\varnothing$ 6, 2, 3, 3)   **16** $y=-3x$
17 $y=-2x$ **18** $y=\dfrac{1}{2}x$ **19** $y=-\dfrac{3}{2}x$
20 ②

11 x와 y의 관계식은 $y=4x$이므로 정비례한다.

12 x와 y의 관계식은 $y=x+4$이므로 정비례하지 않는다.

13 x와 y의 관계식은 $y=1000x$이므로 정비례한다.

14 x와 y의 관계식은 $y=3x$이므로 정비례한다.

16 $y=ax$라 하고 $x=2$, $y=-6$을 대입하면
$-6=2a$이므로 $a=-3$
따라서 $y=-3x$

17 $y=ax$라 하고 $x=-5$, $y=10$을 대입하면
$10=-5a$이므로 $a=-2$
따라서 $y=-2x$

18 $y=ax$라 하고 $x=6$, $y=3$을 대입하면
$3=6a$이므로 $a=\dfrac{1}{2}$
따라서 $y=\dfrac{1}{2}x$

19 $y=ax$라 하고 $x=-8$, $y=12$를 대입하면
$12=-8a$이므로 $a=-\dfrac{3}{2}$
따라서 $y=-\dfrac{3}{2}x$

20 $y=ax$라 하고 $x=5$, $y=-30$을 대입하면
$-30=5a$, $a=-6$
따라서 $y=-6x$
$y=-6x$에 $x=4$를 대입하면 $y=-6\times4=-24$
$y=-6x$에 $y=-42$를 대입하면 $-42=-6x$에서
$x=7$

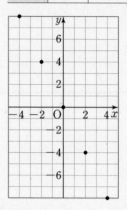

정비례 관계 그래프 그리기

1 (1)

x	-4	-2	0	2	4
y	8	4	0	-4	-8

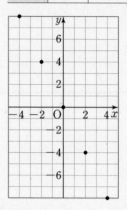

(2)~(3)

x	-4	-3	-2	-1	0	1	2	3	4
y	8	6	4	2	0	-2	-4	-6	-8

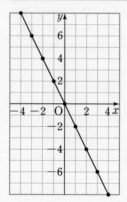

2 (1)~(2)

x	-4	-3	-2	-1	0	1	2	3	4
y	-2	$-\dfrac{3}{2}$	-1	$-\dfrac{1}{2}$	0	$\dfrac{1}{2}$	1	$\dfrac{3}{2}$	2

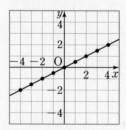

3 $(0,0)$, $(1,1)$

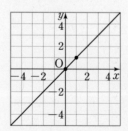

4 $(0,0)$, $(1,2)$

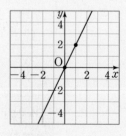

5 $(0, 0)$, $(2, 1)$ ☺ 1, 3, 증가, 원점

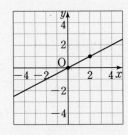

6 $(0, 0)$, $(1, -3)$　　　**7** $(0, 0)$, $(2, -1)$

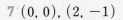

8 $(0, 0)$, $(4, -3)$ ☺ 2, 4, 감소, 직선

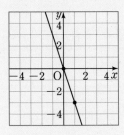

03　　　　　　　　　　　　本문 136쪽

정비례 관계 그래프의 성질

원리확인

❶ 위, 원점　❷ 1, 3　❸ 증가　❹ 2

❺ $\dfrac{1}{2}$　❻ 아래, 원점　❼ 2, 4

❽ 감소　❾ -2　❿ $-\dfrac{1}{2}$

---

1 1, 3　　**2** 1, 3　　**3** 1, 3

4 1, 3　　**5** 2, 4　　**6** 2, 4

7 2, 4　　**8** 2, 4　　☺ 1, 3, 2, 4

9 위, 증가　**10** 아래, 감소　**11** 위, 증가

12 아래, 감소　**13** 위, 증가　**14** 아래, 감소

---

15 $y = 4x$　　**16** $y = 7x$　　**17** $y = \dfrac{1}{2}x$

18 $y = -3x$　　**19** $y = -\dfrac{2}{3}x$　　**20** $y = -3x$

21 $y = 4x$　　**22** $y = 2x$　　☺ a

23 (1) ㄱ, ㄴ (2) ㄷ, ㄹ (3) ㄱ, ㄴ (4) ㄹ, ㄴ, ㄷ, ㄱ

24 (1) ㄱ, ㄴ (2) ㄷ, ㄹ (3) ㄷ, ㄹ (4) ㄱ, ㄷ, ㄹ, ㄴ

25 (1) ㄱ, ㄴ (2) ㄷ, ㄹ (3) ㄱ, ㄴ (4) ㄱ, ㄹ, ㄷ, ㄴ

26 (1) 0, a (2) 위, 1, 3 (3) 증가 (4) 클수록

27 (1) 0, a (2) 아래, 2, 4 (3) 감소 (4) 클수록

28 (1) ㄱ (2) ㄴ (3) ㄷ (4) ㄹ

15~22

　　$y = ax$의 그래프는 $|a|$의 값이 클수록 y축에 가깝다.

23 (1) $y = ax$의 그래프는 $a > 0$일 때, 오른쪽 위로 향하는 직선이므로 ㄱ, ㄴ

　　(2) $y = ax$의 그래프는 $a < 0$일 때, 오른쪽 아래로 향하는 직선이므로 ㄷ, ㄹ

　　(3) $y = ax$의 그래프는 $a > 0$일 때, 제1사분면과 제3사분면을 지나므로 ㄱ, ㄴ

　　(4) $y = ax$의 그래프는 $|a|$가 클수록 y축에 가깝다.
　　$|-4| > |3| > |-2| > |1|$이므로 그래프가 y축에 가까운 순서대로 쓰면 ㄹ, ㄴ, ㄷ, ㄱ

24 (1) $y = ax$의 그래프는 $a > 0$일 때, x의 값이 증가하면 y의 값도 증가하므로 ㄱ, ㄴ

　　(2) $y = ax$의 그래프는 $a < 0$일 때, x의 값이 증가하면 y의 값은 감소하므로 ㄷ, ㄹ

　　(3) $y = ax$의 그래프는 $a < 0$일 때, 제2사분면과 제4사분면을 지나므로 ㄷ, ㄹ

　　(4) $y = ax$의 그래프는 $|a|$가 클수록 y축에 가깝다.
　　$|2| > |-1| > \left|-\dfrac{1}{3}\right| > \left|\dfrac{1}{4}\right|$이므로 그래프가 y축에 가까운 순서대로 쓰면 ㄱ, ㄷ, ㄹ, ㄴ

25 (1) $y = ax$의 그래프는 $a > 0$일 때, x의 값이 증가하면 y의 값도 증가하므로 ㄱ, ㄴ

　　(2) $y = ax$의 그래프는 $a < 0$일 때, 오른쪽 아래로 향하는 직선이므로 ㄷ, ㄹ

　　(3) $y = ax$의 그래프는 $a > 0$일 때, 제1사분면과 제3사분면을 지나므로 ㄱ, ㄴ

(4) $y=ax$의 그래프는 $|a|$가 클수록 y축에 가깝다.

$\left|\dfrac{5}{2}\right|>|-2|>\left|-\dfrac{2}{3}\right|>\left|\dfrac{1}{3}\right|$이므로 그래프가 y축

에 가까운 순서대로 쓰면 ㄱ, ㄹ, ㄷ, ㄴ

04

정비례 관계 그래프 위의 점

원리확인

❶ 3   ❷ 0   ❸ 1

❹ 2   ❺ $-\dfrac{1}{3}$

---

1 (1) ○ (2) ○ (3) ○   2 (1) ○ (2) × (3) ○

3 (1) × (2) ○ (3) ×   4 ($\diagup$ 3, a, 6)

5 -9 6 3   7 2   8 10

9 0   10 3   11 -2

12 ($\diagup$ 2, 1, 2)   13 2   14 -2

15 5   16 $-\dfrac{1}{2}$ 17 $\dfrac{5}{2}$ 18 9

19 $-\dfrac{1}{27}$ 20 $y=-7x$ ($\diagup$ -7, 1, -7, -7)

21 $y=-3x$ 22 $y=\dfrac{1}{2}x$ 23 $y=\dfrac{5}{2}x$

24 $y=-\dfrac{3}{4}x$ 25 $y=\dfrac{20}{3}x$ 26 $y=-\dfrac{1}{15}x$

27 $y=2x$ 28 $y=-3x$ 29 $y=3x$

30 $y=-\dfrac{2}{3}x$ 31 $y=\dfrac{1}{3}x$

32 ($\diagup$ 1, -5, -5, -5, -2, 10)   33 -3

34 6   35 6   36 3   37 2

38 -1 39 4   40 -2 41 1

42 -3

---

1 (1) $y=3x$에 $x=2$, $y=6$을 대입하면

$\qquad 6=3\times2$

식이 성립하므로 그래프 위의 점이다.

(2) $y=3x$에 $x=-1$, $y=-3$을 대입하면

$\qquad -3=3\times(-1)$

식이 성립하므로 그래프 위의 점이다.

(3) $y=3x$에 $x=0$, $y=0$을 대입하면

$\qquad 0=3\times0$

식이 성립하므로 그래프 위의 점이다.

---

2 (1) $y=-2x$에 $x=2$, $y=-4$를 대입하면

$\qquad -4=-2\times2$

식이 성립하므로 그래프 위의 점이다.

(2) $y=-2x$에 $x=0$, $y=-2$를 대입하면

$\qquad -2\ne-2\times0$

식이 성립하지 않으므로 그래프 위의 점이 아니다.

(3) $y=-2x$에 $x=-\dfrac{1}{2}$, $y=1$을 대입하면

$\qquad 1=-2\times\left(-\dfrac{1}{2}\right)$

식이 성립하므로 그래프 위의 점이다.

---

3 (1) $y=-\dfrac{1}{3}x$에 $x=-1$, $y=3$을 대입하면

$\qquad 3\ne-\dfrac{1}{3}\times(-1)$

식이 성립하지 않으므로 그래프 위의 점이 아니다.

(2) $y=-\dfrac{1}{3}x$에 $x=6$, $y=-2$를 대입하면

$\qquad -2=-\dfrac{1}{3}\times6$

식이 성립하므로 그래프 위의 점이다.

(3) $y=-\dfrac{1}{3}x$에 $x=-5$, $y=-\dfrac{5}{3}$를 대입하면

$\qquad -\dfrac{5}{3}\ne-\dfrac{1}{3}\times(-5)$

식이 성립하지 않으므로 그래프 위의 점이 아니다.

---

5 $y=3x$에 $x=-3$, $y=a$를 대입하면

$a=3\times(-3)=-9$

---

6 $y=\dfrac{1}{2}x$에 $x=6$, $y=a$를 대입하면

$a=\dfrac{1}{2}\times6=3$

---

7 $y=-4x$에 $x=a$, $y=-8$을 대입하면

$-8=-4a$, $a=2$

---

8 $y=\dfrac{5}{2}x$에 $x=4$, $y=a$를 대입하면

$a=\dfrac{5}{2}\times4=10$

---

50 Ⅳ. 좌표평면과 그래프

9 $y=-\dfrac{3}{2}x$에 $x=a$, $y=0$을 대입하면

$0=-\dfrac{3}{2}a$, $a=0$

10 $y=\dfrac{3}{7}x$에 $x=a$, $y=\dfrac{9}{7}$를 대입하면

$\dfrac{9}{7}=\dfrac{3}{7}a$, $a=3$

11 $y=-\dfrac{4}{3}x$에 $x=a$, $y=\dfrac{8}{3}$을 대입하면

$\dfrac{8}{3}=-\dfrac{4}{3}a$, $a=-2$

13 $y=ax$에 $x=3$, $y=6$을 대입하면

$6=a\times3$, $a=2$

14 $y=ax$에 $x=2$, $y=-4$를 대입하면

$-4=a\times2$, $a=-2$

15 $y=ax$에 $x=-1$, $y=-5$를 대입하면

$-5=a\times(-1)$, $a=5$

16 $y=ax$에 $x=-4$, $y=2$를 대입하면

$2=a\times(-4)$, $a=-\dfrac{1}{2}$

17 $y=ax$에 $x=2$, $y=5$를 대입하면

$5=a\times2$, $a=\dfrac{5}{2}$

18 $y=ax$에 $x=\dfrac{2}{3}$, $y=6$을 대입하면

$6=\dfrac{2}{3}a$, $a=9$

19 $y=ax$에 $x=3$, $y=-\dfrac{1}{9}$을 대입하면

$-\dfrac{1}{9}=3a$, $a=-\dfrac{1}{27}$

21 $y=ax$라 하고 $x=-2$, $y=6$을 대입하면

$6=a\times(-2)$, $a=-3$

따라서 $y=-3x$

22 $y=ax$라 하고 $x=-4$, $y=-2$를 대입하면

$-2=a\times(-4)$, $a=\dfrac{1}{2}$

따라서 $y=\dfrac{1}{2}x$

23 $y=ax$라 하고 $x=2$, $y=5$를 대입하면

$5=a\times2$, $a=\dfrac{5}{2}$

따라서 $y=\dfrac{5}{2}x$

24 $y=ax$라 하고 $x=4$, $y=-3$을 대입하면

$-3=a\times4$, $a=-\dfrac{3}{4}$

따라서 $y=-\dfrac{3}{4}x$

25 $y=ax$라 하고 $x=\dfrac{6}{5}$, $y=8$을 대입하면

$8=\dfrac{6}{5}a$, $a=\dfrac{20}{3}$

따라서 $y=\dfrac{20}{3}x$

26 $y=ax$라 하고 $x=-3$, $y=\dfrac{1}{5}$을 대입하면

$\dfrac{1}{5}=-3a$, $a=-\dfrac{1}{15}$

따라서 $y=-\dfrac{1}{15}x$

27 $y=ax$라 하고 $x=1$, $y=2$를 대입하면

$2=a\times1$, $a=2$

따라서 $y=2x$

28 $y=ax$라 하고 $x=-1$, $y=3$을 대입하면

$3=a\times(-1)$, $a=-3$

따라서 $y=-3x$

29 $y=ax$라 하고 $x=4$, $y=12$를 대입하면

$12=a\times4$, $a=3$

따라서 $y=3x$

30 $y=ax$라 하고 $x=-3$, $y=2$를 대입하면

$2=a\times(-3)$, $a=-\dfrac{2}{3}$

따라서 $y=-\dfrac{2}{3}x$

31 $y=ax$라 하고 $x=3$, $y=1$을 대입하면

$1=a\times3$, $a=\dfrac{1}{3}$

따라서 $y=\dfrac{1}{3}x$

33 $y=ax$에 $x=3$, $y=2$를 대입하면

$2=a\times3$, $a=\dfrac{2}{3}$

따라서 $y=\dfrac{2}{3}x$

$y=\dfrac{2}{3}x$에 $x=k$, $y=-2$를 대입하면

$-2=\dfrac{2}{3}k$, $k=-3$

34 $y=ax$에 $x=-1$, $y=-3$을 대입하면

$-3=a\times(-1)$, $a=3$

따라서 $y=3x$

$y=3x$에 $x=2$, $y=k$를 대입하면

$k=3\times2=6$

35 $y=ax$에 $x=-6$, $y=4$를 대입하면

$4=a\times(-6)$, $a=-\dfrac{2}{3}$

따라서 $y=-\dfrac{2}{3}x$

$y=-\dfrac{2}{3}x$에 $x=k$, $y=-4$를 대입하면

$-4=-\dfrac{2}{3}k$, $k=6$

36 $y=ax$에 $x=21$, $y=15$를 대입하면

$15=21a$, $a=\dfrac{5}{7}$

따라서 $y=\dfrac{5}{7}x$

$y=\dfrac{5}{7}x$에 $x=k$, $y=\dfrac{15}{7}$를 대입하면

$\dfrac{15}{7}=\dfrac{5}{7}k$, $k=3$

37 $y=ax$에 $x=-12$, $y=10$을 대입하면

$10=-12a$, $a=-\dfrac{5}{6}$

따라서 $y=-\dfrac{5}{6}x$

$y=-\dfrac{5}{6}x$에 $x=k$, $y=-\dfrac{5}{3}$를 대입하면

$-\dfrac{5}{3}=-\dfrac{5}{6}k$, $k=2$

38 $y=ax$라 하고 $x=2$, $y=2$를 대입하면

$2=a\times2$, $a=1$

따라서 $y=x$

$y=x$에 $x=-1$, $y=k$를 대입하면

$k=-1$

39 $y=ax$라 하고 $x=-2$, $y=3$을 대입하면

$3=a\times(-2)$, $a=-\dfrac{3}{2}$

따라서 $y=-\dfrac{3}{2}x$

$y=-\dfrac{3}{2}x$에 $x=k$, $y=-6$을 대입하면

$-6=-\dfrac{3}{2}k$, $k=4$

40 $y=ax$라 하고 $x=4$, $y=10$을 대입하면

$10=a\times4$, $a=\dfrac{5}{2}$

따라서 $y=\dfrac{5}{2}x$

$y=\dfrac{5}{2}x$에 $x=k$, $y=-5$를 대입하면

$-5=\dfrac{5}{2}k$, $k=-2$

41 $y=ax$라 하고 $x=12$, $y=-2$를 대입하면

$$-2=a\times 12,\ a=-\frac{1}{6}$$

따라서 $y=-\frac{1}{6}x$

$y=-\frac{1}{6}x$에 $x=-6$, $y=k$를 대입하면

$$k=-\frac{1}{6}\times(-6)=1$$

42 $y=ax$라 하고 $x=4$, $y=9$를 대입하면

$$9=a\times 4,\ a=\frac{9}{4}$$

따라서 $y=\frac{9}{4}x$

$y=\frac{9}{4}x$에 $x=k$, $y=-\frac{27}{4}$을 대입하면

$$-\frac{27}{4}=\frac{9}{4}k,\ k=-3$$

반비례 관계

원리확인

❶

x	1	2	3	4	5
y	60	30	20	15	12

❷ $\dfrac{1}{2}$, $\dfrac{1}{3}$, 반비례   **❸** 60, $\dfrac{60}{x}$

1

xy	6	6	6	6	…

6, 6

2

xy	-6	-6	-6	-6	…

-6, -6

3

x	1	2	3	4	6	12	…
y	12	6	4	3	2	1	…
xy	12	12	12	12	12	12	…

12, 12

4

x	1	2	3	4	6	12	…
y	-12	-6	-4	-3	-2	-1	…
xy	-12	-12	-12	-12	-12	-12	…

-12, -12

☺ 일정, $\dfrac{a}{x}$ **5** ◯   **6** ◯

7 ◯   **8** ×   **9** ◯

10 ◯   **11** ×   **12** ×

13 ($\mathscr{Q}$ 3, 9, 27, 27)   **14** $y=-\dfrac{16}{x}$

15 $y=-\dfrac{50}{x}$ **16** $y=\dfrac{18}{x}$ **17** $y=-\dfrac{40}{x}$

18 ①

9 x와 y의 관계식은 $y=\dfrac{600}{x}$이므로 반비례한다.

10 x와 y의 관계식은 $y=\dfrac{36}{x}$이므로 반비례한다.

11 x와 y의 관계식은 $y=100-x$이므로 반비례하지 않는다.

12 x와 y의 관계식은 $y=24-x$이므로 반비례하지 않는다.

14 $y=\dfrac{a}{x}$라 하고 $x=-8$, $y=2$를 대입하면

$2=\dfrac{a}{-8}$, $a=-16$

따라서 $y=-\dfrac{16}{x}$

15 $y=\dfrac{a}{x}$라 하고 $x=10$, $y=-5$를 대입하면

$-5=\dfrac{a}{10}$, $a=-50$

따라서 $y=-\dfrac{50}{x}$

16 $y=\dfrac{a}{x}$라 하고 $x=3$, $y=6$을 대입하면

$6=\dfrac{a}{3}$, $a=18$

따라서 $y=\dfrac{18}{x}$

17 $y=\dfrac{a}{x}$라 하고 $x=4$, $y=-10$을 대입하면

$-10=\dfrac{a}{4}$, $a=-40$

따라서 $y=-\dfrac{40}{x}$

18 $y=\dfrac{a}{x}$라 하고 $x=2$, $y=-15$를 대입하면

$-15=\dfrac{a}{2}$, $a=-30$

따라서 $y=-\dfrac{30}{x}$

$y=-\dfrac{30}{x}$에 $x=3$을 대입하면

$y=-\dfrac{30}{3}=-10$

반비례 관계 그래프 그리기

1 (1)

x	-6	-3	-1	1	3	6
y	1	2	6	-6	-2	-1

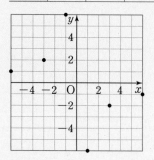

(2)~(3)

x	-6	-4	-3	-2	-1	1	2	3	4	6
y	1	$\dfrac{3}{2}$	2	3	6	-6	-3	-2	$-\dfrac{3}{2}$	-1

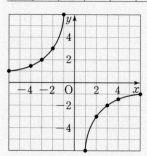

2 (1)~(2)

x	-4	-3	-2	-1	$-\dfrac{1}{2}$	$\dfrac{1}{2}$	1	2	3	4
y	$-\dfrac{1}{2}$	$-\dfrac{2}{3}$	-1	-2	-4	4	2	1	$\dfrac{2}{3}$	$\dfrac{1}{2}$

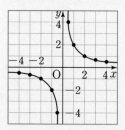

3 $(-4, -1)$, $(-2, -2)$, $(-1, -4)$,
$(1, 4)$, $(2, 2)$, $(4, 1)$

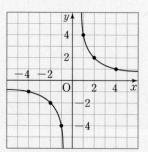

4 $(-6, -2), (-4, -3), (-3, -4), (-2, -6)$
$(2, 6), (3, 4), (4, 3), (6, 2)$

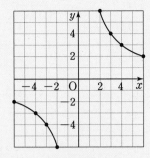

🙂 1, 3, 감소, 원점

5 $(-4, 1), (-2, 2), (-1, 4), (1, -4),$
$(2, -2), (4, -1)$

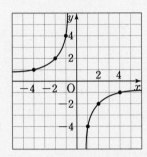

6 $(-6, 2), (-4, 3), (-3, 4), (-2, 6)$
$(2, -6), (3, -4), (4, -3), (6, -2)$

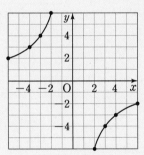

🙂 2, 4, 증가, 곡선

반비례 관계 그래프의 성질

원리확인

❶ 원점, 곡선   ❷ 1, 3   ❸ 감소

❹ 6   ❺ 원점, 곡선   ❻ 2, 4

❼ 증가   ❽ 6

1 1, 3   2 1, 3   3 1, 3

4 1, 3   5 2, 4   6 2, 4

7 2, 4   8 2, 4   🙂 1, 3, 2, 4

9 감소   10 증가   11 감소

12 증가   13 증가   14 감소

15 $y = \dfrac{6}{x}$ 16 $y = \dfrac{12}{x}$ 17 $y = -\dfrac{6}{x}$

18 $y = \dfrac{15}{x}$ 19 $y = -\dfrac{25}{x}$ 20 $y = -\dfrac{6}{x}$

21 $y = \dfrac{3}{x}$ 22 $y = -\dfrac{3}{x}$ 🙂 a

23 (1) ㄷ, ㄹ (2) ㄱ, ㄴ (3) ㄱ, ㄴ (4) ㄹ, ㄴ, ㄷ, ㄱ

24 (1) ㄷ, ㄹ (2) ㄱ, ㄴ (3) ㄷ, ㄹ (4) ㄴ, ㄹ, ㄷ, ㄱ

25 (1) a, 원점 (2) 1, 3 (3) 감소 (4) 작을수록

26 (1) a, 원점 (2) 2, 4 (3) 증가 (4) 작을수록

27 (1) ㄷ (2) ㄱ (3) ㄴ (4) ㄹ

28 (1) ㄷ (2) ㄹ (3) ㄴ (4) ㄱ

15~22

반비례 관계 $y = \dfrac{a}{x}$의 그래프는 $|a|$의 값이 클수록 원점에서 멀어진다.

23 (1) $y = \dfrac{a}{x}$의 그래프는 $a < 0$일 때, 각 사분면에서 x의 값이 증가하면 y의 값도 증가하므로 ㄷ, ㄹ

(2) $y = \dfrac{a}{x}$의 그래프는 $a > 0$일 때, 각 사분면에서 x의 값이 증가하면 y의 값은 감소하므로 ㄱ, ㄴ

(3) $y = \dfrac{a}{x}$의 그래프는 $a > 0$일 때, 제1사분면과 제3사분면을 지나므로 ㄱ, ㄴ

(4) $y = \dfrac{a}{x}$의 그래프는 $|a|$가 클수록 원점에서 멀다.
$|-4| > |3| > |-2| > |1|$이므로 그래프가 원점에서 먼 순서대로 쓰면 ㄹ, ㄴ, ㄷ, ㄱ

24 (1) $y=\dfrac{a}{x}$의 그래프는 $a<0$일 때, 각 사분면에서 x의 값

이 증가하면 y의 값도 증가하므로 ㄷ, ㄹ

(2) $y=\dfrac{a}{x}$의 그래프는 $a>0$일 때, 각 사분면에서 x의 값

이 증가하면 y의 값은 감소하므로 ㄱ, ㄴ

(3) $y=\dfrac{a}{x}$의 그래프는 $a<0$일 때, 제2사분면과 제4사

분면을 지나므로 ㄷ, ㄹ

(4) $y=\dfrac{a}{x}$의 그래프는 $|a|$가 클수록 원점에서 멀다.

$|3|>|-2|>\left|-\dfrac{1}{3}\right|>\left|\dfrac{1}{5}\right|$이므로 그래프가 원점

에서 먼 순서대로 쓰면 ㄴ, ㄹ, ㄷ, ㄱ

08

반비례 관계 그래프 위의 점

원리확인

❶ $\dfrac{1}{2}$　　　　❷ 1　　　　❸ -1

❹ $-\dfrac{1}{2}$　　　❺ -12

---

1 (1) ○ (2) × (3) ○　　**2** (1) ○ (2) ○ (3) ×

3 (1) ○ (2) ○ (3) ○　　**4** ($\mathscr{l}$ 2, a, 2, 2)

5 3　　　　**6** 1　　　　**7** -2　　　　**8** 4

9 $\dfrac{2}{3}$　　　　**10** $-\dfrac{5}{3}$　　　**11** ($\mathscr{l}$ 1, 2)　**12** 18

13 -8　　　**14** 5　　　　**15** -8　　　**16** 16

17 4　　　　**18** -3

19 $y=\dfrac{2}{x}$ ($\mathscr{l}$ 1, 2, 2, 2)　　　**20** $y=\dfrac{18}{x}$

21 $y=-\dfrac{1}{x}$　　**22** $y=\dfrac{3}{x}$　　　**23** $y=\dfrac{8}{x}$

24 $y=-\dfrac{4}{x}$　　**25** $y=\dfrac{1}{x}$　　　**26** $y=-\dfrac{20}{x}$

27 $y=\dfrac{12}{x}$　　**28** $y=-\dfrac{6}{x}$　　**29** $y=\dfrac{12}{x}$

30 ($\mathscr{l}$ 3, 8, 8, 3, 24, 24, 6, 4)　　　**31** 4

32 -3　　**33** 9　　　**34** $\dfrac{7}{2}$　　　**35** $-\dfrac{3}{2}$

36 -6　　**37** 4　　　**38** -3　　　**39** $\dfrac{8}{3}$

40 16

---

1 (1) $y=\dfrac{12}{x}$에 $x=6$, $y=2$를 대입하면

$2=\dfrac{12}{6}$

식이 성립하므로 그래프 위의 점이다.

(2) $y=\dfrac{12}{x}$에 $x=3$, $y=5$를 대입하면

$5\neq\dfrac{12}{3}$

식이 성립하지 않으므로 그래프 위의 점이 아니다.

(3) $y=\dfrac{12}{x}$에 $x=-4$, $y=-3$을 대입하면

$-3=\dfrac{12}{-4}$

식이 성립하므로 그래프 위의 점이다.

2 (1) $y=-\dfrac{16}{x}$에 $x=1$, $y=-16$을 대입하면

$-16=-\dfrac{16}{1}$

식이 성립하므로 그래프 위의 점이다.

(2) $y=-\dfrac{16}{x}$에 $x=-2$, $y=8$을 대입하면

$8=-\dfrac{16}{-2}$

식이 성립하므로 그래프 위의 점이다.

(3) $y=-\dfrac{16}{x}$에 $x=-4$, $y=-4$를 대입하면

$-4\neq-\dfrac{16}{-4}$

식이 성립하지 않으므로 그래프 위의 점이 아니다.

3 (1) $y=\dfrac{4}{x}$에 $x=4$, $y=1$을 대입하면

$1=\dfrac{4}{4}$

식이 성립하므로 그래프 위의 점이다.

(2) $y=\dfrac{4}{x}$에 $x=-2$, $y=-2$를 대입하면

$-2=\dfrac{4}{-2}$

식이 성립하므로 그래프 위의 점이다.

(3) $y=\dfrac{4}{x}$에 $x=12$, $y=\dfrac{1}{3}$을 대입하면

$\dfrac{1}{3}=\dfrac{4}{12}$

식이 성립하므로 그래프 위의 점이다.

5   $y=\dfrac{6}{x}$에 $x=2$, $y=a$를 대입하면

$a=\dfrac{6}{2}=3$

6   $y=-\dfrac{8}{x}$에 $x=-8$, $y=a$를 대입하면

$a=-\dfrac{8}{-8}=1$

7   $y=\dfrac{10}{x}$에 $x=-5$, $y=a$를 대입하면

$a=\dfrac{10}{-5}=-2$

8   $y=-\dfrac{12}{x}$에 $x=a$, $y=-3$을 대입하면

$-3=-\dfrac{12}{a}$, $a=4$

9   $y=\dfrac{4}{x}$에 $x=6$, $y=a$를 대입하면

$a=\dfrac{4}{6}=\dfrac{2}{3}$

10   $y=-\dfrac{15}{x}$에 $x=a$, $y=9$를 대입하면

$9=-\dfrac{15}{a}$, $a=-\dfrac{5}{3}$

12   $y=\dfrac{a}{x}$에 $x=3$, $y=6$을 대입하면

$6=\dfrac{a}{3}$, $a=18$

13   $y=\dfrac{a}{x}$에 $x=2$, $y=-4$를 대입하면

$-4=\dfrac{a}{2}$, $a=-8$

14   $y=\dfrac{a}{x}$에 $x=-1$, $y=-5$를 대입하면

$-5=\dfrac{a}{-1}$, $a=5$

15   $y=\dfrac{a}{x}$에 $x=-4$, $y=2$를 대입하면

$2=\dfrac{a}{-4}$, $a=-8$

16   $y=\dfrac{a}{x}$에 $x=-4$, $y=-4$를 대입하면

$-4=\dfrac{a}{-4}$, $a=16$

17   $y=\dfrac{a}{x}$에 $x=32$, $y=\dfrac{1}{8}$을 대입하면

$\dfrac{1}{8}=\dfrac{a}{32}$, $a=4$

18   $y=\dfrac{a}{x}$에 $x=-12$, $y=\dfrac{1}{4}$을 대입하면

$\dfrac{1}{4}=\dfrac{a}{-12}$, $a=-3$

20   $y=\dfrac{a}{x}$라 하고 $x=9$, $y=2$를 대입하면

$2=\dfrac{a}{9}$, $a=18$

따라서 $y=\dfrac{18}{x}$

21   $y=\dfrac{a}{x}$라 하고 $x=-1$, $y=1$을 대입하면

$1=\dfrac{a}{-1}$, $a=-1$

따라서 $y=-\dfrac{1}{x}$

22   $y=\dfrac{a}{x}$라 하고 $x=-1$, $y=-3$을 대입하면

$-3=\dfrac{a}{-1}$, $a=3$

따라서 $y=\dfrac{3}{x}$

23 $y=\dfrac{a}{x}$라 하고 $x=24$, $y=\dfrac{1}{3}$을 대입하면

$\dfrac{1}{3}=\dfrac{a}{24}$, $a=8$

따라서 $y=\dfrac{8}{x}$

24 $y=\dfrac{a}{x}$라 하고 $x=-16$, $y=\dfrac{1}{4}$을 대입하면

$\dfrac{1}{4}=\dfrac{a}{-16}$, $a=-4$

따라서 $y=-\dfrac{4}{x}$

25 $y=\dfrac{a}{x}$에 $x=1$, $y=1$을 대입하면

$1=\dfrac{a}{1}$, $a=1$

따라서 $y=\dfrac{1}{x}$

26 $y=\dfrac{a}{x}$에 $x=-5$, $y=4$를 대입하면

$4=\dfrac{a}{-5}$, $a=-20$

따라서 $y=-\dfrac{20}{x}$

27 $y=\dfrac{a}{x}$에 $x=3$, $y=4$를 대입하면

$4=\dfrac{a}{3}$, $a=12$

따라서 $y=\dfrac{12}{x}$

28 $y=\dfrac{a}{x}$에 $x=-2$, $y=3$을 대입하면

$3=\dfrac{a}{-2}$, $a=-6$

따라서 $y=-\dfrac{6}{x}$

29 $y=\dfrac{a}{x}$에 $x=-6$, $y=-2$를 대입하면

$-2=\dfrac{a}{-6}$, $a=12$

따라서 $y=\dfrac{12}{x}$

31 $y=\dfrac{a}{x}$에 $x=-2$, $y=10$을 대입하면

$10=\dfrac{a}{-2}$, $a=-20$

따라서 $y=-\dfrac{20}{x}$

$y=-\dfrac{20}{x}$에 $x=k$, $y=-5$를 대입하면

$-5=-\dfrac{20}{k}$, $k=4$

32 $y=\dfrac{a}{x}$에 $x=9$, $y=-4$를 대입하면

$-4=\dfrac{a}{9}$, $a=-36$

따라서 $y=-\dfrac{36}{x}$

$y=-\dfrac{36}{x}$에 $x=12$, $y=k$를 대입하면

$k=-\dfrac{36}{12}=-3$

33 $y=\dfrac{a}{x}$에 $x=-3$, $y=-3$을 대입하면

$-3=\dfrac{a}{-3}$, $a=9$

따라서 $y=\dfrac{9}{x}$

$y=\dfrac{9}{x}$에 $x=k$, $y=1$을 대입하면

$1=\dfrac{9}{k}$, $k=9$

34 $y=\dfrac{a}{x}$에 $x=7$, $y=-5$를 대입하면

$-5=\dfrac{a}{7}$, $a=-35$

따라서 $y=-\dfrac{35}{x}$

$y=-\dfrac{35}{x}$에 $x=-10$, $y=k$를 대입하면

$k=-\dfrac{35}{-10}=\dfrac{7}{2}$

35 $y=\dfrac{a}{x}$에 $x=3$, $y=-4$를 대입하면

$-4=\dfrac{a}{3}$, $a=-12$

따라서 $y=-\dfrac{12}{x}$

$y=-\dfrac{12}{x}$에 $x=k$, $y=8$을 대입하면

$8=-\dfrac{12}{k}$, $k=-\dfrac{3}{2}$

36 $y=\dfrac{a}{x}$라 하고 $x=-4$, $y=3$을 대입하면

$3=\dfrac{a}{-4}$, $a=-12$

따라서 $y=-\dfrac{12}{x}$

$y=-\dfrac{12}{x}$에 $x=2$, $y=k$를 대입하면

$k=-\dfrac{12}{2}=-6$

37 $y=\dfrac{a}{x}$라 하고 $x=-6$, $y=-2$를 대입하면

$-2=\dfrac{a}{-6}$, $a=12$

따라서 $y=\dfrac{12}{x}$

$y=\dfrac{12}{x}$에 $x=3$, $y=k$를 대입하면

$k=\dfrac{12}{3}=4$

38 $y=\dfrac{a}{x}$라 하고 $x=1$, $y=-6$을 대입하면

$-6=\dfrac{a}{1}$, $a=-6$

따라서 $y=-\dfrac{6}{x}$

$y=-\dfrac{6}{x}$에 $x=k$, $y=2$를 대입하면

$2=-\dfrac{6}{k}$, $k=-3$

39 $y=\dfrac{a}{x}$라 하고 $x=2$, $y=-4$를 대입하면

$-4=\dfrac{a}{2}$, $a=-8$

따라서 $y=-\dfrac{8}{x}$

$y=-\dfrac{8}{x}$에 $x=-3$, $y=k$를 대입하면

$k=-\dfrac{8}{-3}=\dfrac{8}{3}$

40 $y=\dfrac{a}{x}$라 하고 $x=-1$, $y=-8$로 대입하면

$-8=\dfrac{a}{-1}$, $a=8$

따라서 $y=\dfrac{8}{x}$

$y=\dfrac{8}{x}$에 $x=\dfrac{1}{2}$, $y=k$를 대입하면

$k=\dfrac{8}{\dfrac{1}{2}}=8 \div \dfrac{1}{2}=8 \times 2=16$

TEST 6. 정비례와 반비례　　　　　　　본문 156쪽

1 ④	**2** ③	**3** $y=-\dfrac{8}{x}$
4 ①	**5** ㄴ, ㄷ	**6** ⑤

1 $y=kx$라 하고 $x=5$, $y=-10$을 대입하면

$-10=5k$이므로 $k=-2$

따라서 $y=-2x$이므로

$a=3$, $b=4$, $c=2$

따라서 $a+b+c=9$

2 제1사분면과 제3사분면을 지나는 것의 개수는 ㄱ, ㄷ, ㄹ, ㅂ의 4이다.

3 조건 ㈎에 의하여 y가 x에 반비례하므로 x와 y의 관계식은 $y=\dfrac{a}{x}\,(a\neq0)$ 꼴이다.

조건 ㈏에 의하여 점 $(-2, 4)$는 x와 y 사이의 관계를 나타낸 그래프 위의 점이므로 $x=-2$, $y=4$를 $y=\dfrac{a}{x}$에 대입하면

$4=\dfrac{a}{-2}$, $a=-8$

따라서 $y=-\dfrac{8}{x}$

4 정비례 관계 $y=ax$의 그래프가 제1사분면과 제3사분면을 지나므로 $a>0$

또한 정비례 관계 $y=x$의 그래프가 정비례 관계 $y=ax$의 그래프보다 y축에 더 가까우므로 a의 절댓값은 1보다 작다. 즉 $0<a<1$이어야 하므로 a의 값이 될 수 있는 것은 ①이다.

5 ㄱ. 원점을 지나지 않는다.

ㄴ. $y=-\dfrac{8}{x}$에 $x=2$, $y=-4$를 대입하면

$-4=-\dfrac{8}{2}$이므로 점 $(2, -4)$는 반비례 관계

$y=-\dfrac{8}{x}$의 그래프 위의 점이다.

6 $y=2x$에 $x=4$를 대입하면 $y=2\times4=8$이므로 두 그래프의 교점의 좌표는 $(4, 8)$이다.

$x=4$, $y=8$을 $y=\dfrac{a}{x}$에 대입하면

$8=\dfrac{a}{4}$

따라서 $a=32$

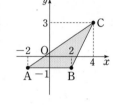

1 ①	**2** ③	**3** ③
4 15	**5** ④	**6** ③
7 ②	**8** ①, ⑤	**9** ⑤
10 ②	**11** (1) 300 m (2) 8분 후 (3) 3분	
12 ④	**13** $\dfrac{5}{2}$	

1 x축 위에 있으면 y좌표가 0이므로 x축 위에 있고 x좌표가 -5인 점의 좌표는 $(-5, 0)$이다.

2 세 점 $\mathrm{A}(-2, -1)$, $\mathrm{B}(2, -1)$, $\mathrm{C}(4, 3)$을 좌표평면 위에 나타내면 오른쪽 그림과 같으므로

(삼각형 ABC의 넓이)

$=\dfrac{1}{2}\times\{2-(-2)\}\times\{3-(-1)\}$

$=\dfrac{1}{2}\times4\times4=8$

3 $ab<0$이므로 a, b의 부호는 서로 다르다.

이때 $a<b$이므로 $a<0$, $b>0$

따라서 $a<0$, $-b<0$이므로 점 $\mathrm{A}(a, -b)$는 제3사분면 위의 점이다.

4 점 $(3, a)$와 x축에 대하여 대칭인 점의 좌표는 $(3, -a)$이고 점 $(b, -5)$와 원점에 대하여 대칭인 점의 좌표는 $(-b, 5)$이다.

이때 두 점의 좌표가 같으므로 $a=-5$, $b=-3$

따라서 $ab=-5\times(-3)=15$

5 ① $\dfrac{1}{2}xy=10$이므로 $y=\dfrac{20}{x}$

② $x+y=24$이므로 $y=-x+24$

③ $y=x+13$

④ $y=4x$

⑤ (시간)$=\dfrac{(거리)}{(속력)}$이므로 $y=\dfrac{50}{x}$

따라서 y가 x에 정비례하는 것은 ④이다.

6 정비례 관계 $y=ax$의 그래프가 제1사분면과 제3사분면을 지나므로 $a>0$

또 $y=x$의 그래프보다 x축에 더 가까우므로 a의 절댓값은 1보다 작다.

따라서 a의 값이 될 수 있는 것은 ③이다.

7 $y=ax$에 $x=4$, $y=2$를 대입하면

$2=a\times4$, $a=\dfrac{1}{2}$

따라서 $y=\dfrac{1}{2}x$

② $y=\dfrac{1}{2}x$에 $x=-\dfrac{1}{3}$, $y=\dfrac{1}{6}$을 대입하면

$\dfrac{1}{6}\neq\dfrac{1}{2}\times\left(-\dfrac{1}{3}\right)$

따라서 $y=ax$의 그래프 위의 점이 아닌 것은 ②이다.

8 ② 점 $(-1, -2)$를 지난다.

③ 오른쪽 위로 향하는 직선이다.

④ 제1사분면과 제3사분면을 지난다.

따라서 옳은 것은 ①, ⑤이다.

9 $y=\dfrac{a}{x}$의 그래프는 a의 절댓값이 클수록 원점으로부터 멀리 떨어져 있다.

따라서 그래프가 원점으로부터 가장 멀리 떨어져 있는 것은 ⑤이다.

10 $y=\dfrac{a}{x}$라 하고 $x=-2$, $y=4$를 대입하면

$4=\dfrac{a}{-2}$, $a=-8$

따라서 $y=-\dfrac{8}{x}$

$y=-\dfrac{8}{x}$에 $x=1$, $y=k$를 대입하면

$k=-\dfrac{8}{1}=-8$

11 (1) $x=3$일 때, $y=300$이므로 무성이가 3분 동안 이동한 거리는 300 m이다.

(2) $y=550$일 때, $x=8$이므로 무성이가 집으로부터 550 m를 이동하였을 때는 집을 출발한 지 8분 후이다.

(3) 이동하지 않고 쉬었을 때는 거리의 변화가 없다.

따라서 거리의 변화가 없는 구간의 시간은

$6-3=3$(분)

12 점 P의 좌표를 $P(a, b)$라 하자.

$y=\dfrac{2}{x}$에 $x=a$, $y=b$를 대입하면

$b=\dfrac{2}{a}$, 즉 $P\left(a, \dfrac{2}{a}\right)$

따라서

(직사각형 OAPB의 넓이)$=\overline{\text{OA}}\times\overline{\text{PA}}=a\times\dfrac{2}{a}=2$

13 $y=ax$에 $x=2$, $y=1$을 대입하면

$1=2a$, 즉 $a=\dfrac{1}{2}$

$y=\dfrac{b}{x}$에 $x=2$, $y=1$을 대입하면

$1=\dfrac{b}{2}$, 즉 $b=2$

따라서 $a+b=\dfrac{1}{2}+2=\dfrac{5}{2}$

개념 확장

최상위수학

수학적 사고력 확장을 위한
심화 학습 교재

심화 완성

개념부터
심화까지

수학은 개념이다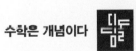